INTERIOR ARCHITECTURE PLANNING

실내건축디자인총론

권선국 문종훈
신동규 주우일 공저

INTERIOR ARCHITECTURE PLANNING

SEOWOO PUBLICATIONS

머리말

실내건축의 목적인 쾌적한 실내환경의 창조를 위해서는 기능적 조건, 환경적 조건, 정서적인 조건들을 만족시켜하며, 이들 조건들을 만족시키기 위해서는 공간계획, 재료계획, 색채계획, 조명계획 등 실내계획에 관계되는 모든 계획요소들이 무리없이 조화를 이루어야 한다.

본서는 그동안 실내계획 부분에서 간략하게 기술되거나 소홀히 다루어졌던 재료, 색채, 조명계획 등의 부분을 각 공간별 계획과 연계하여 기본적으로 고려해야 할 내용들을 기술하였으며 점차 관심이 높아지고 있는 리모델링 부분과 실내계획시 꼭 검토해야 할 관련법규 부분을 수록하여 실내계획에 관한 전반적인 이해가 가능하도록 그 내용을 구성하였다.

아직 미흡한 점이 많지만 본서를 통하여 실내계획을 공부하는 모든 이들에게 약간이나마 도움이 되기를 진심으로 바라며 추후 부족한 부분은 성실하게 보완할 것을 약속드린다.

끝으로 출판에 도움을 주신 서우문화사 이석환 사장님, 편집부 직원들께 사의를 표한다.

2004년 3월

저자 일동

Contents

第 1 編 실내건축계획각론(室內建築計劃各論)

第 2 編 실내건축재료계획(室內建築材料計劃)

Contents

Contents

제 1 편

실내건축계획각론

제 1 장

실내건축계획일반(室內建築計劃一般)

1.0 실내건축디자인의 이해

2.0 실내건축디자인 기본요소 및 구성원리

3.0 실내건축디자인 요소

1.0 실내건축디자인의 이해

1.1 실내건축디자인의 개념

실내건축디자인이란 인간이 생활하는 모든 실내공간을 보다 아름답고 능률적이며 쾌적한 환경으로 창조하는 일체의 과정 및 결과를 의미하며, 인간의 생활에 직간접적으로 영향을 주는 물리적(物理的)조건, 환경적(環境的)조건, 기능적(機能的)조건, 정서적(情緒的)조건 등이 충분히 고려된 실내공간을 완성하여 실내환경의 질을 높이는 작업이라 정의 할 수 있다.

다시 말하여 실내건축디자인이란 인간이 생활하는 모든 공간을 각각의 용도에 따른 목적과 요구기능을 충족시키는 동시에 그 공간에 개성과 아름다움을 부여하여 인간생활의 쾌적성(快適性)을 추구하는 계획과 실행과정 및 그 결과까지의 행위인 것이다. 그러므로 실내건축의 합목적성(合目的性)을 달성하기 위해서는 건축 및 실내건축구조, 건축환경 및 실내건축환경, 실내건축재료에 관한 이해와 디자인의 전반적인 원리 및 요소 등 건축과 디자인에 관련되는 전 분야의 이해가 바탕이 되어야 한다.

인간이 생활하는 실내공간의 환경디자인이라는 궁극적인 과제로서 건축과 실내건축디자인의 영역이 구분되기 시작한 것은 근대 이후부터라고 볼 수 있으며, 국내의 경우 일반인들이 실내건축디자인에 관한 중요성과 그 필요성을 인식하기 시작한 시기는 1980년대 중반이후라고 볼 수 있다.

실내건축디자인을 건축학적인 측면에서 보았을 때는 구조, 기능, 미 등 건축의 3대 요소를 가장 빠른 시간에 가장 경제적으로 성취할 수 있는 실내건축물을 완성하는 것이라고 정의할 수도 있지만 실내건축디자인의 경우 건축보다 좀 더 세분화된 기능적 요구를 충족시키면서 미적인 면을 추구하는 섬세한 작업이라는 점을 좀 더 고려해야 할 것이다.

그림 1-1 실내건축디자인

1.2 실내건축디자인의 목표

실내건축디자인의 개념에서 기술한 바와 같이 실내건축디자인의 궁극적인 목표는 인간이 생활하는 실내공간을 쾌적한 환경으로 창조하는 것이다.

쾌적한 환경이란, 인간생활의 편의를 위한 기능적인 측면, 건강을 위한 물리적, 환경적(빛, 음, 열환경 등)인 측면, 인간의 감정을 고려한 정서적인 측면 모두를 포함하는 의미이며 이들 모두가 충분히 고려되어 실제로 실현되어야만 실내건축디자인의 목표를 달성했다고 볼 수 있다.

그림 1-2 주거공간

1.3 실내건축디자인의 조건

실내건축디자인은 건축과 인간과의 경계를 없애고 쾌적한 생활환경을 조성하기 위한 것으로 계획단계에서 전술한 기능적 조건, 물리적, 환경적 조건, 정서적 조건이 충분히 고려되고 또한 실현되어야 한다.

(1) 물리적, 환경적 조건

기후, 기상 등 환경요소로부터의 쾌적성 추구 및 도난방지 등 외부 침입으로부터의 안전확보

그림 1-3 상업공간

(2) 기능적 조건

공간의 배치, 공간의 규모, 작업의 편리성, 동선의 효율성 등 인간생활의 편의를 고려

(3) 정서적 조건

인간의 감정을 고려한 예술적이며 서정적인 요소의 생활환경 속 도입

1.4 실내건축디자인의 범위 및 실내건축디자이너

1.4.1 실내건축디자인의 영역

전술한바와 같이 실내건축디자인은 건축학적인 측면에서 보았을 때, 구조, 기능, 미 등 건축의 3대 요소를 가장 빠른 시간에 가장 경제적으로 성취할 수 있는 실내건축물을 완성하는 것으로 건축과 함께 생활환경디자인이란 공통적인 주제를 다루기 때문에 영역의 한계를 구분 짓기가 매우 어렵다.

그러나 건축은 전체 매스(mass)의 구조와 외부적 작용요소의 해결에 치중하는 것이 일반적이지만, 실내건축디자인의 경우 건축보다 좀더 세분화된 기능적 요구를 충족시키고 미적인 면을 추구하며 내부공간에 대한 심리적인 문제의 해결이나 독자적인 개성의 표현에 적극적으로 관계하는 것이 다른 점이라고 할 수 있다.

실내건축디자인의 대상공간은 주거공간, 상업공간, 사무공간, 전시공간 등 인간이 생활하는 모든 공간이 대상이 되며, 자동차, 항공기, 선박 등 운송수단까지 그 영역을 확대할 수 있다.

1) 일반적인 분류

(1) 주거공간 디자인(Residential design)

인간이 거주하는 독립주택, 아파트, 공동주택 등의 디자인

(2) 상업공간 디자인(Contract design)

① 공공 공간 : 미술관, 집회장, 기념관, 박물관 등

② 사적 공간 : 개인병원, 호텔, 미용실, 백화점, 전문 매장 등

2) 대상별 영역에 의한 분류

(1) 주거공간 디자인(Living space design)

가족 또는 개인의 생활권을 형성해야 하는 독립주택, 아파트, 공동주택, 별장 등의 디자인

(2) 상업공간 디자인(Commercial space design)

그림 1-4 업무공간

그림 1-5 전시공간

판매를 통한 이윤추구를 목적으로 하는 전문매장, 백화점, 유통센터, 호텔, 식음료 판매공간 등의 디자인

(3) 업무공간 디자인(Office space design)

업무능률의 향상을 목적으로 하는 사무실, 공장, 은행, 관공서 등의 디자인

(4) 기념물공간 디자인(Memorial space design)

다중의 집회나 관람을 목적으로 하는 기념관, 박물관, 공연장, 미술관, 집회장 등의 디자인

(5) 특수공간 디자인(Special space design)

특수한 용도로 사용되는 공간의 디자인

1.4.2 실내건축디자이너

실내건축디자이너란 인간이 생활하는 모든 공간의 쾌적성 추구를 위하여 발생되는 문제들을 파악 연구하여 창조적으로 해결하기 위한 교육과 경험에 의하여 일정수준의 자격이 갖추어진 자를 의미한다.

따라서 실내건축디자이너는 모든 계획 대상에서 설정되는 조건들을 파악하여 요구사항에 맞게 프로젝트를 디자인하고 그 결과물을 창조할 수 있어야 한다.

실내건축디자이너는 작업하는 범위에 따라 생활공간을 설계하는 인테리어디자이너, 실내공간에 필요한 가구, 주방기구, 조명기구 등을 디자인하는 가구디자이너, 조명디자이너, 실내공간을 보다 아름답게 구성하기 위한 장식업무를 담당하는 인테리어 코디네이터 등으로 세분할 수 있다.

2.0 실내건축디자인 기본요소 및 구성원리

2.1 디자인 요소(要素)

2.1.1 점(點 : Point)

1) 점의 의미

점은 기하학적인 의미로 길이, 폭, 높이 등 크기는 없고 위치만 있는 것으로 정의할 수 있으며 모든 디자인의 가장 기본적인 요소가 된다.

또한 디자인적인 의미에서의 점은 주변환경에 따라 시각적 개념과 조형적 측면에서 상대적으로 지각되어 다양한 형태와 크기를 지니게 되며 선의 한계, 선의 교차, 선의 굴절, 면과 선의 교차에서 나타난다.

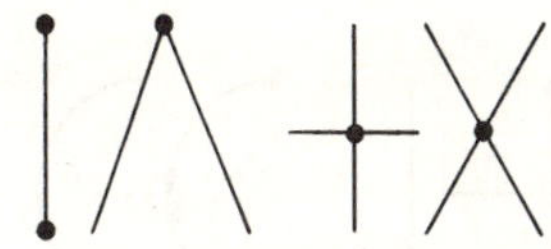

그림 1-6 점의 지각

2) 디자인상의 점의 크기와 형(形)

점의 크기는 일정하지 않으나 상대적으로 큰 점은 면으로 지각되며, 같은 크기의 점이라도 배경의 크기에 따라 면 또는 점으로 지각된다. 또한 3각형, 4각형, 기타 불규칙한 형 및 입체도 그 크기가 상대적으로 작으면 점으로 지각된다.

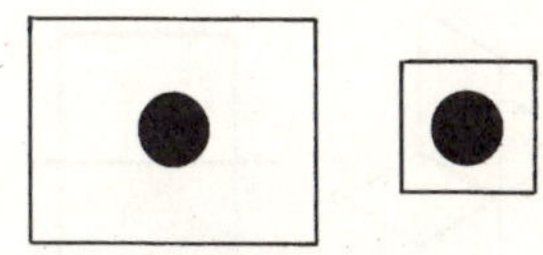

그림 1-7 점의 크기와 형

3) 점의 조형효과(造形效果)

점이 공간의 가운데 위치하면 시선을 점으로 집중시키는 효과가 생기며, 동일한 크기의 두 개의 점이 가까이 위치하면 두 점 사이에는 상호간의 인장력 작용으로 선으로 지각하게 되는 현상이 발생한다. 또한 서로 다른 크기의 점이 있을 때 작은 점은 큰 점으로 흡수되고 시선의 방향은 큰 점에서 작은 점으로 이동하게 되며, 나란히 위치한 점은 그 간격에 따라 집합 또는 분리된 것으로 지각하게 된다.

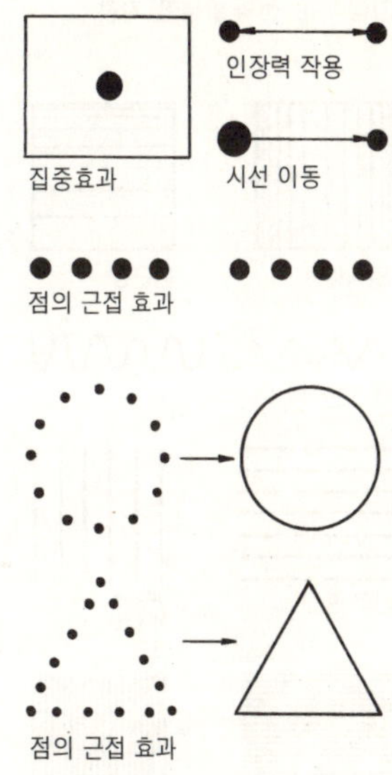

그림 1-8 점의 조형효과

근접되어 있는 다수의 점들은 각종 선으로 지각되어 형으로 느껴지게 되며, 그 점들의 수가 증가할수록 점의 특징이 적어지고 면으로 지각되는

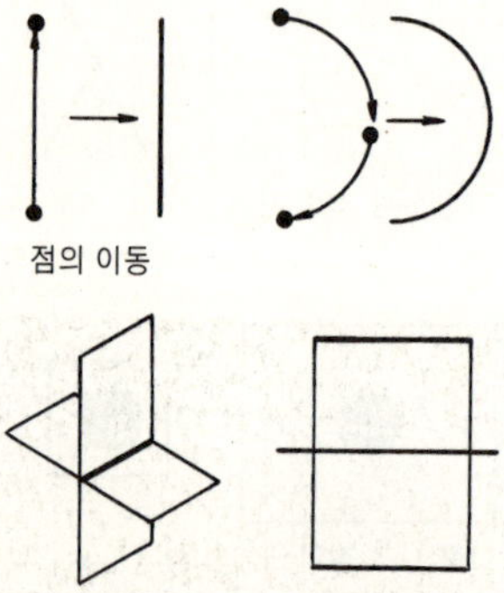

그림 1-9 선의 발생 및 지각

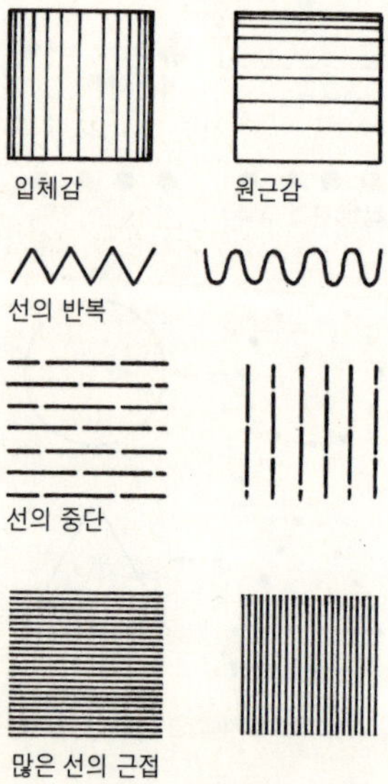

그림 1-10 선의 조형효과

경향이 강하게 나타나게 된다.

2.1.2 선(線 : Line)

1) 선의 의미

선은 기하학적인 의미로 길이와 위치만 있고 폭과 부피는 없는 것으로 정의할 수 있으며, 면의 한계나 면과 면이 교차되는 곳에서 나타난다.

디자인적인 측면에서 선은 점이 이동한 궤적이며, 점이 이동하는 궤적에 따라 직선, 곡선 등을 형상화 할 수 있다. 또한 형을 한정시키고 면을 분할 할 수도 있다.

2) 선의 종류 및 특징

(1) 직선(直線)

경직성, 명확성, 단순성, 긴장감, 강함 등 남성적인 느낌과 명쾌한 느낌을 주며 직선은 선의 방향에 따라 수직, 수평, 사선으로 분류할 수 있으며 특징 및 조형효과는 다음과 같다.

① 수평선(水平線) : 차분하고 안전하며 편안한 느낌을 주고 영원, 확대, 무한, 고요, 평화 등을 연상하게 한다.

② 수직선(垂直線) : 구조적인 높이와 존엄성, 엄숙, 단정, 신앙, 의지

그림 1-11 수평선을 강조한 실내

등의 상승력을 느끼게 한다.

③ 사선(斜線) : 기울기가 있는 선으로 방향성과 변화, 불안정 등의 느낌을 주지만 적절히 활용하면 약동감과 생동감 있는 에너지를 느끼게 할 수 있다.

그림 1-12
사선과 수직선을 강조한 실내

(2) 곡선(曲線)

유연성, 우아함, 율동적, 여성적인 느낌을 주며 기하곡선과 자유곡선으로 분류한다.

그림 1-13
자유곡선을 사용한 바닥

3) 선의 조형효과

많은 선의 근접은 면으로 지각되며, 선의 굵기나 간격의 변화로 원근감과 입체감을 선의 반복으로 리듬감을 느끼게 할 수 있으며, 선을 좁은 간격으로 연속하여 배치했을 경우에는 면으로 지각하는 효과를 줄 수 있다.

2.1.3 면(面 : Surface)

1) 면의 의미

면은 선이 이동한 궤적으로 입체의 한계나 공간의 경계에서 나타나며 절단된 면에서도 또 다른 형의 면을 지각할 수 있다. 또한 점을 확대시키거나 집합시켰을 경우 점이나 선으로 지각되지 않으면 면으로 지각된다.

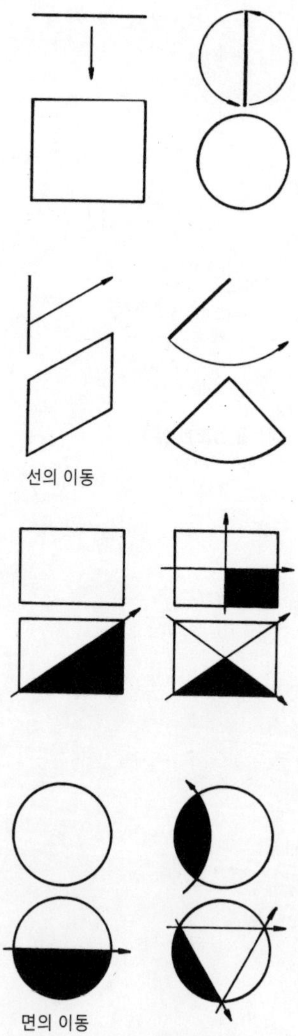

그림 1-14 면의 발생 및 지각

2) 면의 종류 및 특징

(1) 평면(平面)

수평면, 수직면, 사면으로 구분할 수 있으며 단순하고 정적인 느낌이 강하다.

(2) 곡면(曲面)

기하곡면과 자유곡면으로 구분하며 우아하고 유연하며 동적인 느낌을 준다.

3) 면의 조형효과

면은 그 형에 따라 삼각형, 사각형, 다각형, 원형 등으로 구분할 수 있으며 각 형에 따른 조형효과는 다음과 같다.

① 삼각형(三角形) : 안정, 부동(不動)의 느낌을 주며 모서리의 각도에 따라 그 느낌이 다양하게 나타난다.

② 사각형(四角形) : 엄격하고 딱딱한 느낌을 주는 정사각형, 직사각형과 경쾌함을 느끼게 하는 마름모형으로 세분할 수 있으며, 일반

적으로 단순하고 단정한 느낌을 준다.

4) 면의 형태적 특징

① 기하학적(幾何學的) 형태 : 삼각형, 사각형, 다각형, 원형 등 인위적으로 작도가 가능한 형태를 말하며 대체로 명쾌한 특성을 나타낸다.

② 우연적(偶然的) 형태 : 물감을 종이에 떨어뜨리거나 종이 사이에 넣고 접었을 때 생기는 무늬 등 그 형태를 예측할 수 없는 것으로서 매우 자연스러운 느낌이 든다.

③ 유기적(有機的) 형태 : 바다 가의 조약돌 같이 자연적으로 생긴 형태로 우아하고 부드러운 느낌을 주는 시각적 특징이 있다.

④ 불규칙(不規則) 형태 : 주로 인위적으로 만든 형태로 의식적으로 종이 같은 것을 찢었을 때 나타난다.

2.1.4 형태(形態 : Form)

1) 형태의 의미

형태는 점, 선, 면, 입체 등 인간의 머리 속에서만 생각되는 이념적(추상형태나 순수형태)형태와 생활주변에 존재하는 모든 물체의 형태인 현실적 형태로 대별할 수 있으며 현실적 형태는 자연형태와 인위적 형태로 분류할 수 있다. 자연형태는 인간의 의지와는 관계없이 만들어지며 일반적으로 그 형태가 부정형(不定形)이며 복잡하지만 세분화해서 보면 단순한 기하학적 형태를 취하고 있는 특징이 있다. 또한 자연형태는 끊임없이 변화하는 특징이 있으며 예로부터 조형의 원형으로서 기능과 구조의 모델이 되어왔다.

반면에 인위적 형태는 인간의 의지에 의해서 만들어지며 휴먼스케일과 일정한 관계를 갖고 시대성이 반영되는 것이 일반적이다.

2) 형태의 지각심리(知覺心理)

(1) 접근성(接近性)의 원리

근접해 있는 두 개 이상의 요소들은 시각적으로 패턴 또는 그룹으로 지각되며, 전체를 구성하는 개별적 요소보다는 그루핑(grouping)된 전체를 지각하게 된다.

(2) 유사성(類似性)의 원리

형태, 색조, 규모, 질감 등의 유사한 요소들이 시각적으로 연관되어 보이는 것으로, 형태, 크기, 위치의 유사성과 의미의 유사성으로 분류되며 접근성보다 그루핑(grouping)되어지는 경향이 더 강하다.

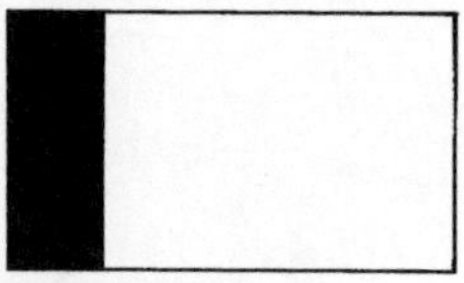

그림. 1

(3) 폐쇄성(閉鎖性)의 원리

어떤 요소들이 시각적인 형태로 지각될 수 있도록 묶여지는 성질을 의미하며, 일반적으로 익숙한 선과 형태는 그렇지 않은 경우보다 더 폐쇄되게 느껴진다.

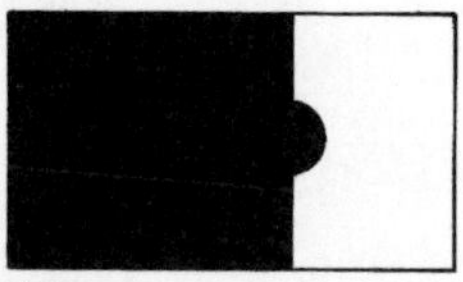

그림. 2

(4) 연속성(連續性)의 원리

유사한 배열이 하나의 묶음이 되어 선이나 형으로 지각되는 것을 의미하며 공동운명의 법칙이라고도 한다.

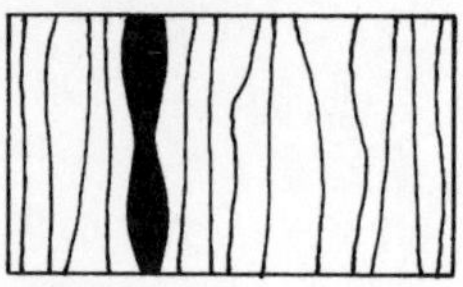

그림. 3

(5) 단순화(單純化)의 원리

형태 또는 도형을 될 수 있는 한 단순한 구조로 지각하는 것을 의미하며 간결화의 원리라고도 한다.

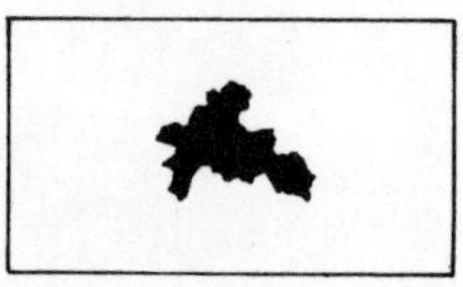

그림. 4

(6) 도형(圖形)과 배경(背景)

형태를 윤곽으로 규정하여 조형하는 원리로 가장 간결하고 정리된 형태는 포지티브(Positive)한 것으로 지각되는 원리이다. 이때 포지티브한 것으로 지각되는 부분을 도형이라 하며 그렇지 않은 부분을 배경 또는 바탕이라 한다. 도형으로 지각되는 조건으로는 다음과 같은 것들이 있다.

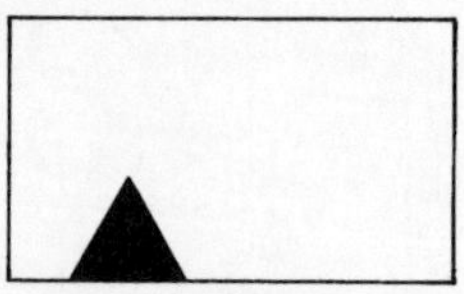

그림. 5

① 凹凸에 있어서 凸형의 부분이 도형으로 지각된다.(그림. 2)

② 시야의 중앙부를 차지하는 부분이 도형으로 지각된다.

그림. 6 도와지의 반전

그림 1-15 도형과 배경

③ 면적이 작은 부분이 도형으로 지각된다.(그림. 1)

④ 여러 형이 나열되어 있을 때는 대칭적인 것이나 규칙적인 부분이 도형으로 지각된다.(그림. 3)

⑤ 윤곽선의 내부가 도형으로 지각된다.(그림. 4)

⑥ 눈에 익숙한 형태가 도형으로 지각된다.(그림. 5)

⑦ 명도 및 채도가 높은 부분이 도형으로 지각된다.

⑧ 한색보다는 난색의 부분이 도형으로 지각된다.

3) 착시(錯視)

인간의 눈에 의한 생리적 작용으로 형태나 색채, 길이 위치 등이 실제와 다르게 지각되는 현상을 말하며, 착시현상을 이용하면 면적이 작은 실내를 넓게 느끼도록 하거나 낮은 천장을 높게 느끼게 할 수 있으며 착시현상은 다음과 같이 분류할 수 있다.

(1) 각도 또는 방향에 의한 착시

직선 또는 평행선이 각도를 갖는 단선이나 방향이 다른 선에 의해 좁아 보이거나 휘어져 보이는 것으로 이는 인간의 눈이 예각은 과대하게, 둔각은 실제보다 과소하게 판단하는 경향이 있기 때문이다.

① 평행선이 각도를 갖는 단선의 영향으로 왼쪽이 좁아 보인다.(그림. 1)

② 평행선이 휘어져 보인다.(그림. 2)

(2) 대비에 의한 착시

같은 크기의 것이라도 대비되는 것의 대소에 따라 면적의 크기가 달라 보이거나 길이가 달라 보이는 착시현상을 말한다.

① a와 b는 같은 길이이지만 b가 짧게 보인다.(그림. 3, 그림 5)

② c와 d는 동일 면적이지만 c가 넓게 보인다.(그림. 4)

(3) 수직, 수평에 의한 착시

같은 길이라도 수직 쪽의 것이 수평 쪽의 것보다 길어 보이는 현상으로

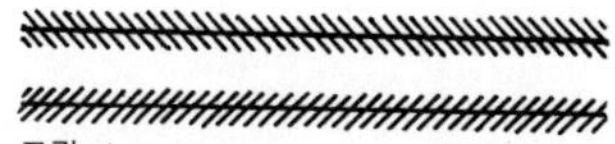

그림. 1

그림. 2

그림. 3

그림. 4

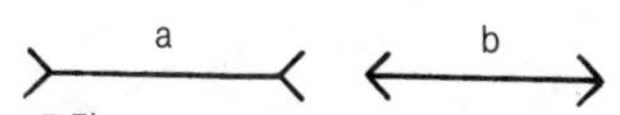

그림. 5

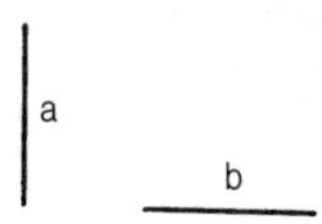

그림. 6

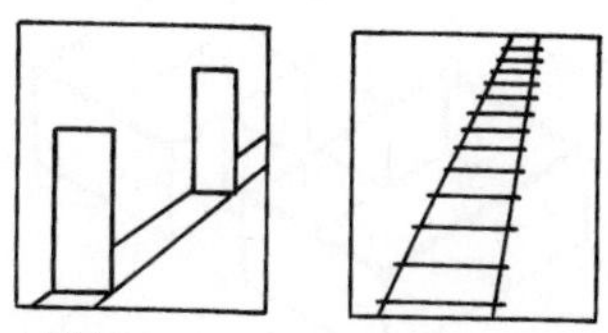

그림. 7

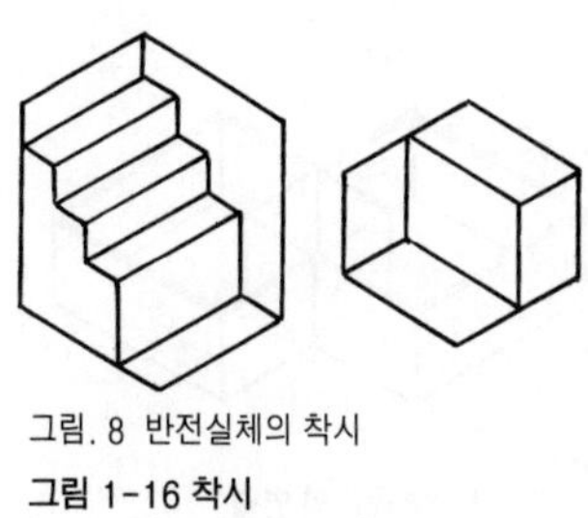

그림. 8 반전실체의 착시

그림 1-16 착시

이는 인간의 눈이 수직방향보다 가로방향으로 움직이는 것이 쉽기 때문에 나타나는 현상이다.(그림.6)

(4) 명암에 의한 착시

배경보다 밝은 것이 어두운 것보다 크게 보이는 현상으로 인간의 눈은 밝은 것을 크게, 어두운 것을 작게 판단하는 속성에 기인하는 것이다.

(5) 원근에 의한 착시

작은 무늬로 장식한 방과 큰 무늬로 장식한 방을 비교했을 때 작은 무늬로 장식한 방이 넓게 느껴지는 착시현상으로 이는 원근감이 작용했기 때문이다.(그림. 7)

2.1.5 공간(空間 : Space)

1) 공간의 의미

공간은 선이나 면 등에 둘러 쌓여 성립하는 negative한 입체를 의미하며 그 형태는 규칙적인 것과 불규칙한 것으로 구분할 수 있다. 규칙적 형태는 대칭적이며 정적인 느낌을 주는 원, 정삼각형, 정사각형의 평면형과 긴 축을 갖고 있어 강한 방향성을 주는 타원형, 직사각형 등의 평면형으로 구분된다. 반면에 불규칙적 형태는 많은 면으로 이루어진 공간으로 변화가 많고 여러 개의 대칭축을 갖는다.

공간은 입구나 동선의 축을 기본으로 하여 소요의 크기로 분할하며 가구, 조명 및 기타 다른 디자인 요소를 활용하여 분할할 수도 있다.

2) 공간의 연결

공간은 목적에 따라 다음과 같은 방법으로 연결할 수 있다.

(1) 공간과 공간의 직접연결

공간을 구분하는 벽에 개구부를 두어 연결하는 방법이다.

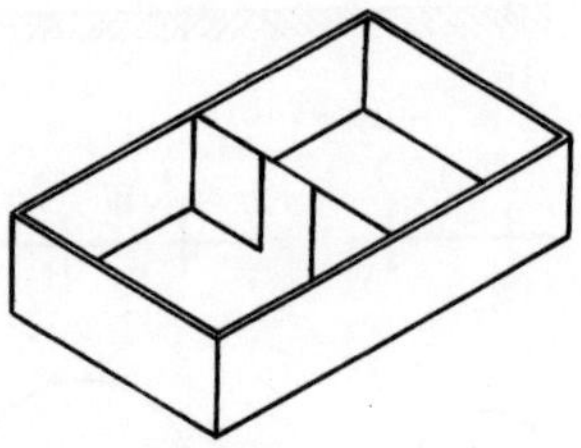

공간과 공간의 연결

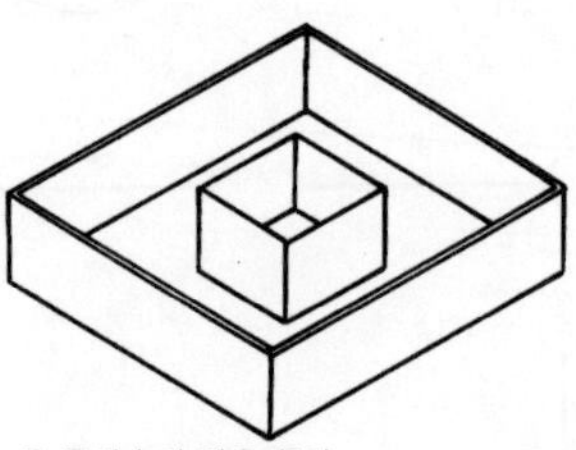

큰 공간속의 작은 공간

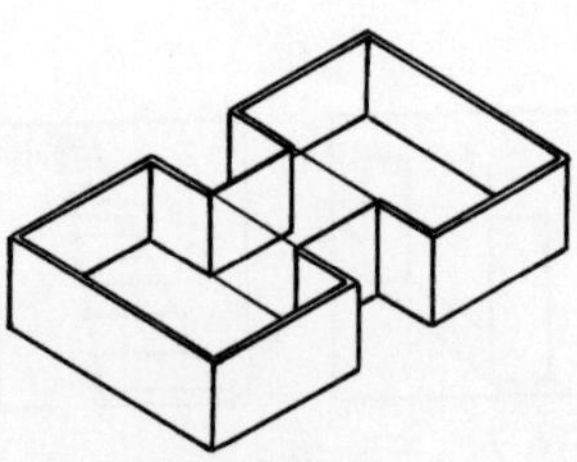

두 공간 사이의 공통 공간

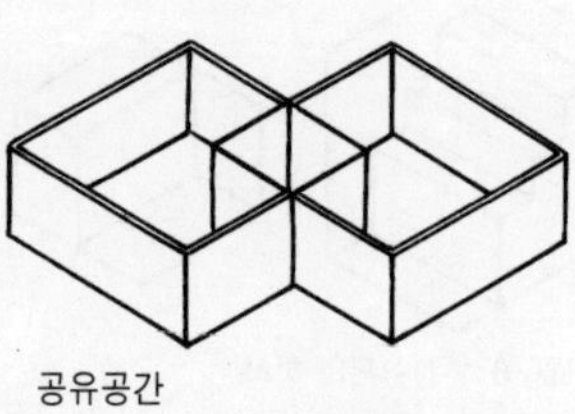

공유공간

그림 1-17 공간의 연결

(2) 큰공간에 작은 공간을 둠

큰공간 속에 작은 공간을 두는 방법으로 작은 공간은 성격이 다른 상징적인 공간으로 인식된다.

(3) 두 공간 사이에 공통의 공간을 둠

공간과 공간사이에 사용목적이 같거나 유사한 공간을 두어 연결시키는 방법이다.

(4) 공간과 공간을 맞물려 공유공간을 둠

성격이 다른 공간이 인접할 때 서로 다른 공간이 공유할 수 있는 공간을 두어 연결시키는 방법이다.

2.1.6 질감(質感 : Texture)

물체가 갖고 있는 표면상의 특징을 촉각 또는 시각으로 지각하는 것을 질감이라 하며 질감은 공간에 있어서의 형태나 위치를 강조하고 원근감을 부여하며 공간의 디자인을 파괴시키거나 통일시키기도 한다.

질감선택에 영향을 주는 중요한 요소에는 촉감, 스케일, 빛의 반사와 흡수 등이 있다.

2.1.7 패턴(紋樣 : Pattern)

패턴은 문양이라고도 하며, 장식적인 요소를 사용하여 질서를 만들어내는 배열을 의미한다. 패턴을 선정하는 모티브(motif)에는 자연적인 것, 양식화한 것, 추상적인 것이 있으며 패턴은 일반적으로 연속성에 의한 운동감이 있으므로 디자인 전체의 리듬과 잘 어울려야 하며, 패턴과 형태는 패턴이 형태에 적용될 때 보완하는 기능을 갖게 된다.

2.2 디자인 원리(原理)

디자인 원리란 조형요소인 디자인 요소들의 결합에서 시각적인 만족을

그림 1-18 패턴

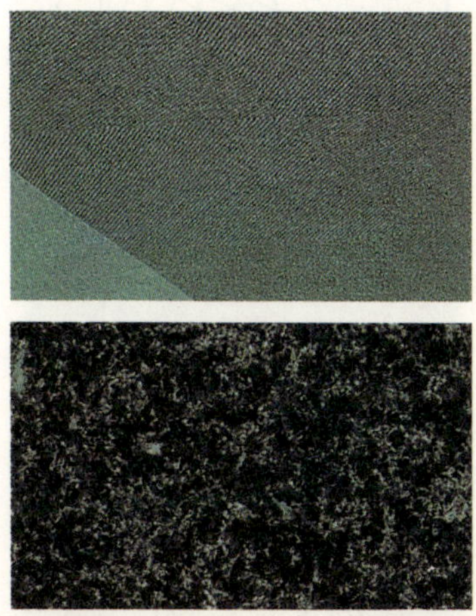

그림 1-19 질감

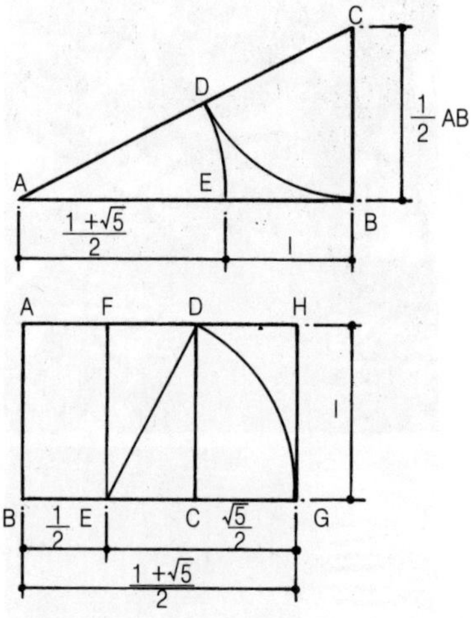

그림 1-20 황금분할

주기 위한 구성방법의 수단이며 질서의 결합방법이라 할 수 있다. 또한 디자인 원리는 수학적으로 계산할 수 없는 추상적인 것이지만 다수의 사람들에게 수용되어질 수 있도록 보편성과 객관성을 가져야만 한다. 이러한 디자인의 원리에는 척도, 비례, 균형, 리듬, 강조, 통일, 조화 등이 있다.

2.2.1 척도(尺度 : Scale)

스케일은 물체의 크기와 인간과의 관계 및 물체 상호간의 관계를 의미하며, 스케일의 기준은 인간이 된다. 즉, 스케일이란 인간과 공간 내에 배치 되는 물체들의 상호간에 유지되어야할 적정 크기의 관계를 의미한다.

2.2.2 비례(比例 : Proportion)

비례란 mass와 어떤 물체들로 채워진 면적부위와의 관계를 말하며, 대소의 분량, 장단의 차이, 부분과 부분 또는 부분과 전체와의 수량적 관계가 미적으로 분할되는 것을 의미한다. 즉, 시각적으로 조화를 이루는 관계가 이상적인 비례라 할 수 있으며 따라서 공간 내에서의 비례관계는 입체적으로 평가되어야 한다.

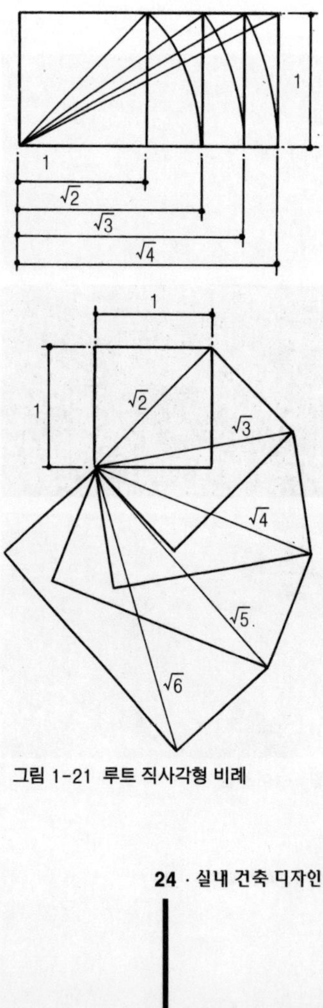

그림 1-21 루트 직사각형 비례

(1) 황금비례(Golden section)

선이나 면적을 나누었을 때 작은 부분과 큰 부분의 비율이 큰 부분과 전체에 대한 비율과 같게 분할되는 것으로 분할비율은 1 : 1.618 이다.

(2) 루트 직사각형 비례(Root rectangle)

정사각형의 한 변의 길이를 1이라 했을 때, 그 대각선의 길이는 $\sqrt{2}$가 된다. 1과 $\sqrt{2}$를 두 변으로 하는 직사각형은 $\sqrt{3}$의 대각선을 갖게 되고, 같은 방법으로 작도하면 $\sqrt{4}$, $\sqrt{5}$...... $\sqrt{n}$의 대각선을 갖는 직사각형을 작도할 수 있다.

(3) 정수비례(正數比例)

1, 2, 3, 4, 5........와 같이 정수에 의한 비례로 그 원리가 간단하며 실용적 가치가 높다.

(4) 수열(數列)에 의한 비례

1, 3, 5, 7, 9, ...과 같이 각 항간의 차가 같은 등차수열, 1, 2, 4, 8, 16....과 같이 각 항간의 비가 같은 등비수열, 0, 1, 1, 2, 3, 5, 8, 13, 21......과 같이 각 항이 그 전에 있는 2개항의 합한 수가되는 피보나 치수열 등이 있으며 수열에 의한 비례는 디자인 요소의 성질을 증가시키거나 감소시킬 때 적용하면 효과 적이다.

2.2.3 균형(均衡 : Balance)

중량을 갖고 있는 두 개의 요소가 나누어져 하나의 지점에서 지탱되었을때 역학적으로 평형을 이루는 상태를 물리적 균형이라 한다. 디자인상의 균형은 서로 다른 디자인 요소들의 시각적 무게의 평형을 의미하며 이를 시각적 균형이라 한다. 디자인에서의 시각적 무게는 기하학적 형태가 불규칙한 형태 보다, 작은 것은 큰 것 보다, 무늬가 부드럽고 단순한 것은 복잡하고 거친 것 보다 사선은 수직 및 수평선 보다 가볍게 느껴진다.

(1) 대칭적 균형(對稱的 均衡 : Symmetry balance)

형태나 크기, 위치 등이 축을 중심으로 하여 좌우 균등하게 대응하는 경우를 말한다. 단순하고 엄숙하며 변화와 여유가 없는 정적인 디자인 원리이다. 정형적(定形的)균형이라고도 한다.

그림 1-23 대칭적 균형

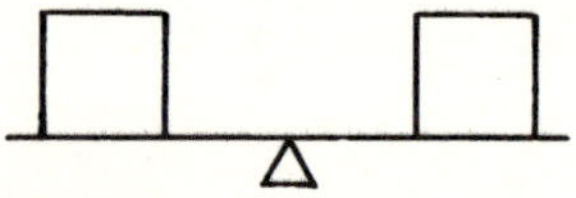

대칭 균형

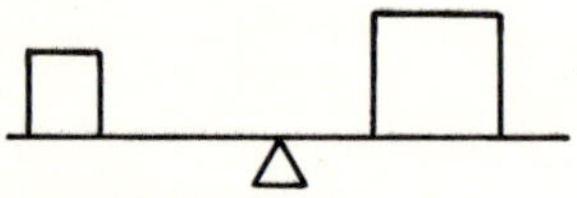

비대칭 균형

그림 1-22 균형

(2) 비대칭적 균형(非對稱的 均衡 : ansymmetry balance)

물리적으로는 불균형이지만 시각적인 무게로 균형이 잡히는 경우를 말한다. 비정형균형이라고도 하며, 안정감을 주면서도 변화 있는 형태와 자유로움, 활발한 생명감과 약진감을 준다.

(3) 방사상 균형(放射狀 均衡 : Radiative balance)

디자인 요소가 하나의 점을 중심으로 하여 주위에 방사상으로 대칭을 이루는 형태이다. 일정각도로 회전시킬 때 얻어지며 동적인 표정이 강하다.

반복

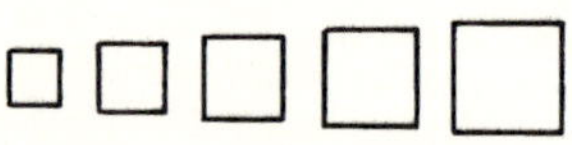

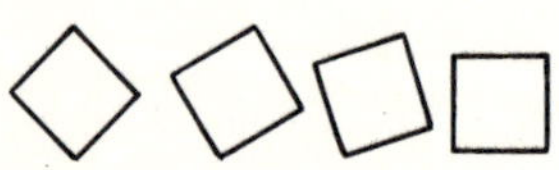

점진

그림 1-24 리듬

2.2.4 리듬(Rhythm)

대립

반복

반복

방사

방사

그림 1-25
리듬을 적용시킨 디자인의 예

디자인 요소들의 규칙적인 반복으로 나타나는 통제된 운동감을 의미하며 음악적인 감각이 조형화 된 것이라 볼 수 있다.

(1) 반복(反復 : Repeation)

형태, 패턴, 질감, 색채 등이 규칙적으로 되풀이 될 때 나타나며 차분하고 안정감은 있으나 획일성으로 인한 단조로움을 느낄 수 있다.

(2) 점층(漸層 : Gradation)

형태의 크기, 방향, 질감, 색상 등의 점차적인 변화로 나타나는 리듬으로서 반복의 경우보다 동적이다.

(3) 대립(對立 : Opposition)

서로 다른 성격의 디자인 요소가 교차할 때 나타나는 리듬으로서 창틀, 문틀, 벽과 천장 등의 모서리에서 관찰 할 수 있다.

(4) 방사(放射 : Radiation)

중심 축에서 밖으로 원을 그리며 퍼져나가는 리듬으로 조명램프나 화환 등에서 찾아볼 수 있다.

2.2.5 강조(强調 : Emphasis)

시각적으로 초점이나 흥미의 중심이 되는 것을 의미하며 실내디자인에서의 강조는 충분한 필요성과 한정된 목적을 가질 때에만 적용한다.

2.2.6 조화(調和 : Harmony)

조화란 두 개 이상의 조형요소 또는 부분과 부분, 부분과 전체사이에서 공통점과 이질성을 느낄 수 있으며, 이들 요소의 상호작용으로 새로운 성격을 창조하며 아름다움이 성립되는 것을 의미한다. 즉, 조화란 디자인 요소의 조립방법이 모순 없이 질서를 잡는 것을 말하며 유사조화와 대비조화로 대별할 수 있다.

(1) 유사(類似 : Similarity)

형식적이나 외형적으로 동일한 요소의 조합에 의하여 만들어지는 것으로 개개의 요소 중에 공통점이 있어 여성적인 편안함과 온화함, 안 정감을 느끼게 한다. 반면에 조합의 도가 지나치면 단조로움과 진부 함을 느끼게 되므로 주의해야 한다.

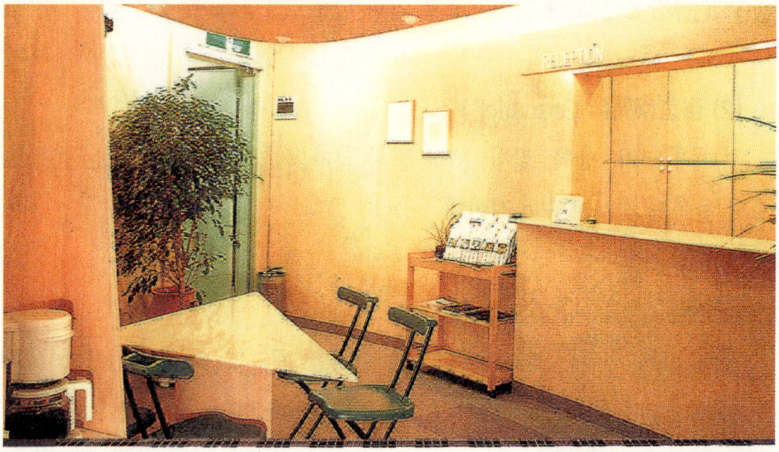

그림 1-26 대비조화

(2) 대비(對比 : Contrast)

유사의 반대개념이며 명암, 흑백, 대소 등 이질적인 요소간의 조합으로 만들어지는 것으로 동질의 요소가 적을수록 대비효과는 커진다. 적절한 대비는 극적인 효과를 연출할 수 있으나 지나치면 디자인 전체에 혼란을 주어 조화를 깨뜨릴 수도 있다.

그림 1-27 유사조화

2.2.7 통일(統一 : Unit)

디자인 요소 전체를 통합된 형으로 조화시켜 미적질서를 부여하는 기본 원리를 통일이라 하며 정적통일과 동적통일, 양식통일로 구분할 수 있다.

(1) 정적통일(靜的統一 : Static unit)

동일한 디자인 요소가 반복하여 적용될 때 나타나는 디자인 원리로 안정감을 느끼게 하며 단일목적의 공간에 적용된다.

그림 1-28 정적통일

(2) 동적통일(動的統一 : Dynamic unit)

변화와 성장성이 있는 디자인 요소가 작용되는 경우에 나타난다. 생동감을 주며 상업공간이나 다목적 공간에 이용된다.

그림 1-29 동적통일

(3) 양식통일(樣式統一 : Style unit)

동일시대의 양식을 나열하거나 유사성을 이용하는 경우이다. 휴양목적의 공간이나 교통관련 공간 등 기능목적의 공간에 이용된다.

그림 1-30 양식통일

3.0 실내건축디자인 요소

3.1 실내건축 기본요소(基本要素)

3.1.1 바닥(Floor)

바닥은 실내공간을 구성하는 기초적 요소이며 수평적 요소이다. 가구를 배치하기 위한 기준면을 제공하며 벽이 없어도 단 차이를 두어 공간을 분리할 수 있다.

3.1.2 벽(Wall)

벽은 실내공간을 에워싸는 수직적 요소로 공간의 크기와 형태를 결정하며 공간과 공간을 구분한다.

벽은 높이에 따라 시각적 특성을 달리하게 되며 벽의 높이는 행위의 유형에 따라 상징적 경계, 시각적 개방, 시각적 차단으로 구분할 수 있으며 벽의 높이를 결정할 때에는 공간의 용도와 목적에 맞게 심리적인 면을 충분히 고려해야 한다.

(1) 상징적 경계(Symbolical boundary)

높이 600mm 이하의 낮은 벽이나 담장은 두 공간을 상징적으로 분리 구분한다. 공간과 공간 상호간에 통행이 가능하며 시선도 자유롭게 개방되므로 공간의 영역이나 경계를 나타내는데 효과적이다.

(2) 시각적 개방(Sight opening)

가슴높이인 1,200㎜ 정도의 벽은 공간을 에워싸는 느낌을 주며 통행을 차단시키지만 서 있을 때의 시선높이인 1,500㎜보다는 낮아 시각적으로는 개방이 된다. 또한 이 높이는 앉았을 때의 시선높이인 1,100㎜ 보다는 높아 약간의 프라이버시를 확보할 수 있는 공간을 구성할 수 있으며, 대부분의 칸막이는 이 높이에 준한다. 그리고 서 있을 때 시선높이인

1,500㎜의 벽은 눈에 많은 피로감을 줄 우려가 있으므로 가능하면 피하는 것이 좋다.

(3) 시각적 차단(Sight interception)

시각적인 차단과 개방은 서 있을 때의 시선높이인 1,500㎜가 기준이 되며 1,800㎜ 정도의 벽부터 에워싼 느낌이 강하여 실의 성격을 갖는 공간이 형성되게 된다.

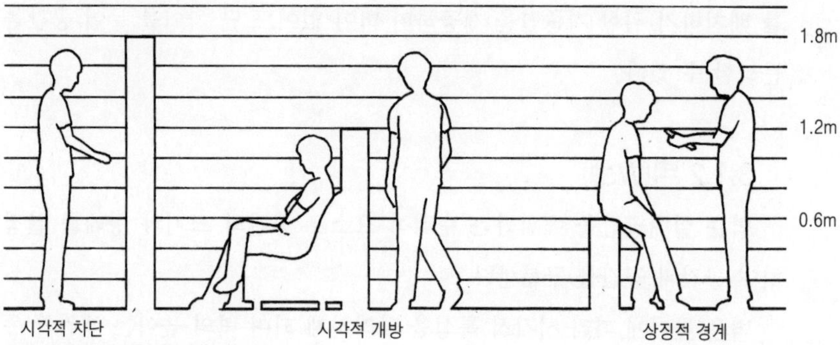

그림 1-31 벽의 높이에 따른 심리적 효과

3.1.3 천장(Ceiling)

슬래브를 가리워 댄 구조체의 면을 천장이라 하며 바닥과 같이 실내를 구성하는 수평적 요소이다. 바닥이나 벽에 비해 접촉 빈도는 낮으나 소리, 빛, 열 및 습기환경의 중요한 조절 매체가 된다. 천장은 바닥과 평면상의 모양은 같으나 장식적 효과와 심리적 효과를 고려하여 천장의 형태를 변화시키기도 한다.

3.1.4 기둥(Column)

기둥은 공간내의 수직적인 요소로서 상부의 하중을 지지하는 구조적인 요소로 주로 사용되나 하중의 부담여부와는 관계없이 실내에 장식성을 부여하거나 강조할 때 또는 상징적인 요소로 사용된다. 또한 내부공간에 위치한 기둥은 기둥의 수와 위치에 따라 공간을 분할하거나 동선을 유도하기도 한다.

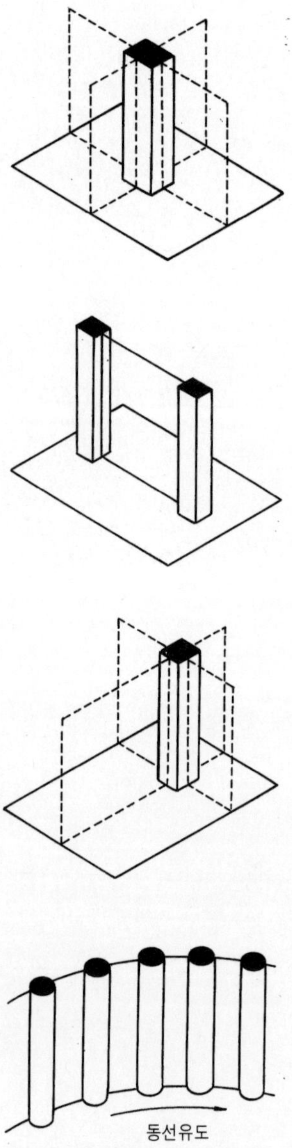

그림 1-32 위계 공간의 형성

3.1.5 보(Beam)

보는 바닥판(slab)아래 위치하는 수평적 요소로서 상부의 하중을 받아 기둥으로 전달하는 중요한 구조재이다. 공조, 방재(防災), 조명설치를 위한 전기설비 등과 함께 천장면 속에 위치하여 시각적으로 보이지 않는 것이 일반적이지만 바닥판을 노출로 하는 경우 공간에서 패턴을 주는 요소로 활용할 수 있다.

3.1.6 개구부(開口部 : Opening)

개구부란, 벽을 차지하지 않는 부분의 총칭으로 문과 창으로 구성된다. 개구부는 건축물의 표정과 실내공간의 성격을 규정하는 중요한 요소가 되며, 공간과 공간을 연결시키는 기능과 통풍과 채광을 가능하게 하는 기능을 갖고 있다. 또한 외부전망과 프라이버시를 확보할 수 있으며 창과 문의 위치에 따라 가구 또는 설치물의 배치에 영향을 주기도 한다.

그림 1-33 고창

1) 창(窓 : Window)

창은 채광과 환기를 주목적으로 하여 설치되는 것으로 실의 용도나 방위, 기후, 의장적 효과 등을 고려하여 크기, 형태, 위치 등이 결정된다. 따라서 창을 계획할 때에는 평면계획, 실내 분위기, 가구배치 등의 내부적 작용요소와 건축환경요소인 빛 음, 열 및 습기환경, 그리고 외부적 작용요소인 건물의 미관과 안전성 등도 충분히 고려해야 한다.

창은 이동유무, 설치위치, 용도에 따라 다음과 같이 구분한다.

그림 1-34 픽쳐 윈도우

(1) 고정창(Fixed window)

채광 및 조망을 목적으로 한 창으로 다음과 같은 종류가 있다.

■ 픽쳐 윈도우(Picture window)

바닥에서 천장까지 닿는 창으로 창을 통해 보이는 전망이 그림과 같은 효과를 준다.

■ 윈도우 월(Window wall)

벽면 전체를 창으로 처리한 것으로 내부공간이 시각적으로 외부까지 확대되는 효과를 얻을 수 있으나 자연광선에 의한 열의 유입과 냉난방에 의한 열손실 문제 등의 해결방안이 전제되어야 한다.

■ 돌출창(Bay window)

건물의 외부로 창의 형태가 평면과 함께 돌출된 것으로 곡선으로 처리된 것은 Bow window라고 한다. 건물의 외부에서 보면 의장적 효과가 돋보이고 실내측에서는 장식을 위한 공간으로 활용할 수 있다.

■ 고창(高窓 : Clerestory window)

천장 가까이 위치한 창으로 프라이버시가 요구되는 욕실, 화장실 등의 채광용으로 주로 사용하며, 개폐가 가능한 창인 경우에는 환기용으로도 사용할 수 있다.

(2) 이동창(Movable window)

창의 위치를 이동시켜 환기를 가능하게 한 창으로 개폐방법에 따라 다음과 같이 분류할 수 있다.

■ 여닫이창(Casement window)

정첩으로 창 짝을 문틀에 달은 것으로서 외여닫이와 쌍여닫이가 있고, 개폐방향에 따라 안여닫이와 밖여닫이로 구별한다. 개폐범위를 조절할 수 있어 환기에 유리하다.

■ 미닫이창(Sliding window)

한 짝 또는 두 짝으로 구성되며 창 짝을 상하문틀에 홈을 파서 끼우거나 또는 밑 틀에 레일을 대고, 옆벽에 밀어붙이거나 벽 중간에 밀어 넣는 식의 창이다.

■ 미서기창(Double sliding window)

미닫이창과 거의 유사한 구조로 두 줄의 홈을 파서 창 한 짝을 다른 한 짝 옆에 밀어붙이게 된 것이다. 가장 일반적으로 사용된다.

■ 오르내리창(Double hung window)

창에 추를 달아 문틀상부에 댄 도르래에 걸어내려 창이 상하로 오르내릴 수 있도록 만든 창으로 설치 및 수리가 곤란하여 특별한 경우 이외에는 사용하지 않는다.

■ 회전창(Pivot window)

좌우선틀 중간에 회전지도리(pivot)를 대고 창의 위는 안으로, 밑은 밖으로 돌려 여는 창으로 주로 고창(高窓)에 사용한다.

(3) 측창, 정측창, 천창

채광을 위한 창의 설치위치에 따른 분류로 시각환경을 구성하는데 중요한 요소가 된다.

그림 1-35 측창

■ 측창(側窓 : Side window)

가장 일반적인 창의 유형으로 실내측면에 위치한 창을 말하며 편측 창과 양측창이 있다. 같은 면적의 천창에 비해 채광량은 적으나 눈부심이 적고 물체의 명암을 명확하게 해주어 입체감이 좋다. 건물 내부의 깊은 곳까지는 빛이 미치지 못한다.

그림 1-36 천창

■ 정측창(Top side window)

창턱의 높이가 눈 높이보다 높고 창의 상부가 천장에 닿거나 바로 아래 위치하여 채광 면이 수직이나 수직에 가까운 창을 말한다.

■ 천창(Top window)

건물의 지붕이나 천장 면에 채광 또는 환기를 목적으로 설치한 창으로 수평이나 약간의 경사를 주어 만든 창이다. 같은 면적의 측창보다 입사량이 3배정도 많고 조도분포도 균일하다.

2) 문(門 : Door)

사람과 물건이 실내외로 출입하기 위한 개구부로 실내디자인에 있어서는 평면적인 요소의 성격이 크다. 문은 실의 성격과 사용목적, 공간의 동선계획, 실내분위기, 실내외부의 연관성 등에 따라 문의 크기나 형태 등이 결정되며 기본적으로 사람이 출입할 수 있는 최소 문의 폭은 600㎜ 정도이나 물건 등의 반출입이 가능하도록 900㎜ 정도의 치수로 계획하는 것이 일반적이다.

(1) 여닫이문, 자재문(Hinged door, Swing door)

정첩, 돌쩌귀, 자유정첩 등을 문선틀에 달거나 문장부(pivot), 바닥 지도리(floor hinge) 등을 문의 한쪽 상하부에 장치하여 설치하는 문으로 외여닫이와 쌍여닫이가 있고 개폐방향에 따라 안 여닫이와 밖 여닫이로 구분한다. 자재문(自在門)은 자유문이라고도 하며, 자유정첩이나 플로어 힌지를 사용하여 안팎으로 자유롭게 열리고 저절로 닫히 게 된 문이다.

(2) 접문(Folding door)

여러 장의 문짝을 정첩으로 연결하고 윗 틀에 도어 행거 및 레일을 설치하여 한 쪽 옆벽으로 접혀서 밀어붙이게 만든 문이다. 접문은 간 막이를 겸하여 2개의 실을 1개의 실로 크게 사용할 때 유용하며 한식 및 일식 요리 전문점, 연회장 등에 사용한다.

(3) 회전문(Revolving door)

기밀 하게 한 원통형의 중심 축에 서로 직교하는 4짝 문을 달아 회전시켜 사용하는 문으로 은행이나 호텔 등의 출입구에 통풍 및 기류를 방지하고 출입인원을 조절하는데 이용한다.

(4) 미닫이문(Sliding door)

문짝을 상하문틀에 홈을 파서 끼우거나 또는 밑 틀에 레일을 대고, 옆벽에 밀어서 붙이거나 벽 중간에 밀어 넣는 식의 문으로 1짝 또는 2짝 달기로 한다.

(5) 미서기문(Double sliding door)

미닫이문과 거의 유사한 구조로 상하문틀에 두 줄의 홈을 파서 문 한짝을 다른 한 짝 옆에 밀어서 붙이게 된 것이다. 2짝 또는 4짝 달기가 일반적이다.

3.1.7 통로(通路)

통로란, 사람과 물건, 기타 운송수단의 통행을 위한 공간으로 모든 통로는 선으로 이루어지며 직선통로는 연속공간을 구성하기 위한 최선책이 된다. 연결 공간으로서의 통로구성의 본질은 통로로 연결되는 공간들의 구성방법에 영향을 주거나 영향을 받으며 통로의 폭과 높이는 통행량과 통로의 유형에 따라 달라진다.

통로는 내부와 외부를 연결하는 출입구, 공간과 공간을 수평으로 연결하는 복도, 공간과 공간을 수직으로 연결하는 계단으로 분류한다.

3.2 조명(照明 : Lighting)

빛은 주간과 야간의 생활을 가능하게 하는 절대적인 요소로 인공광과 자연광으로 구분할 수 있으며, 인간의 시각을 가능하게 하는 전자파 에너지 방사 중에서 자외선과 적외선 사이의 파장대인 380~780㎚(nano meter = 10^{-9}m)범위의 가시광선을 말한다.

생활에 불편함이 없도록 적절한 조도를 부여하는 것이 빛의 기본적인 기능이라 할 수 있으며 실내환경에서의 빛은 밝음과 비추임의 기능을 갖는다.

그림 1-37 분위기 조명

조명이란, 공간에 빛이라는 매개수단을 통하여 양적(명시적) 또는 질적(장식적)으로 효과적인 배분을 하기 위한 조명방식이나 조명기구를 사용하여 연출하는 것을 의미하며, 개구부를 통한 자연조명과 인공광원을 사용한 인공조명으로 크게 대별할 수 있다.(조명에 관한 내용은 제4편 실내건축조명계획에서 자세하게 다루었다.)

3.3 가구(家具 : Furniture)

가구는 실내를 구성하는 중요한 요소의 하나로 인간의 생활을 보다 쾌적하고 안락하게 하는 능률향상을 위한 수단으로 사용되며 인간과 건물사이에서 매개체의 역할도 수행한다.

따라서 가구는 인체치수나 동작의 영역을 기본으로 하여 만들어져야 하며 또한 방의 크기와 형태, 색채, 개개인의 취향 및 생활수준 등도 충분히 고려되어야 한다.

가구를 배치할 때는 사용자의 동선 및 개구부의 위치 및 높이 등을 충분히 고려하고 사용목적 이외의 것은 가급적 놓지 않아야 하며 전체 공간의 스케일과 시각적, 심미적 균형을 이루도록 하는 것이 무엇보다 중요하다. 또한 가구 주변에는 충분한 여유공간을 두어 사용하기에 불편이 없도록 하고 실 안의 그림이나 장식물과의 조화여부도 고려하는 것이 바람직하다.

3.3.1 가구디자인의 기본조건

가구는 기능적인 면에서 사용하기에 편리하도록 계획되고 만들어져야 하며 사용목적에 적합한 재료를 선택해야 한다. 또한 가구는 선택한 재료가 그 성능을 다할 수 있도록 구성해야 하며 기능, 재료, 구조 등의 조건을 적절히 통합하고 정리하여 경제성도 충분히 고려된 우수한 형태가 되도록 디자인해야 한다.

3.3.2 가구의 분류

가구는 재료, 용도, 형태, 사용법, 세팅방법, 인간공학적 측면 등으로 분류할 수 있으며 그 내용은 다음과 같다.

1) 인간공학적인 측면에서의 분류

(1) 인체계 가구(아고노미계 가구)

인체계 가구란, 가구자체가 인체의 하중을 지지하는 기능이 있는 가구로 의자 스툴, 침대, 쇼파 등이 있다.

(2) 준인체계 가구(세미아고노미계 가구)

준인체계 가구란, 물체와 물체, 인간과 물체와의 관계를 갖는 가구를 말하며 인간의 동작에 보조적인 역할을 하는 가구로 작업용 가구라고도 한다. 테이블류, 카운터, 책상, 조리대 등이 이에 속한다.

(3) 건축계 가구(셀터계 가구)

건축계 가구는 물체와 물체, 공간과 물체 등 건축물의 일부로서의 성격을 지니며 수납의 크기, 수량, 중량 등과 관계가 깊고 실내공간의 크기에 지배된다. 벽장, 선반, 붙박이 가구 등이 이에 속하며 수납용 가구라고도 한다.

2) 형태 또는 용도에 의한 분류

(1) 의자(chair)

작업용, 상담용, 학습용 의자가 일반적이며 형상 및 크기가 다른 의자로는 다음과 같은 것이 있다.

① 라운지 체어(lounge chair) : 팔걸이, 발걸이, 머리 받침대 등을 포함한 안락의자로 가장 편하게 휴식을 취할 수 있는 의자이다.

② 이지 체어(easy chair) : 등받이 각도를 원만하게 하고 팔걸이가 있는 휴식용 의자이다. 일반 작업용 의자보다 좌면의 면적이 넓다.

③ 스툴(stool) : 등받이와 팔걸이가 없는 휴식용 의자이며 발걸이가 있는 스툴은 오토만(ottoman)이라 한다.

④ 풀업 체어(pull-up chair) : 필요에 따라 이동시킬 수 있는 긴 의자로 벤치(bench)라고도 한다.

(2) 소파(sofa)

① 카우치(couch) : 침대와 소파의 기능을 겸한 것으로 몸을 기댈 수 있도록 좌면의 한쪽 끝이 올라간 형태이다.

② 체스터 필드(chester field) : 소파의 쿠션성능을 높이기 위해 솜, 스펀지 등을 채워 천으로 감싼 소파로 안락성이 우수하다.

③ 라운지 소파(lounge sofa) : 머리와 어깨부분을 받칠 수 있도록 한쪽 부분이 경사진 것으로 편히 누울 수 있다.

④ 암 체어(arm chair) : 1인용 소파를 지칭하는 용어이다.

⑤ 러브 시트(love seat) : 2인용 소파를 지칭하는 용어이다. 벤치(bench)라고도 한다.

(3) 침대(bed)

침대는 크기에 따라 분류하는 것이 일반적이며 작은 공간에 설치하는 도어베드와 레세스 베드가 있다.

① 도어 베드(door bed) : 침실에 붙여 작은 실을 설치한 후 양 실의 사이에 180° 회전되는 문을 달고 한 면에 접는 침대를 부착하여 180° 회전시키면 침대가 작은 실(室)속으로 매입되도록 한 것이다. 작은 실의 공간활용에 유리하다.

② 레세스 베드(recess bed) : 침대를 들어 올려 벽 속으로 들어가도록 설치한 것으로 도어 베드와 같이 작은 실의 공간활용에 유리하다.

③ 일반 베드류 : 가장 일반적으로 사용하는 침대로 그 크기에 따라 다음 표와 같은 명칭으로 불리운다.

표. 3-2 침대의 크기에 따른 분류

종 류	폭(mm)	길 이(mm)
싱글 베드(single bed)	900~1,000	1,950~2,000
트윈 베드(twin bed)	1,000~1,100	1,950~2,000
세미더블 베드(semidouble bed)	1,200~1,300	1,950~2,000
더블 베드(double bed)	1,350~1,450	1,950~2,000
퀸 베드(queen bed)	1,500	1,950~2,000
킹 베드(king bed)	2,000	1,950~2,000

제 2 장

실내건축디자인 프로세스(PROCESS)

2.1 실내건축디자인 프로세스(process)

실내건축의 일반적인 프로세스는 다른 분야의 디자인 작업과 마찬가지로 기획(企劃) ⇨ 기본계획(基本計劃) ⇨ 기본설계(基本設計) ⇨ 실시설계(實施設計) ⇨ 실행(實行)의 단계를 거쳐 이루어지며 건축과 병행할 경우 건축물의 마감공정과 맞물려 시작하는 된다는 점이 다르지만 실내건축의 기본적인 프로세스는 동일하다.

또한 실내건축은 건축과 비슷한 과정으로 이루어지지만 보다 섬세함을 요하는 작업이라는 특징과 요구하는 기능적 정도가 더욱 인간과 밀접하다는 특징이 있다.

2.2 프로젝트(project)의 전개

2.2.1 프로젝트의 발생(發生)

실내건축 프로젝트는 고객(client)의 요구에 의하여 발생하며 기존공간이나 신축공간을 그 대상으로 하게 된다. 프로젝트의 범주는 형식과 사용목적에 따라 분류할 수 있으며 그 내용은 다음과 같다.

1) 형식에 의한 분류

(1) 신축공간(新築空間)

내부공간의 사용목적이 미리 결정되어 건축설계와 병행하는 경우와 준공 후에 용도가 결정되어 행하여지는 경우의 두 가지로 구분할 수 있으며 특히 전자의 경우에는 건축설계자와의 긴밀한 협의가 필요하다.

(2) 개보수공간(改補修空間)

기존의 건물을 대상으로 행하여지는 경우로 일반적인 실내건축공사의 경우가 이에 해당된다. 주요 구조부는 변경하지 않는 것이 일반적이나 공간의 변화를 도모하기 위하여 소정의 절차(건축허가 및 신고 에 해당되는 내용인 경우)를 거친 후 주요 구조부를 대수선하는 경우 도 있다.

2) 사용목적에 의한 분류

① 주거공간 : 단독주택, 아파트, 별장 등

② 숙박공간 : 호텔, 모텔, 유스호스텔, 여관, 펜션 등

③ 전시공간 : 박물관, 미술관, 기념관 등

④ 관람 및 공연공간 : 극장, 콘서트 홀, 영화관 등

⑤ 집회공간 : 컨벤션 홀, 예식장, 강당 등

⑥ 판매공간 : 전문매장, 백화점, 쇼핑센터 등

⑦ 식사공간 : 레스토랑, 커피숍, 대중 음식점

⑧ 위락공간 : 나이트 클럽, 게임 룸, 단란주점, 노래방 등

⑨ 스포츠 및 레저공간 : 볼링장, 당구장, 수영장, 헬스클럽 등

⑩ 종교공간 : 교회, 사찰, 성당, 수도원 등

⑪ 교육공간 : 학교, 유치원, 학원 등

⑫ 사무공간 : 은행, 관공서, 오피스텔 등

⑬ 의료공간 : 종합병원, 치과, 안과, 한의원 등

2.1.2 프로젝트의 전개과정(展開過程)

1) 실내건축디자인의 프로그래밍(programming)

실내건축설계를 착수하기 전, 프로젝트의 전모를 분석하고 개념화하며, 목표를 명확하게 하는 초기단계를 프로그래밍이라 한다.

프로그래밍은 디자인 이외의 시간과 비용을 필요로 하는 작업이지만 디자인 단계에서 의사결정을 쉽게 할 수 있고 디자인 진행상의 오류를 최소화 할 수 있는 장점이 있으므로 오히려 경제적인 면에서 유리하다.

경험이 축적된 디자이너의 경우 일반적인 실내건축디자인의 프로그램

은 무리 없이 진행시킬 수 있으나 특수한 목적공간이나 특수한 해석을 요하는 프로젝트의 경우(선박, 비행기, 정신병원 등)에는 해당 분야의 전문 프로그래머를 필요로 하게 된다.

프로그래밍 작업이란, 가설을 세워 확인하면서 반복되는 작업의 반복(feed back)이란 시행착오의 과정을 의미하며 프로그래밍 과정을 실내건축에 적용시켰을 때에도 이러한 과정은 필수적으로 나타나게 된다.

즉, 진행되어 가는 과정에서 오류가 발견되거나 보다 나은 대안이 찾아질 경우 전 단계로 되돌아가 분석의 과정을 거친 후 나머지 과정을 진행하게 되는 것이다. 프로그래밍은 디자인 단계 이전의 프로그래밍과 디자인 단계의 프로그래밍으로 구분할 수 있으며 일반적으로 다음의 과정에 따라 완성된다.

목표설정 ⇨ 조 사 ⇨ 분 석 ⇨ 종 합 ⇨ 결 정

2) 디자인의 프로그래밍

(1) 디자인 단계 이전의 프로그래밍

기획단계의 프로그래밍으로 다음과 같이 과정을 세분화할 수 있다.

문제점 인식(Identify) ⇨ 아이디어 수집(Gather) ⇨ 아이디어 정선(Refine)
⇨ 분 석(Analysis) ⇨ 결 정(Decide) ⇨ 실 행(Implement)

(2) 디자인 단계의 프로그래밍

기본계획단계부터 실시설계까지의 프로그래밍으로 다음과 같이 과정을 세분화할 수 있다.

기획자료의 검토 ⇨ 기본계획 ⇨ 프리젠테이션
⇨ 기본설계 ⇨ 실시설계

3) 프로그래밍의 전개

(1) 문제점 인식(Identify)

디자인에 무엇이 필요하고 또한 어떤 기준 하에서 진행시켜야 하는지를 인식하는 단계로 이 단계에서 디자인의 범주를 정의하게 된다.

프로젝트는 클라이언트의 목적에 의해서 발생하므로 디자인에서 풀어야 할 문제나 디자인의 범주 또한 클라이언트의 요구에 의해서 발생하게 된다. 실내건축디자인의 대상이 되는 공간은 어떤 목적을 갖는 공간이므로 그 공간을 디자인하는 행위 자체가 그 목적에 부합되는 공간으로 구체화시키는 작업이라 할 수 있다. 즉, 목적달성을 위하여 설정된 조건(문제)들을 무리 없이 해결해 나가는 행위가 디자인인 것이다.

디자인 행위에서 발생할 수 있는 예측 가능한 모든 문제들의 설정(조건설정)은 실제 디자인이 시작되기 전에 이루어지며 원만한 프로젝트의 진행을 위해서는 클라이언트 또는 실제 공간 사용자와의 충분한 협의를 통하여 조건사항(문제점)들을 정하고 실행가능여부를 미리 파악하여 디자이너와 클라이언트 사이에 프로젝트에 관한 완전한 이해가 확립되어야 한다. 이 단계에서 중점을 두어 파악해야할 내용으로는 클라이언트의 요구사항 및 희망사항, 건축적 조건, 클라이언트의 프로젝트에 관한 예산, 프로젝트의 실현가능여부 파악 등이 있다.

(2) 아이디어 수집(Gather)

디자인과정 가운데 가장 창조적인 단계로 설정된 조건들을 필히 이해하고, 다른 예에서의 해결책을 Review하여 연구와 조사, 브레인스 토밍(Brainstorming) 또는 자유로운 회의를 통해 아이디어를 수집한다. 이 단계에서 파악해야 할 내용으로는 조건설정 단계에서 이루어진 프로젝트에 대한 클라이언트의 희망사항 및 요구사항, 내부적 작용요소의 파악, 외부적 작용요소의 파악 등이 있다.

(3) 아이디어 정선(Refine)

수집된 아이디어의 채택여부를 주의 깊게 검토하는 단계로, 이 단계에서 최초의 의사결정이 이루어지며 이때의 결정이 나머지 과정에 큰 영향을 미치게 된다. 또한 이 단계에서는 수집된 많은 아이디어들이 예상되는 해결방법과 비교검토를 거쳐 확대되고 재창조되거나 버려지게 된다.

(4) 분석(Analysis)

가능성 있는 아이디어의 해결방법에 관한 모델을 선정하고 그 해결 방법에 관한 신중한 평가와 검토가 행하여지는 단계이다.

(5) 결정(Decide)

분석단계를 거친 아이디어를 결정하는 단계로 이 단계에서 디자인의 해결방법에 관한 최종 분석이 내려지고 검증된 결과에 기초하여 결정이 내려진다.

결정된 디자인 안이 클라이언트에 의하여 거부되면 이 과정을 처음부터 반복해야 하며 클라이언트가 받아들이면 그대로 실행하게 된다.

(6) 실 행(Implement)

디자인을 현실로 나타나게 하는 단계이다.

2.1.3 계획조건의 파악과 검토대상

1) 내부적(內部的) 조건

계획대상공간이 그 공간의 사용자와 작업자에게 영향을 미치는 조건을 내부적 조건이라 하며, 다음과 같이 분류할 수 있다.

(1) 실내공간이 인간에게 작용하는 측면

작업, 취침, 식사 등 생활행위를 합리적으로 하기 위한 기능적인 측면과 생활자의 심리적인 면을 고려한 정서적인 측면

(2) 정서적 분위기가 인간에게 작용하는 측면

공간의 구성, 마감재료, 환경(빛 환경, 열 및 습기환경, 음 환경 등)

(3) 작업자 및 디자인 작업에 작용하는 측면

생산성, 내구성, 안전성, 관리성, 건강성, 경제성 등

2) 외부적(外部的) 조건

외부적 조건은 계획대상공간(또는 건축물)에 관한 구체적인 조건으로 입지적(立地的) 조건, 건축적(建築的) 조건, 설비적(設備的) 조건으로 그 범위가 한정되어 있다.

(1) 입지적 조건

계획대상에 관한 교통수단, 도로관계, 상권 및 주위 환경조건, 미래발전 여부 등 영업 및 생활의 편의성에 영향을 주는 조건과 대상물의 방위, 일조조건, 기후 등 대상물의 내구성 및 쾌적성 확보에 영향을 주는 자연적 조건 등으로 구분할 수 있다.

(2) 건축적 조건

공간의 형태, 규모 및 구조적 요소, 창호, 문 등의 위치와 간격, 크기, 긴급 피난시설, 기존건물의 용도 및 법적인 규정 등이 해당되며 이러한 조건들은 공간배분, 규모계획 등 실제 디자인시 제한요소 또는 극복요소로 작용한다.

(3) 설비적 조건

급수조, 정화조, 위생설비의 설치물 및 배관의 위치, 급배수 설비 및 상하수도의 위치, 낸난방설비 및 공기조화설비의 위치와 취급방법, 소화설비의 위치와 방화구획, 전기용량, 전화와 TV안테나의 인입선 위치, 각종 방재설비 등이 해당되며 실내공간의 쾌적성 및 안전성 확보를 위해 인위적으로 설치하는 설비류들이다.

(4) 기타

건물주와 설계의뢰인 사이의 임차계약조건, 건축물의 등기상 문제, 건물관리자의 요구사항 등으로 실내건축물을 구성하기 위한 작업시 또는 작업 완료 후 공사대금의 결재에 영향을 주는 조건들이다.

2.1.4 조건설정(條件設定)

실내건축의 대상이 되는 공간은 어떤 목적이나 용도를 갖는 공간이므로 디자인을 한다는 것은 대상물의 특정목적 및 용도에 부합되는 공간으로 구체화시키는 작업이라 할 수 있다.

즉, 좋은 디자인(good design)이란, 목적달성을 위해 설정된 조건들을 무리없이 해결해 나가는 행위를 의미하며 이러한 조건들은 고객 또는 실제 공간 사용자들에 의한 요구와 디자이너가 실제 프로젝트를 진행시키기 위하여 설정하는 조건으로 구분할 수 있으며 고객의 요구조건이 문제가 되는 것이 일반적이다.

이러한 조건들이 디자이너 또는 고객의 입장에서만 다루어지게 되면 디자인을 실행하는 단계에서 의견 차에 의한 입장의 대립은 필수적으로 나타날 수밖에 없으며 목적한 디자인을 이룰 수 없게 된다.

따라서 제시된 조건들에 대하여 디자이너와 고객은 충분한 협의를 해야 하며, 협의과정 중에 실제 프로젝트에서 요구되어지는 조건사항들을 정하고 실행가능여부를 파악하여 디자이너와 고객 사이에 프로젝트에 관한 완전한 이해관계를 확립해야 한다.

2.1.5 공간의 설정과 레이아웃 및 디자인 이미지 구축

1) 공간의 설정

조건설정 후 주어진 공간의 어느 부분에 실제적인 행위공간을 배치하느냐의 문제를 해결하는 것이 공간의 설정이다. 일반적인 공간의 배치방법은 행위군 그 자체를 공간으로 보는 것이나 기능을 중첩시키거나 동작

공간을 공유하는 방법으로 공간을 설정할 수도 있다.

2) 공간의 레이아웃(Lay out)

공간의 배분계획(zoning)에 따른 배치를 레이아웃이라 하며 실내공간의 구성요소인 바닥, 벽, 천장, 가구 등의 위치 정함을 결정하는 단계이다. 일반적으로 평면상의 배치계획을 말한다.

3) 디자인 이미지의 구축

디자인의 이미지 구축이란 공간의 목적에 부합되는 주제를 선정하고 개성을 부여하여 정서적인 면과 심미성을 높이는 것이다. 실내건축디자인의 쾌적성 추구는 기능의 해결뿐만이 아니라 조형적인 아름다움이 부가되어야만 정서적인 면을 포함한 쾌적성이 확보된다.

2.1.6 실내건축디자인 프로세스

1) 일반적인 실내건축디자인 프로세스

디자인단계 이전부터 디자인 단계의 프로그래밍을 거쳐 실제 프로젝트를 완성하기까지는 일반적으로 다음과 같은 과정을 거치게 된다.

조건설정 ⇨ 개요설계 ⇨ 기본설계 ⇨ 실시설계 ⇨ 감리

또는

기획 ⇨ 기본계획 ⇨ 기본설계 ⇨ 실시설계 ⇨ 감리

2) 실내건축디자인 프로세스의 내용

실내건축디자인의 대상 및 요구조건에 따라 프로세스의 내용에 약간의 차이는 있을 수 있으나 해결방법은 동일하며 상업공간을 예로 들면 실내건축디자인의 프로세스는 다음과 같은 내용으로 진행된다.

(1) 조건설정 단계(기획단계)

디자이너와 클라이언트가 공간의 사용목적, 예산 등을 종합적으로 비교하여 운영방법 및 경제성, 디자인 방향 등을 검토하는 단계이다.

상업공간의 경우, 교통수단, 상권, 지역 생활자의 행동양식, 인구, 의식구조 등 상업환경을 조사하는 단계이다. 이 조사내용을 기초로 하여 조건들이 설정되며 개략적인 디자인을 위한 접근방법을 구상할 수 있다.

(2) 개요설계 단계

설정된 조건을 분석하는 단계로 내부적 작용요소와 외부적 작용요소를 파악하고 제한요소 및 극복요소를 설정하게 된다. 설정된 상업환경을 분석하는 단계이며, 이 단계에서는 상점의 위치, 규모, 상권의 범위, 소비자 대응계획 등을 검토하고 분석하여 기본설계를 위한 밑그림을 그린다.

(3) 기본설계 단계

기본구상을 시각화하는 단계로 디자인의 개념, 분위기, 동선 및 조닝 등의 기본 구상을 위한 개략적인 스케치 및 도면작업, 대안의 작성 등을 통해 아이디어를 시각화한다. 이 단계에서 정리된 디자인 안이 최초로 클라이언트에게 보여지게 되며, 클라이언트에 의하여 거부되면 이 과정을 처음부터 반복해야 하며 클라이언트가 받아들이면 실시설계 단계를 진행하게 된다.

(4) 실시설계 단계

디자인을 실현시키기 위한 구체적인 설계도서를 작성하는 단계로, 설계도, 시방서, 견적서를 작성한다. 이 설계도서는 작업의 진행을 위한 지침서가 되며, 또한 이해 당사자간의 불미스러운 일로 법적인 문제가 생겼을 경우 법적판단에 큰 영향을 줄 수 있는 근거 자료가 된다.

(5) 감리 단계

설계안대로 실내건축물을 구성하는 공사가 진행되는지를 관리 감독하는 단계이다.

제 3 장

실내건축계획 각론(室內建築計劃各論)

3.1 주거공간(住居空間 : Living space)

3.2 상업공간(商業空間 : Commercial space)
- 3.2.1 상업공간계획(商業空間計劃)
- 3.2.2 전문매장(專門賣場)
- 3.2.3 헤어 숍(美容室 : Hair shop)
- 3.2.4 백화점(百貨店 : Department store)
- 3.2.5 레스토랑(Restaurant)
- 3.2.6 숙박시설(宿泊施設)

3.3 업무공간(業務空間 : Office space)

3.4 전시공간(展示空間)

3.1 주거공간(住居空間 : Living space)

3.1.1 주거공간의 이해와 구성

1) 주거공간의 개념(槪念)

주거공간은 삶의 가장 기본적인 단위인 가정생활을 영위하기 위한 가족단위 또는 개인의 생활권을 형성하는 단위공간이라 볼 수 있으며, 따라서 이러한 주거공간은 육아, 교육, 사교, 오락, 취미 등 인간의 제반생활과 밀접한 관계를 갖는다.

또한 주거공간은 추위나 더위, 기타 천재지변, 인재 등의 자연적 환경과 인위적 환경에 대응하여 가족의 생명과 재산을 보호하고, 재생산과 재충전을 위한 휴식장소이며, 가족 구성원들의 삶과 가치, 인격 등 개개인의 정체성이 표현되는 곳이다. 그러므로 주거공간은 거주자들이 가장 편안한 상태로 휴식할 수 있는 쾌적한 환경이 되도록 계획되어야 한다.

2) 주거공간의 분류(分類)

주거공간은 건축물의 구조방식(조적조, 철근콘크리트조, 목조 등), 사용목적(전용주택, 병용주택), 소유형태(자가주택과 임대주택), 주거단위(단독주택과 공동주택) 등 여러 가지 방법으로 분류할 수 있지만 실제 주거공간에 거주하는 거주자들의 행동양식이나 사용시간대에 따라 소단위로 분류하는 것이 주거공간의 기능에 근접할 수 있는 일반적인 방법이며 또한 가장 바람직한 방법이다.

(1) 주행동과 공간의 용도에 따른 분류

■ 개인공간(個人空間)

가족 구성원 각각의 사생활(私生活: privacy)보장이 요구되는 사적공간으로 개인의 기호, 취미, 개성 등의 개인생활이 보장되어야 하는 공간

그림 3.1-1
개인공간(정적공간)

이다. 주로 취침이나, 학습, 휴식 등의 기능을 갖는 침실, 학습실, 작업실, 서재 등의 공간이 개인공간에 해당된다.

■ 노동공간(勞動空間)

부엌, 세탁실, 다용도실 등 주로 주부의 가사노동공간이 이에 해당된다. 각 공간은 가사작업의 효율을 높일 수 있도록 필요한 설비 및 도구가 동선에 맞게 배치되어야 하고 또한 충분한 공간이 확보되어야 한다.

■ 사회적 공간(社會的 空間)

그림 3.1-2
사회적공간(동적공간)

가족구성원 모두와 방문자가 같이 사용하는 공동공간으로 거실, 식사실, 응접실 등이 있으며, 이에 부속된 공간으로 현관, 복도, 계단 등이 있다. 사회적 공간은 각 실과의 연결이 원활해야 하고, 가족의 사회적 지위나 가정의 성격(품격)이 잘 나타나도록 계획하는 것이 바람직하다.

그림 3.1-3 노동공간

■ 보건위생 공간(保健衛生 空間)

화장실, 세면실, 욕실 등 생리적 욕구를 해소하기 위한 공간으로 청결과 프라이버시가 확보되어야 한다.

(2) 행동반사(行動反射)에 따른 분류

■ 정적공간(靜的空間)

주거공간 중 특히 소음 및 시각적, 청각적 프라이버시가 확보되어야 하는 공간으로 부부생활을 위한 주침실(主寢室), 독서, 학습을 위한 서재 등이 이에 해당되는 공간이다.

그림 3.1-4 보건 위생공간

■ 동적공간(動的空間)

독립성보다는 개방성을 필요로 하는 공간으로 거실, 식당, 부엌 등이 대표적이다.

(3) 사용시간대에 따른 분류

■ 주간공간(晝間空間)

주로 낮에 사용되는 공간으로 초등학교 이하의 어린이나 노인, 주부가 사용하는 공간으로 어린이실, 노인침실, 거실 등이 이에 해당된다.

■ 야간공간(夜間空間)

취침이나 학습을 위한 공간으로 중고등학생의 침실이나 부부침실이 이에 해당된다.

3) 동선계획(動線計劃)

동선(traffic line)이란, 사람이나 물건이 일상생활에서 이동하는 경로를 선으로 나타낸 궤적(軌跡)으로, 빈도, 속도, 하중의 3요소를 가지며, 이들 3요소에 따라 거리의 장단, 폭의 대소가 결정된다. 따라서 동선계획은 주거공간내에서 일어나는 모든 움직임을 이 3요소에 적용하고 정리, 분석하여 계획하는 것이다. 동선계획의 결과는 실과 실, 공간과 공간을 연결하는 근거가 되어 주거공간 전체의 평면계획에 직결되므로 동선은 가능한 한 짧고 직선적으로, 다른 동선과 교차되지 않도록 효율적이고 합리적으로 계획되어야 한다.

3.1.2 각 실의 실내계획

1) 거실(Living room)

거실은 단란(團欒) 또는 오락(娛樂)을 위한 가족 구성원 전체의 공용공간으로 양식형태의 주거생활에서 취침이외의 모든 활동은 거실에서 이루어지므로 자연스럽게 가족생활의 중심공간이 된다. 따라서 거실은 가족 구성원 전체를 위한 다목적 기능을 갖는 공간으로 계획해야 한다.

그림 3.1-5 거실

(1) 거실의 기능

거실은 단란, 휴식, 여가, 접객, 사교, 가사, 독서, 취미생활 등의 용도로 사용되는 것이 일반적이며 경우에 따라서는 식사의 장소로도 사용되는 다목적(多目的)이며 다기능(多技能)의 공간이다. 거실의 기능은 행위에 따라서 다음과 같이 분류할 수 있다.

■ 단란의 장소

하루의 일과를 끝낸 후, 가족 구성원 모두가 모여 담소를 하거나 화목한 시간을 보내게 되는 공동의 장소이다. 따라서 각 실에서 거실로의 접근이 쉽도록 계획해야 한다.

■ 휴식의 장소

하루일과의 피로를 푸는 휴식과 안식의 장소이다. 그러므로 거실용 가구의 배치는 고정적인 것보다는 융통성 있게 활용할 수 있는 배치로 하는 것이 바람직하다.

■ 오락의 장소

TV 시청, 음악감상 등 가족의 오락이 행해지는 장소이다.

■ 취미활동의 장소

꽃꽂이, 독서 등 가족 구성원의 개인적인 행위로 사용되기도 하므로 이에 대한 고려도 충분히 해야 한다.

■ 아동의 유희(遊戱)장소

취학전의 아동은 주부와 더불어 생활하므로 놀이 장소로서의 거실의 기능은 큰 비중을 차지한다.

■ 접객(接客)의 장소

손님을 접견할 수 있는 응접실이 별도로 마련되지 않는 경우에는 거실

그림 3.1-6 거실의 유형

이 접객의 장소로 사용되는 것이 일반적이다.

(2) 거실의 규모

일반적인 거실의 규모는 1인당 최소 4~6m²정도이며 5인 가족이 거주하는 소규모 주택의 경우 식사실을 겸할 경우 최소한 16.5m²(5평)의 면적이 소요되나 권장되는 면적은 18~24m²정도이다.

(3) 거실의 유형

거실의 유형은 거실전용으로 사용하는 경우와 거실과 인접한 식당, 현관 등의 공간에 오픈 플래닝(open planing)을 적용하여 개방적인 공간으로 처리하는 경우, 필요에 따라 응접실, 서재, 식당, 부엌, 취미공간, 홈바 등의 공간과 겸용하여 사용하는 경우로 구분할 수 있다.

■ 응접실 겸용 거실

응접실을 따로 두지 않는 경우로 대부분 거실에서 손님을 맞이하여 접대하므로 거의 모든 주거공간의 거실은 응접실을 겸하게 된다.

■ 서재겸용 거실

거실을 독서나 업무를 위한 공간으로도 활용하는 경우로 테이블이 설치된다. 벽면에 선반이나 서가(書架)를 설치하여 책을 정리 보관할 수 있도록 고려해야 한다.

■ 식당겸용 거실

거실 일부를 식당으로 사용하는 형식으로 중간규모의 주거공간에서 주로 채택되는 유형이다. 간단히LD(Living Dining)형식이라고도 한다.

■ 부엌, 식당겸용 거실

소규모의 주거공간에서 채택되는 유형으로 거실과 부엌, 식당을 한 공간에 모아 집중시킨 것이다. 간단히 LDK(Living Dining Kitchen)형식이라고도 한다.

■ 취미생활 겸용 거실

공예, 공작, 분재 등, 가족구성원 개인의 취미생활이 가능하도록 간이 시설물을 설치하여 겸용하는 형식이다. 취미로 수집한 작품이나 자작품을 진열하여 거주자의 개성 및 Personality가 표현될 수 있는 공간으로 계획하는 것이 바람직하다.

■ 홈 바(home bar)겸용 거실

손님의 접대 또는 집안에서 편안하게 술을 마실 목적으로 거실 또는 식당에 홈바를 설치한 형식이다.

(4) 거실가구의 배치유형

거실의 가구배치는 거실의 규모, 형태, 개구부의 위치와 크기, 거주자의 취향 등에 따라 달라지게 되며, 거실에 놓여지는 소파세트를 중심으로 배치유형을 분류한다.

■ 대면(對面)형

중앙의 탁자를 중심으로 하여 좌석이 마주보도록 배치를 하며 정식적인 접견을 위한 응접실형의 거실에 적합한 배치유형이다.

■ 코너형(직각형)

1인용, 2인용, 3인용 소파 중 2가지 이상을 조합하여 서로 직각이 되도록 배치하거나 연결된 코너용 소파를 구석에 배치하는 유형이다.

■ U자형

중앙의 탁자를 중심으로 좌석을 정원, 벽난로, TV로 향하도록 배치한 유형으로 내측(內側)에 위치한 1인용 소파가 상석(上席)이 된다.

■ 직선형

좌석을 일렬로 배치한 유형이다. 한 측면에 나란히 앉게 되므로 이야기하는 상대가 보이지 않아 단란한 느낌이 들지 않으며, 대화하기에 적합하지 않은 배치유형이다. 소규모 주거공간의 거실에서 주로 채택 된다.

■ 복합형

규모가 큰 거실에서 채택할 수 있는 유형으로 다용도의 목적으로 사용할 때 유용하다. 위의 여러 가지 유형들을 조합하여 배치한다.

■ 자유형

어떤 유형에도 구애받지 않고 자유스럽게 배치하는 유형으로 개성적인 실내연출이 돋보이는 유형이다.

■ 원형

탁자를 중심으로 좌석을 원형으로 배치하는 유형이다. 모두가 중심을 향하여 앉게 된다.

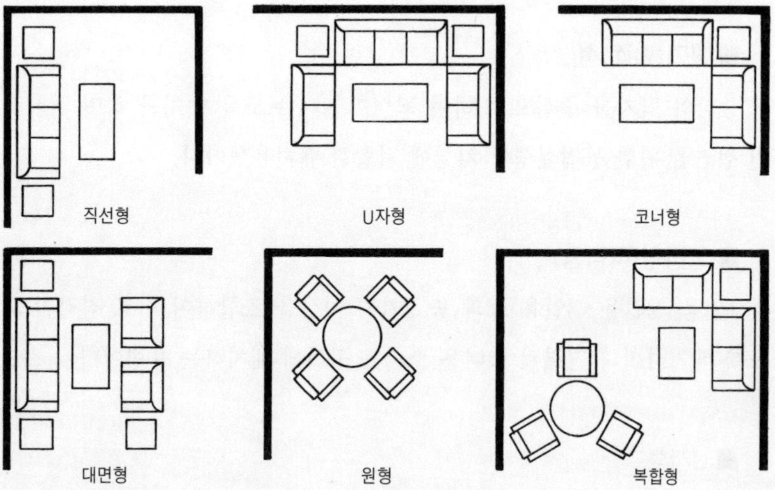

그림 3.1-7 거실가구의 배치 유형

(5) 거실의 마감재료

거실의 바닥은 석재판, 타일, 목재, 카펫 등 다양한 재료를 사용할 수 있으나 가족 구성원의 얼굴이 되는 공간이며, 신발을 벗고 생활해야 하는 공간이므로 장식성, 촉감의 정도, 난방에 따른 재료의 변형여부 등을 고려하여 재료를 선택하는 것이 바람직하다.

① 바닥

■ 타일(Tile)

타일은 재료의 특성상 차가운 느낌과 딱딱한 느낌이 드는 재료이나 유지보수와 청소의 용이성, 저렴한 가격 등으로 인하여 흔하게 사용되는 재료이다. 차가움과 딱딱한 느낌을 어느 정도 완화시킬 수 있는 부드러운 재료(카펫 등)를 부분적으로 사용하는 것이 좋다.

■ 카펫(Carpet)

부드러운 느낌과 흡음성 및 촉감이 아주 우수한 바닥마감재료 중의 한 가지로 가족구성원 중 어린이가 있는 경우 사용하면 좋다. 유지보수가 어려운 것이 단점이다.

■ 석재

무늬 및 색상은 아름다운 고급 마감재이지만 차가운 느낌이 들고 재료가 경질인 것이 단점이다. 규모가 큰 거실에서 채택될 수 있으며 타일의 경우와 같이 따뜻하고 부드러운 느낌이 드는 카펫을 부분적으로 처리해 주는 것이 바람직하다.

■ 목재 가공품

자연스러운 분위기를 만드는데 가장 효율적인 마감재료이다. 탄성과 촉감, 친밀감 등이 우수하여 바닥마감재로 최적의 재료이다.

■ 비닐계 시트 및 타일

다양한 색상과 패턴을 갖고 있는 동시에 가격이 저렴하고 시공성이 우수하여 가장 일반적으로 사용되는 재료이다.

그림 3.1-8 거실바닥 재료

② **벽 및 천장**

거실의 벽과 천장은 특별한 디자인이 요구되지 않는 한 페인트나 벽지로 마감하는 것이 일반적이다. 거실은 주거공간의 얼굴이 되므로 벽지를 사용 할 경우 다른 실에 사용하는 벽지보다는 그 기능성 및 장식성이 우수해야 하며, 원색 계통보다는 중성적인 색채를 사용하는 것이 무난하다. 또한 거실의 마감재료는 실의 규모나 용도에 맞게 선택하는 것이 중요하며, 벽지나 페인트 이외에 천장과 벽에는 목재 플로링을, 벽에는 대리석이나 벽돌 등을 사용할 수는 있으나 재질감이 강한 재료이므로 전체적으로 사용하기보다는 재료의 장점을 살려 부분적으로 사용하는 것이 개성적인 분위기를 연출하는데 바람직하다.

(5) 거실의 색채

가족구성원 모두의 공용공간이므로 밝고 아늑하면서도 싫증이 나지 않는 무난한 색을 선택하여 안정감이 있고, 편안한 분위기가 되도록 배색한다.

(6) 거실의 조명

거실은 주로 휴식과 단란을 위한 가족구성원의 공동공간이므로 편안하고 아늑하며 밝은 분위기의 조명으로 계획하는 것이 바람직하다. 직접조명과 간접조명을 병용하는 것이 일반적이며, 장식성이 우수한 국부조명기구인 펜던트, 플로어 스탠드, 테이블 스탠드 등을 보조적으로 사용하여 전체의 분위기와 조화되도록 한다.

2) 식당(Dining room)

식사를 위한 공간으로서의 독립은 현대생활의 필수조건으로 분화되어가고 있지만 소규모의 주거공간에서는 면적의 여유가 없기 때문에 LD 형식과, LDK 형식처럼 다른 실과 겸하여 기능적인 식사공간을 만드는 것이 일반적이다.

(1) 식당의 기능

식당은 가족구성원의 에너지원인 식사를 공급하는 공간뿐만 아니라 가

그림 3.1-9 식당

독립형 식당

DK형 식당

그림 3.1-10 식당의 유형

족의 단란과 주부의 가사작업공간이기도 하다. 따라서 식당은 가족실의 기능도 함께 갖는다는 의미에서 거실과 함께 가족중심의 장소가 될 수 있도록 공간의 구성을 연계시키는 것이 좋다.

(2) 식당의 규모

식사를 하기 위한 필요 면적은 가족구성원, 식탁의 크기, 형태, 식탁의 배치방법 등에 따라 달라지며, 식탁 주위를 보행할 수 있는 공간의 여유, 식기선반의 크기 및 위치, 배선탁자의 위치나 크기를 고려하여 적정 넓이를 정해야 한다. 식당의 표준면적은 가족구성원의 수가 3인의 경우 5.0㎡, 4인의 경우 7.5㎡, 6인의 경우 10㎡정도이 다. 즉, 1인당 1.7~2.3㎡의 면적이 필요하다.

(3) 식당의 유형

식당의 유형은 독립된 실의 식당 외에 공간의 규모가 작을 경우 거실과 식당을 겸하는 리빙다이닝(LD : Living Dining), 거실, 식당, 부엌을 겸하는 리빙다이닝키친(LDK : Living Dining Kitchen), 부엌과 식당을 겸하는 다이닝키친(DK : Dining Kitchen) 등으로 분류할 수 있다.

(4) 식당의 조명

식당의 조명은 직부등을 전반조명용으로 설치하고 식탁을 중심으로 팬던트를 사용하여 국부조명 형식을 취하는 것이 일반적이다. 광원은 연색성을 고려하여 식욕을 돋구어 줄수 있는 것을 선택하는 것이 바람직하다.

(5) 식당의 색채

부드럽고 즐거운 식사분위기와 식욕을 돋구어 줄 수 있는 난색계열의 색채를 선택하는 것이 무난하다.

(6) 식당의 마감재료

독립형 식당의 경우, 부엌이나 거실과는 다른 재료를 사용해도 무난하지만 다른 기능의 공간과 겸하여 사용하는 경우에는 부분적으로 러그(rug)나 카펫(carpet)을 깔아 영역을 구분하기도 한다.

3) 부엌(Kitchen)

주거공간에서의 본질적인 생활내용을 뒷받침하는 용도의 부속부분인 가사작업공간, 생리위생공간, 수납공간, 연락을 위한 공간중 주부가 가장 오랜시간을 보내게 되는 공간이다. 따라서 부엌의 실내계획은 능률적인 작업공간과 밝고 청결한 분위기의 위생적인 조리공간이 될 수 있도록 다음과 같은 내용을 충분히 고려하여 진행시켜야한다.

① 각 가정의 식생활 패턴에 맞는 부엌의 유형으로 계획되어야 한다.

② 조리작업의 흐름에 따른 작업대의 배치와 작업자의 동선에 맞게 합리적인 치수 및 수납계획이 이루어져야 한다.

③ 음식을 취급하는 공간이므로 먼지나 쓰레기는 깨끗하게 처리될 수 있도록 하고, 청소가 쉬워야 하며, 환기와 통풍이 잘되도록 하여 위생적인 공간이 되도록 계획한다.

④ 전기, 물, 가스(불)를 사용하는 공간이므로 이에 상응하는 설비는 사용상 편리하고 안전하게 설치되도록 계획하고 이를 고려한 적절한 마감 재료를 선택해야 한다.

⑤ 거실에서의 단란이 부엌이나 식당과 자연스럽게 연결되도록 한다.

(1) 부엌의 규모

부엌의 크기는 건축면적의 8~12% 정도로 하는 것이 일반적이며 소규모 주택의 경우에는 5.0㎡ 정도가 소요되나 가족구성원에 따른 적절한 부엌의 크기를 결정할 때는 작업대의 면적, 작업동작에 필요한 공간, 식기, 식품, 조리기구 등의 수납에 필요한 공간, 주택의 면적, 가족의 수 등을 충분히 고려해야 한다.

(2) 부엌의 유형

부엌의 유형은 독립형, 반독립형, 오픈키친, 아일랜드 키친, 키친네트 등으로 분류할 수 있으며 각 유형별 특징은 다음과 같다.

■ 독립형 부엌

부엌이 하나의 실로 독립된 유형으로 주택의 규모가 크거나 가족의 수가 많고 손님의 왕래가 빈번한 가정에 적합하다. 조리 중 생기는 소리와 냄새를 차단할 수 있는 장점이 있으나 작업동선이 길어지는 것이 단점이다.

그림 3.1-11
D.K

■ 반독립형 부엌

부엌이 인접한 거실이나 식사공간과 겸하게 되는 Living kitchen이나 Dining kitchen, Living dining kitchen 등의 유형이다. 부엌과 다른 실

그림 3.1-12
반독립형 부엌(D.K)

과의 구분은 해치 도어(hatch door), 칸막이, 커튼 등으로 한다.

■ 오픈 키친(open kitchen)

반독립형 부엌과 같은 Living kitchen, Dining kitchen, Living dining kitchen이 이 유형에 해당된다. 다른 점은 벽이나 칸막이로 구획하는 시설물이 없이 완전히 개방되는 형식이다. 필요에 의해서 인접공간과 구분하고자 할 경우에는 단 차이를 두거나 낮은 수납장으로 하되, 시각적으로는 개방되도록 해야 한다.

■ 아일랜드 키친(island kitchen)

취사용 작업대와 식탁을 일반적인 주방기구의 배치순서에 맞게 설치하지 않고 섬처럼 분리시킨 유형으로 일반 부엌과는 다른 독특한 분위기를 만들 수 있으나 중소규모의 주거공간에서는 면적을 많이 차지하여 채택할 수 없다.

■ 키친네트(kitchenett)

작업대의 길이를 2.0m내외로 최소화 한 간이부엌이다. 사무실이나 독신용 아파트 등에 채택되는 유형이다.

(3) 부엌가구의 배치유형

부엌에서 필요한 설비는 조리와 취사를 위한 작업대와 수납장, 저장 고 등으로 분류할 수 있으며, 작업대는 준비대 → 개수대 → 조리대 →가열대의 순서로 배치하는 것이 주부의 작업동선을 가장 짧게 할 수 있다. 규모에 따른 부엌가구의 배치유형으로는 다음과 같은 내용이 있다.

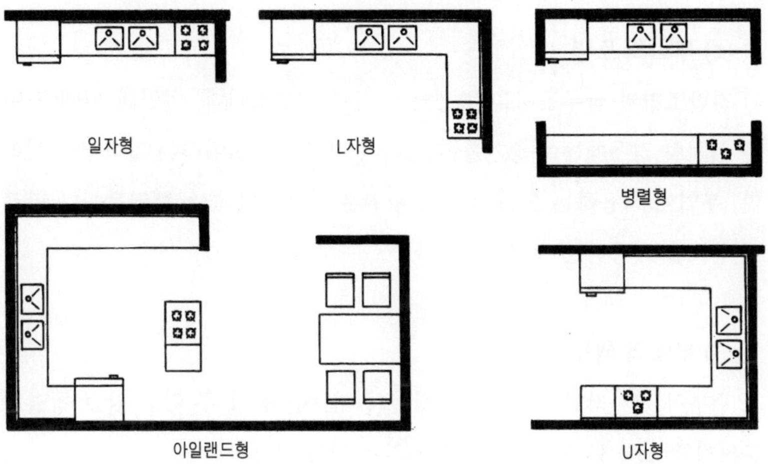

그림 3.1-3
부엌가구의 배치유형

■ 직선형(일자형)

좁은 면적에서 효율적이며 주로 소규모 부엌에서 채택한다.

■ L자형

부엌과 식당을 겸할 경우 유리한 형식으로 작업공간을 여유롭게 할 수 있으며 동선을 짧게 처리할 수 있다.

■ 병렬형

양쪽 벽면에 작업대를 마주보도록 배치하는 형식으로 동선을 짧게 처리할 수 있어 효율적인 배치유형이다.

■ U자형

인접한 3면의 벽에 작업대를 배치하는 형식이다. 가장 편리하고 능률적인 배치이나 소요면적이 커서 중소규모의 주택에는 채택하기가 어렵다.

■ 아일랜드형

일자형, L자형, U자형 등의 부엌에 독립적인 작업대를 설치하는 형식이다.

(4) 부엌의 조명

전반조명과 국부조명을 병용하는 것이 일반적이다. 가열대 위에 조명을 설치할 경우에는 수증기를 고려하여 방습등을 설치하는 것이 바람직하며, 부엌에 사용하는 모든 조명의 광원은 연색성이 좋은 백열등이나 할로겐 램프를 사용하는 것이 좋다.

(5) 부엌의 색채

주부의 가사작업공간이므로 작업의 피로를 줄일 수 있고 밝고 청결한 분위기를 느끼게 하는 색채를 사용하는 것이 바람직하다.

(6) 부엌의 마감재료

물을 사용하는 공간이므로 바닥은 내수성, 내마모성, 탄력성이 있으며

그림 3.1-14
D.K형 부엌의 조명과 색채의 사용 예

청소가 용이한 재료를 선택한다. 독립형 부엌의 경우를 제외하고는 거실의 마감재와 동종의 것으로 하는 것이 일반적이다. 벽은 가열대의 화기와 싱크의 물에 직접 접하게 되는 부위이므로 내수성, 내열성, 내화성이 있는 재료로서 청결한 느낌이 드는 재료를 선택한다. 천장의 경우에는 거실의 것과 동종의 재료를 사용하는 것이 일반적이지만 내화성 및 내습성이 있는지를 고려하는 것이 바람직하다.

4) 침실(Bed room)

침실의 주 기능은 잠을 자기 위한 취침공간이지만 개인적인 일, 휴식, 사색 등 개인생활을 영위하는 독립적인 공간이며 의류의 수납, 갱의, 화장 등도 이루어지는 주거공간 중 가장 사적인 개인공간으로서 프라이버시의 확보가 요구되는 공간이다. 따라서 개인만의 공간으로서 개인의 기호, 취미, 개성이 충분히 반영된 독립성이 강한 공간으로 계획하여야 한다.

또한 침실의 수는 가족구성원의 수와 같은 수로 마련하는 것이 이상적이지만 사정이 여의치 않은 경우에는 가족구성의 상황에 따라 공용성(共用性)과 전용성(轉用性)을 고려하여 결정하는 것이 일반적이다.

침실은 거실, 현관, 식당, 부엌 등의 공간과 가급적이면 멀리 떨어진 곳, 안정하고 기밀성이 확보되며 소음을 차단할 수 있는 곳, 일조 및 통풍이 좋은 곳에 위치하는 것이 좋다.

(1) 침실의 분류

침실은 용도에 따라 부부침실, 아동침실, 노인침실, 객용침실 등으로 분류하는 것이 일반적이며 사용자의 기호 및 주생활 패턴에 따라 한식 침실(좌식)과 양식 침실(입식)으로 구분하기도 한다.

■ 부부침실(주 침실)

취침의 목적 외에 부부생활의 중심이 되는 공간이므로 다른 공간보다 기밀성(機密性)이 요구되므로 프라이버시의 확보가 중요하다.

그림 3.1-15 부부 침실

■ 아동침실

취침, 학습, 놀이, 휴식 등을 겸한 다목적의 공간으로 사용되므로 연령층에 따라서 신체조건, 생활감정, 생활행동의 차이점을 고려하여 계획한다. 특히 어린이실의 경우 바닥과 벽 등은 어느 정도의 충격에 견딜 수 있는 구조로 하여야 하며, 물품수납의 편리성을 도모하기 위한 가구계획과 어린이의 성장에 따른 생활공간의 변경여지를 충분히 고려해야 한다. 아동실의 위치는 채광이 좋고 옥외생활공간과 연결되는 곳으로서 부모의 눈에 잘 띄어 예기치 않은 위험으로부터 즉시 보호할 수 있는 장소이어야 한다. 또한 아동의 생리 특성상 화장실과 근접되어 있는 곳이 좋다.

아동실의 필요면적은 최소 7㎡정도이고 다목적 기능에 따라 구획하고자 할 때는 16㎡ 정도를 필요로 한다.

① 아동실의 가구와 배치

아동실에 사용하는 침대는 아동 수에 따라 1인용 이외에 수납을 겸하거나 2층 침대가 주로 사용되며 2층 침대를 사용할 경우 위층과의 높이는 1m이상 유지하여야 압박감을 주지 않고 머리가 부딪치지 않는다.

그림 3.1-16 아동 침실

또한 자다가 추락하는 일이 없도록 난간 등의 안전장치가 필요하다. 책상과 의자는 성장속도에 따라 높이 조절이 가능한 가구를 선택하는 것이 바람직하며 수납용 가구는 가급적 조립과 해체가 가능한 공작가구를 선택하고 아동 스스로가 정리정돈을 할 수 있는 구조로 계획한다.

② 조명 및 색채계획

아동실의 조명은 시력보호를 위하여 밝은 분위기를 연출할 수 있는 고연색성의 형광등으로 전반조명을 하고 학습이나 취침을 위한 단순하고 기능성이 우수한 국부조명기구를 별도로 설치한다. 아동실의 색채는 기본적으로 밝고 안정감이 느껴지는 중간색조나 무채색을 넓은 면적에 배색하고 원색(파랑, 노랑, 빨강 등의 순색)은 부분적으로 사용하는 것이 정서적인 면에서 바람직하다.

③ 마감재료

아동실의 마감재료는 안전성, 내오염성, 내구성이 우수한 재료를 선택해해야 하며 특히 안전에 유의해야 한다.

그림 3.1-18 욕실의 재료

■ 노인침실

노인침실은 주택의 중심부에서 어느 정도 분리된 조용한 곳에 배치 하는 것이 바람직하나 은거하는 느낌이 드는 고립된 공간으로 처리해서는 안되며 가족과 같이 지내면서 휴식할 때만 개실(個室)이라는 느낌이 들도록 해야 한다. 또한 노인의 생활감정은 회고적이고 완고하며 행동이 신속 경쾌하지 못하므로 노인실의 구조는 바닥의 고저 차(특히 문지방)를 두지 않고 화장실은 가급적 개실에 부속시키는 것이 바람직하다. 노인실의 위치는 일조조건이 좋은 남향에 위치하도록 한다.

■ 객용 침실

손님을 위한 게스트 룸(guest room)인 객용 침실은 독립된 하나의 실로 마련할 여유가 없을 경우에는 거실을 객용 침실로 계획하되, 거실의 소파를 침대 대용으로 사용할 수 있는 푸시 백 소파(push back sofa)나 소파 베드(sofa bed)로 계획한다.

(2) 침실의 규모

1인용 침대의 길이는 180~190㎝, 폭은 90㎝정도이며 1인이 잠을 자기 위한 최소면적은 약 5㎡을 필요로 하게 되나 침실에서는 취침행위 이외에 물품의 수납, 몸단장, 화장 등의 행위도 이루어지므로 그 이상의 면적을 필요로 하게 된다.

좌식생활의 예를 들면 성인 1인 또는 어린이 1인 침상의 소요면적은 5㎡, 부부 또는 어린이 2인의 경우에는 7.5㎡, 부부와 유아 또는 어린이 3인의 경우에는 약 10~13㎡의 면적을 필요로 한다.

침실은 취침중의 무의식 상태에서 장시간을 보내는 곳이므로 공기의 위생적인 면을 고려하여야 한다. 성인의 경우 취침 중 0.02㎥/h의 탄산가스와 기타 유해물질을 호흡을 통하여 배출한다고 한다. 따라서 신선한 공기를 흡입하기 위해서는 적절한 환기횟수와 소요 공기량이 필요하게 되며 건강을 위한 최소한의 소요 공기량은 성인 1인당 50㎥/h(어린이는 성인의 1/2), 실내의 자연환기 횟수는 시간당 2회 정도가 요구된다.

이상의 조건으로 침실의 소요 기적량을 산출하면

1인용 침실 = 50㎥/h ÷ 2회/h = 25㎥

2인용 침실 = 25㎥×2 = 50㎥

3인용 침실 = 25㎥×3 = 75㎥가 되며, 천장 높이를 2.4m로 하면,

1인용 침실의 면적 = 25㎥÷2.4m = 10.4㎡≒ 10㎡

2인용 침실의 면적 = 50㎥÷2.4m = 20.8㎡≒ 21㎡의 면적이 필요하게 된다.

(3) 침실의 가구와 배치방법

침실의 가구는 생활양식과 실의 크기에 따라 달라지지만 양식의 경우 기본적으로 침대, 옷장, 정리장, 화장대 등이 필요하다. 가구를 배치할 때는 가구를 사용하기 위한 여유치수(동작 치수)를 충분히 고려해야 하며 침실의 경우 침대가 주가구가 되므로 침대를 배치한 후 적절하게 소요가구의 배치를 고려하는 것이 바람직하다. 일반적인 침대의 크기 및 배치방법은 다음 내용과 같다.

■ 침대의 크기

① 1인용 침대(single bed) : 900~1,000×2,000mm

② 2인용 침대

- 세미 더블 베드(semi double bed) : 1,200~1,300×2,000mm
- 더블 베드(double bed) : 1,350~1,450×2,000mm
- 퀸 베드(queen bed) : 1,500×2,000mm
- 킹 베드(king bed) : 2,000×2,000mm

■ 침대의 배치방법

① 침대의 상부 머리 쪽은 가급적 외벽에 면하도록 배치할 것.

② 누운 채로 출입문이 직접 보이도록 할 것.

③ 가급적 침대의 양쪽에 통로를 두고 한 쪽의 통로는 75㎝이상 되도록 할 것.

④ 침대 하부의 통로의 여유치수는 90㎝ 이상 둘 것.

⑤ 침실 내부의 주요 통로의 폭은 90㎝ 이상으로 할 것.

(4) 침실의 조명

침실은 휴식과 취침을 위한 공간이므로 편안한 분위기의 조명으로 계획한다. 분위기를 위한 조명으로는 커튼조명방식이나 밸런스조명 등 간접조명이 효과적이다. 일반적으로 전반조명용으로는 직부등이 주로 사용되며 장식성이 강한 테이블 램프나, 플로어 스탠드 등을 적절히 조합하면 매력적인 분위기의 실내공간을 연출할 수 있다.

(5) 침실의 색채

침실은 주거공간 중 가장 사적인 공간이므로 개인의 기호에 따른 색채 사용의 빈도가 비교적 높은 공간이다. 개인의 의사를 적극 반영하여 개성있고 안락한 분위기가 연출되도록 계획한다. 중성색을 사용하는 경우가 일반적이며 가장 무난하다.

(6) 침실의 마감재료

침실에 사용하는 마감재료는 벽과 천장의 경우는 벽지가 일반적으로 사용되며, 바닥의 경우에는 실의 용도에 따라 기밀성과 안전성이 요구되는 주 침실, 아동침실, 노인침실의 경우에는 흡음성 및 안전성이 우수한 카펫이나 탄성이 좋은 매트류를 사용하는 것이 바람직하다.

5) 욕실(Bath room)

욕실은 입욕, 세면, 휴식공간으로서의 기능이 주이지만 배설 및 세탁실의 기능을 겸하게 되는 것이 일반적이다. 따라서 변기, 세탁기 및 기타 설비물의 설치여부에 따라 욕실의 규모가 달라지게 된다. 욕조, 세면기, 변기를 설치할 경우 욕실의 크기는 보통 1.6~1.8×2.4~2.7m 정도이고 약 4㎡ 정도의 면적을 필요로 하게 된다.

그림 3.1-17 욕실

(1) 욕실의 유형 및 세부계획

욕실은 기본적으로 욕조, 세면기, 변기, 비데(bidet)로 구성되며, 이들은 하나의 실에 통합되어 설치되거나 하나의 공간에서 개실의 성격이 강하도록 분리 설치되는데 입욕, 배설, 세면의 기능에 따라 1실형, 2실형, 3실형으로 구분된다.

또한 욕실은 욕조, 변기, 세면기 이외에 휴지걸이, 수건걸이, 거울, 수건 및 입욕용품 수납장, 비누접시 등의 부속 설비물이 필요하므로 그 설치 위치는 사용자가 불편함이 없도록 면밀한 계획을 세워야 한다.

(2) 욕실의 조명, 색채, 마감재료

욕실의 조명은 규모가 작을 경우에는 세면대 위의 거울을 중심으로 방습형의 벽등(bracket)을, 규모가 클 경우에는 방습형 직부등을 따로 설치하는 것이 일반적이다. 색채는 아늑하고 따뜻하며 청결감이 느껴지는 것을 사용하고 욕실의 마감재는 방수성 및 내오염성이 큰 재료로 계획한다.

6) 서재(書齋)

서재는 사용하는 개인의 직업과 성향에 따라 기능과 요구하는 분위기가 다소 다르지만 대부분의 경우 독서와 연구에 집중할 수 있는 조용하고 안정된 분위기로 계획해야한다. 서재를 독립된 실이 아닌 침실과 겸하거나 거실과 겸할 경우에는 각 공간의 기능을 절충하여 계획하는 것이 바람직하다. 서재는 필요성에 따라 독립된 실로서 작업의 장소, 독서의 장소, 응접의 장소, 자료실, 객용 침실 등과 같은 기능을 가지며 각 기능에 상응하는 실내로 계획해야 한다.

7) 응접실(應接室 : Reception room)

일반 주택이나 소규모의 주택에서는 독립된 응접실을 두지 않고 거실과 겸하는 것이 일반적이지만 직업 관계상 응접실의 설치가 필요한 경우가 있다. 방문객은 가족과의 교제를 위하여 또는 사무적인 용무로 방문하는 경우로 구분할 수 있으며 사무적인 용무로 방문하는 경우에는 가족생활에 지장을 주지 않도록 전용의 응접실을 두는 것이 바람직하다. 응접실의 위치는 현관에 근접시키는 것이 좋으며 sofa bed를 설치하면 내객의 침실로도 활용할 수 있는 이점이 있다. 서재와 병용할 경우에는 침실에 근접시키는 것이 좋다.

8) 현관(Entrance, hall)

현관은 주택의 출입을 위한 주 출입구의 기능과 내방객을 처음 맞이하는 접객공간으로서의 기능, 통신구 및 도난방지를 위한 방범구(防犯口)로의 기능을 갖고 있으며 외부출입에 필요한 일상용품(신발, 우산)을 수납할 수 있는 수납공간의 기능도 겸하게 된다. 현관의 위치는 도로와의 관계, 대문의 위치 등에 의해서 결정되지만 가급적이면 건물의 중앙부에 위치하도록 하여 주거공간의 전체동선을 단축시키는 것이 좋다. 현관에 설치되는 설비로는 신발장, 우편물 수취함, 우산 보관함 등이 있으며 현관의 크기는 최소 0.9×1.2m정도, 보통 1.2×1.2m, 1.2×1.5m, 1.5×1.5m 정도로 한다. 또한 현관 홀과 거실의 바닥 차는 90~210㎜ 정도로 하는 것이 일반적이다.

9) 다용도실(Utility)

다용도실은 전반적인 가사작업과 세탁을 위해 다목적으로 사용되는 공간으로 주부의 가사노동공간인 부엌에 근접시키는 것이 바람직하며 세탁과 간단한 작업을 요하는 경우 2~4㎡ 정도, 다림질이나 재봉틀 일을 겸할 경우에는 8~10㎡ 정도가 필요하다. 물을 사용하는 공간이므로 내습성과 내수성이 있는 재료를 사용하고 바닥의 경우에는 미끄러짐을 방지할 수 있는 재료이어야 한다.

3.2 상업공간(商業空間 : Commercial space)

3.2.1 상업공간계획(商業空間計劃)

1) 상업공간의 이해

상업공간은 생산과 소비를 연결하는 매개역할을 하는 장소이며 불특정 다수의 고객을 상대로 구매의욕을 돋구어 판매를 통한 이윤추구를 주목적으로 한다. 그러므로 상업공간의 실내 디자인은 기능적인 편리성뿐만 아니라 공간을 조형화 하여 심미적, 심리적인 만족을 주고 시대적으로 변화하는 욕구와 이에 따른 소비생활패턴의 변화를 적극적으로 수용하여 판매 신장과 수익의 증가를 기대할 수 있는 계획이 요구된다.

현재 상업공간의 디자인 경향은 물리적 기능보다는 상점 전체의 통일성과 개성을 추구하여 공간 자체를 상품과 조화시키는 토탈 코디네이트(total coordinate)의 개념 적용과, 소재를 통한 공간 표면 효과의 극대화, 내면적 이미지의 도출과 실내공간과의 조화, 문명의 이기인 비디오, 레이저 광선, 컴퓨터 등의 첨단기술을 사용한 극적 효과 연출 등으로 현대적인 이미지를 부각시키고 있으며, 장식적인 요소로 팝 아트(pop art), 슈퍼 그래픽(super graphic), 옵 아트(op art)와 같은 현대 미술을 실내 공간과 결합시키려는 방법도 시도되고 있다.

2) 상업공간의 기본계획

(1) 상점 실내 계획시 고려사항

업종별로 특성을 부여하여 동일 업종의 다른 상점과 차별성을 두어 개성적인 공간이 창조되도록 하고 대상고객의 연령, 경제수준, 생활 패턴, 소비경향 등을 파악 이에 대응 할 수 있는 공간으로 계획해야 하며, 또한 취급상품, 주력 상품의 판매를 위한 다양한 디스플레이와 시각 및 인간의 모든 감각을 자극하여 직간접적으로 구매의욕을 높일 수 있도록 고려해야

그림 3.2.1-1 상업공간

한다.

구매의욕을 높이기 위해서는 구매심리를 자극할 수 있는 다음의 5가지 단계를 디자인에 반영해야 하며 그 내용은 다음과 같다.

① A(Attention : 주의) - 시선을 집중시킬 수 있는 요소가 충분히 배려되었는가?

② I(Interest : 흥미) - 불특정 다수인이 공감을 느낄 수 있는 호소력이 있는가?

③ D(Desire : 욕구) - 구매욕구를 일으키는 연상을 하게 하는가?

④ M(Memory : 기억) - 개성적인 공간으로 기억될 수 있는가?

⑤ A(Action : 행동) - 구매행위를 하기 쉬운 구성인가?

(2) 상품의 구매와 판매방식

소비자의 상품구매 동기유형으로는 상표, 평판, 유행 등에 영향을 받는 상품으로 계획된 예산 하에 구매하는 계획적인 구매와 매장의 분위기, 장소, 종업원의 서비스 등에 의하여 계획에 없던 상품(악세사리, 의류 등)을 충동에 의해서 구매하는 충동구매 방식으로 대별할 수 있으며 충동구매의 대상이 되는 상품은 계획적 구매상품 매장으로 가는 중간정도에 위치시키는 것이 일반적이다.

판매방식은 대면판매형식과 측면판매형식으로 구분할 수 있다.

대면판매 형식은 화장품, 귀금속, 의약품 등 고가품(高價品)이거나 상품의 설명이 요구되는 상품에 채택되는 방식으로 고객과 종업원이 show case를 사이에 두고 상담 판매한다. 상품의 설명과 포장에 편리하고 판매원의 위치를 정하기가 용이하나 판매원이 차지하는 면적으로 인해 진열면적이 감소하고, show case가 많아지면 분위기가 경직되는 단점이 있다.

측면판매방식은 고객으로 하여금 직접 상품과 접촉하여 선택하게 하는 방식이다. 진열상품을 같은 방향으로 보며 판매하게 되며, 충동적 구매를 유도하기가 용이하고 상품에 대한 친근감과 동일면적의 대면 판매 방식에 비해 진열면적을 크게 할 수 있다. 그러나 판매원의 정위치를 잡기가 어렵고, 고객과 판매원의 동선구분이 어려워 혼잡의 우려가 있다. 의류, 침구, 가전제품 등을 취급하는 상점에서 주로 채 택된다.

3) 상업공간의 평면계획

■ 각 부 공간 계획

① 매장부분(판매부분) : 도입부, 통로, 상품의 전시공간, 서비스 공간

② 부대부분(판매보조 및 영업관리) : 상품관리 및 판매원의 후생공간, 시설관리 및 영업 관리공간, 주차장

③ 파사드(Facade) : 광고와 선전을 위한 쇼 윈도우, 출입구, 간판

■ 동선계획

동선은 고객동선 종업원 동선, 상품동선으로 분리 계획하는 것이 바람직 하며 다음과 같은 점을 고려하여 계획한다.

① 고객동선

입구부분에서 가능하면 전체 매장이 한 눈에 보이도록 하고 고객의 동선은 가급적 길게 처리하여 상점 내에 오래 머물 수 있도록 한다.

통로 폭은 900㎜ 이상으로 하고 바닥의 단 차이는 피하고 실내에 계단이 있는 경우, 내려가는 방향을 선호하므로 올라간다는 의식을 감소시키는 방향으로 계획한다.

② 종업원 동선

종업원의 피로를 줄일 수 있도록 동선은 가능한 한 짧게 처리하고, 고객의 동선과 교차되지 않도록 한다. 또한 적은 점원수로 상품의 판매가 능률적이 되도록 계획한다.

고객동선과 종업원의 동선이 만나는 곳에 카운터나 쇼 케이스가 오도록 계획한다.

4) 쇼 윈도우(Show window)계획

쇼 윈도우는 도로변에 설치되어 상점의 얼굴 부분에 해당되는 역할을 하는 파사드의 일부분으로 취급상품이나 상점의 특색 등 새로운 정보를 고객에게 제공하며, 또 상품이 돋보이도록 전시함으로써 고객으로 하여금 구매욕구를 촉구하게 하여 상점 내로 유도하게 하는 역할을 하는 중요한 부분이다.

쇼윈도우의 크기는 상품의 종류, 크기, 특성을 고려하여 상점의 규모와 전면의 폭의 너비에 따라 결정하며, 상품의 크기가 작은 경우에는 쇼윈도우의 면적을 작게 하고 시선의 높이에 맞게 바닥의 높이를 올려야 한다.

(1) 쇼윈도우의 평면형식

■ 평형(平形)

가장 일반적인 형식으로 상점 내를 넓게 사용할 수 있으며 채광에 유리하다. 가구점, 자동차 매장, 중저가 의류점의 진열창으로 주로 채택되는 형식이다.

■ 곡면형(曲面形), 경사형(傾斜形)

곡면 유리를 사용하거나 평면의 형태를 경사지게 하여 쇼윈도우의 구성에 변화를 주는 형식으로 통행인의 시선을 상점 내로 자연스럽게 유도할 수 있다.

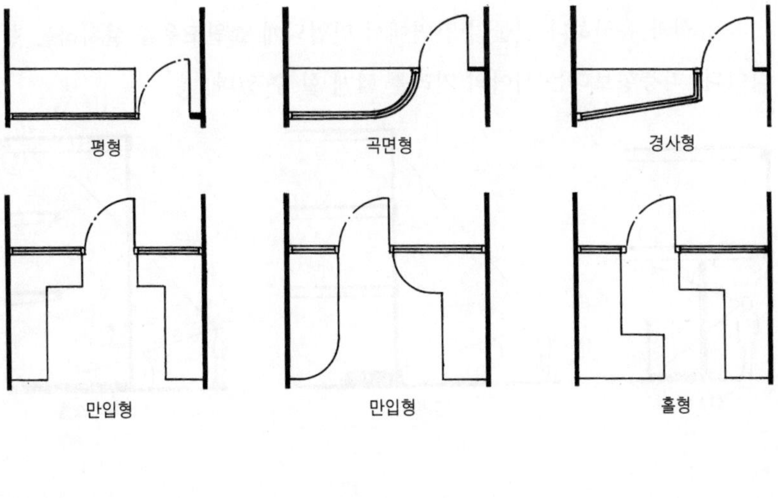

그림 3.2.1-2 쇼 윈도우 평면 형식

■ 만입형(灣入形)

상점입구의 일부를 만입(灣入)시켜 혼잡한 도로에서 진열상품을 볼 수 있도록 한 형식이다. 점내의 진열면적이 감소하고 자연채광량도 감소된다.

■ 홀(hall)형

만입형의 만입부를 상점 내로 더 깊게 끌어드린 형식이다.

(2) 쇼윈도우의 단면형식

■ 단층형(單層形)

건물 한 개 층의 전면에 쇼윈도우를 설치하는 형식으로 쇼윈도우의 넓이와 전후면의 개폐정도는 상품의 크기, 종류 등에 따라 결정한다. 가장 일반적인 형식이며 바닥면의 높이, 전후면의 개폐정도에 따라 유리 스크린 윈도우형, 새도우박스 윈도우형, 유리스크린 오픈 윈도우형, 돌출 윈도우형으로 구분한다.

■ 다층형(多層形)

2~3개 층의 전면에 쇼윈도우를 설치하는 형식으로 쇼윈도우를 전체적으로 볼 수 있는 시야 확보가 가능한 지역에만 설치할 수 있다.

■ 오픈 스페이스형

다층형과 유사하나 건물의 전면에서 만입되게 쇼윈도우를 설치하는 형식이다. 다층형보다는 시야의 거리를 짧게 할 수 있다.

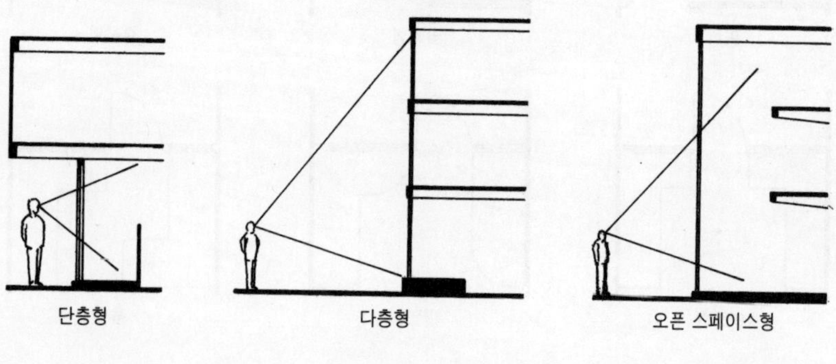

그림 3.2.1-3
쇼 윈도우의 단면형식

(3) 쇼윈도우의 배면처리형식(背面處理形式)

■ 개방형(開方形)

고객의 출입이 많거나 상점 내에 머무는 시간이 적은 업종에 채택되는 유형이다. 쇼윈도우 밖에서 상점을 볼 수 있으므로 고객에게 상점 전체의 인상을 즉시 전달시킬 수 있다.

■ 차단형(遮斷形 : 폐쇄형)

고객이 점내에 오래 머물거나 출입이 적은 업종에 채택되는 형식이다. 상점내부가 차단되어 쇼윈도우의 디스플레이에 대한 주목성이 커지므로 상품에 대한 강조효과가 크다.

■ 중간형(절충형)

개방형과 차단형을 겸한 형식으로 쇼윈도우와 점내 판매공간의 영역을 구분한 형식이다. 가장 일반적으로 사용되는 유형이다.

■ 투시형(透視形)

한 개 층 이상의 상층부를 개방시켜 확대된 공간감을 강조한 형식으로 자유로운 상품의 진열이 가능하다.

(4) 쇼윈도우의 눈부심 및 반사의 방지

쇼 윈도우를 보는 사람의 눈에 태양이나 전등의 빛이 유리에 반사되어 들어오면 눈부심 현상으로 인해 상품을 보기 어려우므로 다음과 같은 대책을 마련해야 한다.

① 차양을 쇼윈도우의 상부에 설치하여 햇빛을 차단시킨다.

② 쇼윈도우의 내부를 외부보다 밝게 처리한다.

③ 유리를 경사지게 처리하거나 곡면유리를 사용하여 햇빛을 위로 반사시키고, 외부의 영상이 시야에 들어오지 않게 한다.

④ 도로 건너편 건물이 비치는 것을 방지하기 위해 가로수를 심는다.

5) 매장계획(賣場計劃)

(1) 매장의 상품구성과 배치

상품은 중점상품, 보완상품, 전략상품으로 분류 구성하고 중점상품은 주 통로에 접하는 부분에, 중점상품의 판매력을 높이기 위한 보완상품은 부 통로부분에 배치한다. 또한 전략상품은 상점 내에서 가장 눈에 잘 띄는 위치에 배치하고 고객을 위한 휴게시설은 충동구매가 용이한 상품과 근접시켜 배치할 수 있도록 계획한다.

(2) 쇼 케이스(Show case: 진열대)의 배치형식

■ 굴절배열형

진열대의 배치와 고객동선이 굴절 또는 곡선으로 구성되며, 대면판매방식과 측면판매방식의 조합형식이다. 안경점이나 양품점 등 상품이 소형이거나 고가를 취급하는 전문점에 사용된다.

■ 직렬배열형

진열대가 입구에서 실내로 향하여 직선적으로 구성된 형식이다. 통로도 직선이어서 객의 흐름이 빠르고 상품의 진열이 용이하며 대량판매가 가능하다. 가전제품, 침구류, 식기류 등 상품이 크고 고객이 직접 상품을 선택하는 측면판매방식을 취하는 업종에 적용된다.

■ 환상배열형

매장의 중앙부분에 진열대를 직선 또는 곡선에 의한 고리모양으로 배치하는 형식이다. 중앙부분의 대면판매부분은 소형상품 또는 고가인 상품을 진열하고 벽면에는 대형상품을 진열한다. 수예품이나 민예품점 등에 사용된다.

■ 복합형

직선, 굴절, 환상배열형 등을 적절히 조합 배치한 형식으로 후반부에는 대면판매를 위한 진열대나 접객을 위한 카운터를 설치한다. 서점이나 피혁제품점 등에 사용된다.

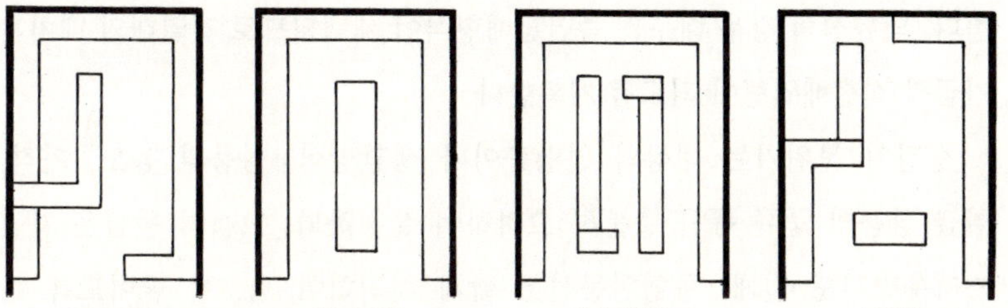

그림 3.2.1-4 진열대 배치형식

6) 조명계획(照明計劃)

취급하는 상품을 항상 생동감 있게 보이기 위하여 계절에 따른 상품색채의 반사율을 고려한 조명계획이 되어야 하며, 광원의 점멸(點滅)은 기상상태, 주간 및 야간, 폐점 후 변화에 따른 대응을 할 수 있도록 계획해야 한다.

또한 광원에서 발생하는 자외선이나 열에 의한 상품의 탈색, 변질 등의 손상을 미연에 방지할 수 있도록 고려하고 상품의 색채를 강조해야 하는 상점의 경우에는 연색성이 좋은 광원을 사용해야 한다.

3.2.2 전문매장(專門賣場)

3.2.2-1 의류점(衣類店 : Clothes shop)

1) 일반적인 고려사항

상점의 분위기는 대상의 연령층이나 생활방식, 상품의 용도, 가격, 취급상품의 종류 등을 미리 파악하고 충분히 고려하여 설정해야 하며 의류점은 대상고객의 연령에 따라 유아복점, 아동복점, 청소년복점, 성인복점(여성복 및 남성복) 등으로, 용도에 따라 일상의류매장, 정장 취급점, 스포츠의류매장 등으로 분류한다.

2) 평면계획

평면계획에서의 기본은 들어가기 쉽고, 둘러보기 쉽고, 상품을 집기 쉽고, 고르기 쉬운 공간의 구성이므로 이를 충분히 고려한 레이아웃이어야 한다. 의류점의 경우 대부분 측면판매형식이 채택되므로 진열대의 배치는 가급적 직선배열형이 되도록 계획한다.

상점의 분위기는 대상의 연령층이나 생활방식, 상품의 용도, 가격, 취급 상품의 종류 등을 충분히 고려하여 설정하되, 고객의 동선은 자연스러우면서도 길게, 종업원동선은 짧게 처리하여 피로를 줄이도록 한다. 또한 고객의 시선 및 행동을 분석하여 전략상품은 적절한 위치에 진열한다.

그림 3.2.2-1 스포츠 의류점 쇼 윈도우 스포츠 의류 매장

3) 각 부 계획

(1) 숍 프론트 & 쇼 윈도우

숍 프론트와 쇼 윈도우는 매장의 도입부분(출입구 포함)으로 손님을

맞이하는 최초의 장소이다. 따라서 점포의 이미지를 강하게 심어주고 취급하는 상품의 정보를 한 눈에 알아볼 수 있도록 하는 디자인이 요구되는 부분이다. 도입부 계획의 기본은 들어가기 쉽고 나가기 쉬운 구성이라는 데 있으며 출입구의 위치는 손님의 입장에서 우측 또는 중앙에 위치하는 것이 이상적이다.

또한 출입구의 수는 정면의 폭이 8m 이상인 경우에는 2개소를 두는 것이 효율적이며, 입구 쪽에 면적의 여유가 있다면 쇼윈도우의 평면 형식을 만입형으로 처리하여 손님을 자연스럽게 점내로 유도할 수 있도록 한다.

취급상품 및 입지조건에 따라 차이는 있으나 쇼 윈도우는 가능하면 개방형으로 처리하여 상점내까지 시선이 머물도록 계획하는 것이 바람직하다.

(2) 소요공간 및 가구계획

■ 피팅 룸(Fitting room)

선택한 의류를 시착(始着)하는 공간으로 최소 900×900㎜의 면적을 필요로 한다. 내면에는 1면내지 2면에 거울을 부착하고 충분한 밝기로 하며 설치위치는 주력상품 근처가 좋다. 또한 신발을 벗어야 하므로 그에 상응하는 배려를 해야 한다.

■ 포장카운터(Package counter), 레지스터카운터(Register counter)

포장 카운터는 상품의 크기를 고려하여 포장에 지장이 없도록 하고 그 높이는 800㎜ 정도로 한다. 설치위치는 주력상품 근처로 하는 것이 손님에게 편리하나 소규모의 매장에서는 출입구 쪽에 설치하는 것이 일반적이며 레지스터 카운터와의 겸용도 고려해 볼 수 있다. 레지스터 카운터는 금전등록기의 사용에 불편함이 없도록 높이를 고려 한다.

■ 왜건(Wagon)

상점의 입구에서 기획상품을 위한 진열대나 데드 스페이스에 아일랜드

형의 진열대로 사용한다. 고급품의 전시를 위한 진열대는 아니며, 계절상품이나 재고상품의 판매를 위하여 사용한다. 기성제품을 사용하는 경우가 일반적이나 필요한 치수에 맞게 제작하는 경우도 있다.

■ 디스플레이 테이블(Display table)

주로 상점의 중앙부에 위치하는 진열대로 주력상품이나 계절상품의 신제품이 전시된다. 테이블의 크기는 진열하는 방법에 따라 차이가 있지만 그 높이는 600~800㎜ 정도로 한다.

■ 디스플레이 선반(Display shelf)

주로 벽면을 따라 배치되며 진열장소 모두를 선반이나 행거로 처리하거나 상부는 행거, 하부는 선반 또는 그 반대로 계획할 수도 있다.

골든 스페이스 이하는 박스형으로 처리하여 수납공간을 확보할 수 있도록 한다.

■ 행거(Hanger)

주로 통로를 따라 배치되며 기성제품을 사용하거나 필요한 치수에 맞게 제작하여 사용한다. 기성제품은 그 모양에 따라 경사 행거, T형 행거,

그림 3.2.2-3 남성의류점

그림 3.2.2-2 디스플레이 테이블 및 행거

W형 행거 등이 있으며 높이조절이 가능한 행거를 사용하는 것이 상품을 진열하는데 효율적이다.

4) 조명계획

계절에 따라 상품의 색이 다르고 이에 따라 반사율이 다르므로 전체조명은 최저점(검정색 의복)을 고려하여 계획하는 것이 바람직하며, 의류의 색채를 고려하여 연색성이 좋은 광원을 사용한다. 조명 분위기는 연령층이나 취급상품의 가격, 고객의 출입빈도 등을 고려하여 설정한다.

3.2.2-2 구두점(Shoes shop)

1) 계획시 고려사항

상점의 분위기는 의류점과 같이 대상의 연령층이나 생활방식, 상품의 용도, 가격, 취급상품의 종류 등을 미리 파악하고 이를 충분히 고려하여 설정해야 하며 구두점은 대상고객의 연령에 따라 유아용, 아동용, 청소년용, 성인용(여성용 및 남성용) 취급점 등으로, 용도에 따라 정장용 구두취급점, 스포츠용(운동화) 취급점 등으로 분류한다.

그림 3.2.2-4 구두점

2) 평면계획

취급상품 및 입지조건에 따라 차이는 있으나 쇼 윈도우는 가능하면 반개방형이나 개방형으로 처리하여 상점 내까지 시선이 머물도록 계획하고 진열대의 배치는 직선배열형이 되도록 한다. 남화와 여화로 구분하여 배치할 수 있도록 해야 하며 매장의 중앙에는 오픈형의 진열대를 배치하여 신상품이나 주력상품을 전시할 수 있도록 한다. 또한 진열선반은 구두가 잘 보이도록 경사지게 처리한다.

3) 조명계획

주로 피혁제품을 취급하므로 표면에서 광택은 나지만 검정, 갈색 계통의 제품이 많아 반사율이 낮고 빛의 흡수율이 높으므로 최저점을 고려하여 계획하는 것이 바람직하다.

3.2.2-3 귀금속점(Precious metals shop)

1) 계획시 고려사항

고가품을 취급하는 매장이므로 그에 상응하는 분위기의 디자인이 요구되며 입지조건, 객 층, 상품의 종류, 판매방식 등을 충분히 고려하여 매장을 계획할 수 있도록 한다.

귀금속점 계획에 큰 영향을 주는 요소는 객 층, 입지조건, 상품구성이며 이 가운데 상품의 구성이 평면계획에 가장 큰 영향을 미치게 된다.

2) 상품의 조닝과 동선계획

상품의 구성에 따른 조닝을 먼저 생각하고 그 배치 및 각 존과의 관계를 고려하여 동선을 계획한다.

사는데 부담이 없는 링이나 목걸이 등의 상품은 통로에 접하도록 레이아웃하고 선물용 상품을 전면에 배치하여 디스플레이 기능을 함께 갖도록 하는 것이 효율적이다. 또한 고급상품 존은 매장의 가장 안쪽에 배치하여 상담을 통한 판매가 자연스럽게 이루어질 수 있도록 한다.

그림 3.2.2.-5 귀금속점

3) 상품의 구성과 평면계획

상품구성의 특징을 충분히 파악하여 평면계획에 반영한다. 모든 아이템을 취급하느냐, 아이템을 한가지 또는 두 가지 정도로 특화하느냐에 따라 레이아웃의 이미지가 결정된다. 예를 들어 상품의 아이템을 링만으로 하는 점포의 경우, 진열을 위한 집기류가 전체적으로 작아지게 되므로 집기류의 배치도 한층 자유롭게 구성할 수 있으며 또한 동선도 자유롭게 할 수 있게 된다.

귀금속점의 경우 대부분 대면판매 형식을 취하고 그에 따라 진열대의 배치도 굴절배열형으로 하는 것이 일반적이나 아이템의 종류가 많고 매장이 큰 경우에는 측면판매 방식과의 병용여부도 고려해야 한다.

매장의 규모가 클 경우에는 상담실, 사무실, 감정실 등의 공간으로 세분화하는 것이 공간활용에 효율적이다.

4) 쇼 윈도우와 쇼 케이스

(1) 쇼 윈도우

그림 3.2.2-6 쇼 케이스

보석점의 쇼 윈도우 계획에서 주의해야 할 점은 상품의 크기가 작으므로 진열대의 높이를 고객의 눈 높이에 맞춰 고객이 상품을 쉽게 볼 수 있도록 배려해야 한다는 점이다.

고가품을 취급하는 매장인 경우 쇼윈도우의 배면처리는 폐쇄형으로 하는 것이 일반적이며, 중저가품의 매장은 개방형으로 계획해도 무난하다.

(2) 쇼 케이스

쇼 케이스는 점포의 판매 방식에 따라 디자인과 기능이 결정된다. 즉, 대면과 측면판매형식의 병용여부, 두 가지 중 한가지만 채택하는 경우에 따라서 다단식 여닫이 케이스 또는 플랫식 여닫이 케이스로 결정된다.

대면판매형식의 경우에는 상담을 위하여 쇼 케이스를 중심으로 의자가 양쪽에 배치되므로 쇼 케이스의 높이는 불편함을 느끼지 않도록 낮게 처리해야 하며, 측면 판매형식의 경우에는 하이 케이스가 되고, 벽면을 따라 배치되는 경우가 일반적이므로 상품의 설명을 위해서 수납이 쉬운 서랍의 설치가 필요하다.

서비스 카운터와 포장대는 기본적으로 같은 유형의 것을 사용하는 것이 일반적이며 규모가 작은 업소의 경우 카운터 상부를 유리로 처리하여 상담을 위한 카운터 케이스로 활용할 수도 있다.

5) 조명계획

이 업종의 상품은 작고 빛나는 것 자체로 중요한 액세서리(accessory)가 되므로 이를 충분히 강조하고, 보석의 형이나 크기 등이 확실하게 분별될 수 있도록 실내전체를 높은 조도로 계획하는 것이 중요하다. 또한 상품의 광택 및 색을 강조하기 위해 연색성이 우수하고 휘도가 높은 광원을 선택해야 하며 케이스 내부의 조명은 상점 내 조명보다 3~4배정도 높게 조도를 설정한다.

3.2.3 헤어 숍(美容室 : Hair shop)

1) 일반적인 고려사항

헤어 숍이란, 손님의 얼굴, 머리, 피부 등을 손질하여 외모를 아름답게 꾸미는 영업을 하는 장소를 의미하며 미용실, 뷰티 숍이라고도 한다. 과거에는 두발만을 손질하는 장소의 의미가 컸으나 현재에는 두발부터 발끝까지 즉, 몸 전체의 미용을 관리하는 장소로 그 기능이 확대되어 있다.

확대된 기능에 따른 공간의 구성요소로는 접수, 대기, 세트 코너, 샴푸 코너, 소독실, 스태프 룸을 기본적으로 하여 다목적 공간, 페이셜 스페이스(facial space), 메이크업 코너(makeup corner), 카운셀링 코너(counseling corner), 네일 코너(neil corner) 등이 추가되기도 한다.

점포를 계획할 때는 타 업종과 마찬가지로 입지조건, 대상층, 취급 아이템 등에 따라 차이가 있으므로 이를 충분히 고려하여 반영해야 한다.

또한 공중위생법의 규제를 받는 업종이므로 최소한의 시설기준에 적합하도록 미리 검토해야 하며 시설 및 설비기준은 다음과 같다.

그림 3.2.3-1 헤어숍

표. 3.2-1 미용업의 시설 및 설비기준

구분	시설및설비기준
구 조	(1) 업소의 바닥은 내수재료로 하여야 한다. (2) 업소의 바닥면적은 10㎡이상이어야 한다. 다만, 공동탕업소 안에 설치하는 경우에는 8㎡이상이어야 한다.
작업실	(1) 세면 또는 세발시설은 내수재료로 하고 배수가 잘 되도록 하여야 한다. (2) 소독을 한 기구와 소독을 하지 않은 기구를 구분하여 보관할 수 있는 용기를 비치하여야 한다. (3) 소독기, 자외선 살균기 등 이용기구를 소독하는 장비를 갖추어야 한다.
화장실	화장실(상 · 하수도가 설치되어 있는 지역에 있어서는 수세식 화장실)을 설치하여야 한다. 다만, 동일한 건물 안에 공동으로 사용하는 화장실이 있는 경우에는 예외로 한다.
기 타 위생시설	폐기물용기는 내수성이 있는 재료로 된 것으로 뚜껑이 있어야 한다.

2) 소규모 점포의 계획

스태프가 1인~2인 정도의 미용실로 샴푸 1대, 세트 3면 정도를 설치할 수 있는 면적을 필요로 하며 그 면적은 20~30㎡정도이다. 면적의 제한으로 인하여 스태프나 손님을 위한 편의공간은 배제되는 것이 일반적이며, 손님의 눈에 점포내부가 모두 노출이 되므로 수납을 위한 가구의 마무리에 특히 신경을 써야 한다.

3) 중규모 점포의 계획

스태프가 3인~7인 정도의 미용실로 샴푸 2대, 세트 4~6면 정도를 설치할 수 있는 면적을 필요로 하며 그 면적은 30~60㎡ 정도이다.

스태프나 손님의 편의 공간을 설치해야 하며 미용사의 작업이 분업화되어 있는 경우가 많으므로 고객의 이동을 고려한 동선계획에 주의해야 한다.

그림 3.2.3-2 대기공간

4) 대규모 점포의 계획

스태프가 8인 이상인 미용실로 샴푸 3대 이상, 세트 7면 이상의 설치면적을 필요로 하며, 목적 및 기능에 따라 페이셜 스페이스(facial space),

메이크업 코너(makeup corner), 카운셀링 코너(counseling corner), 네일 코너(neil corner) 등이 추가된다.

대규모 점포의 경우 미용사의 작업은 확실한 분업형태가 되므로 공간의 구획이 쉬워지지만, 공간과 공간의 연결이 고객의 동선과 맞게 원활히 연결되어야 하며 각 공간의 기능에 적합한 설비와 디자인을 배려해야 한다.

그림 3.2.3-3 커트 & 세트공간

5) 각 부 계획

(1) 대기공간(Waiting space)

손님이 자신의 차례를 기다리는 공간으로 대기시간 동안 지루하지 않도록 하는 것이 가장 중요하다. 또한 대기공간은 사교를 위한 공간과 미용정보를 교환하는 장소로도 활용되므로 이에 대응할 수 있는 충분한 배려를 해야 한다.

(2) 커트(Cut) & 세트 스페이스(Set space)

커트와 세트를 위한 공간으로 가장 큰 면적을 차지하는 부분이다. 이 공간에서는 손님 자신의 모습이 변화하는 모습을 거울로 보게 되고 또한 컷팅이나 세팅 등의 세밀한 작업이 이루어지므로 작업에 필요한 충분한 조도와 얼굴의 그림자가 생기지 않도록 하면서 얼굴을 돋보이게 하기 위한 조명의 연출이 요구된다.

거울과 카운터가 설치되며 카운터의 높이는 700㎜ 정도로 하고, 전기를 필요로 하는 드라이어 등의 미용도구 사용을 위한 콘센트가 필요하다.

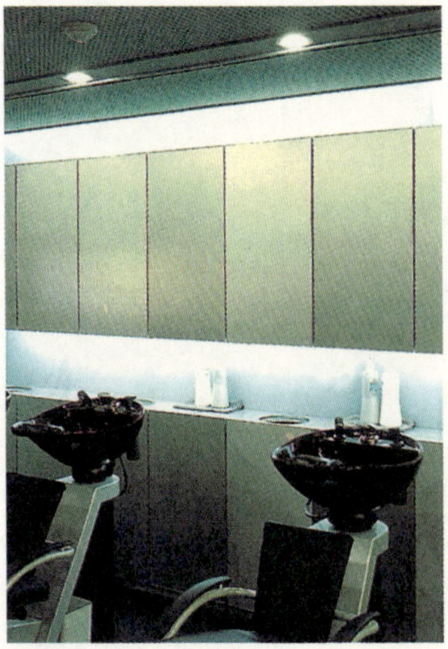

그림 3.2.3-4 샴푸공간

(3) 샴푸 스페이스(Shampoo space)

머리를 감는 곳으로 시선차단이 요구되는 공간이다. 누운 자세가 되므로 천장의 조명이 눈에 들어오지 않도록 처리해야 하며, 타월의 수납 케이스와 사용한 타월을 처리할 박스가 필요하다. 또한 물을 사용하는 공간이므로 바닥과 벽 등은 내수성이 있는 마감재료로 계획해야 한다.

3.2.4 백화점(百貨店 : Department store)

1) 개요(槪要)

백화점이란, 각종 물품을 구비하고 불특정 다수인을 대상으로 판매하여 영업이익을 추구하는 대규모의 소매점을 의미하며 불특정 다수인을 상대로 하기 때문에 백화점의 이미지 향상 및 장기적인 고객의 확보를 위한 계획이 요구되는 공간이다. 취급하는 상품의 종류, 입지조건, 고객층 등에 따라 차이는 있지만 일반적으로 백화점에 요구되는 기능에는 다음과 같은 것들이 있다.

① 다양한 물품의 구비와 상품에 대한 다양한 정보의 제공
② 쾌적한 매장 분위기의 조성
③ 전람회장, 극장, 공연장 등의 문화휴식시설을 고객에 대한 서비스로 제공
④ 여가활용을 위한 스포츠레저시설의 제공
⑤ 외식을 위한 식음공간의 제공

그림 3.2.4-1 백화점 중앙홀

2) 백화점의 공간구성

백화점의 공간은 고객권, 종업원권, 상품권, 판매권으로 구성되며, 영업적인 측면에서는 접객부문과 관리부문으로 대별할 수 있다.

표. 3.2.-2 백화점에 소요되는 실

부문	구분	소요실
접객부문	매장관계	쇼 윈도우, 출입구, 일반매장, 특별매장, 고객전용의 계단, 엘리베이터, 화장실 및 점내 안내소 등
	식당 및 기타	식당, 집회실, 미용실, 사진관, 결혼식장, 극장, 기타 문화 및 레저시설 등
관리부문	상품관계	상담실, 구입 사무실, 방송실, 운반실, 상품운송 전용의 엘리베이터, 계단, 리프트 등
	종업원관계	종업원 전용 출입구, 타임 레코더 실, 탈의실, 영업 사무실, 종업원 휴게실, 종업원 식당, 종업원 전용의 엘리베이터, 계단 및 화장실 등
	설비관계	보일러실, 전기실, 기계실 등

(1) 고객권

고객을 맞이하는 현관, 매장내 고객용 교통부분인 통로, 계단, 엘리베이터 또는 에스컬레이터와 고객에게 편리함을 제공하기 위한 휴게실, 식당, 각종 문화시설, 레저시설 등으로 구성되며 판매권의 매장과 결합되고 종업원권과 접하게 된다.

(2) 종업원권

종업원을 위한 공간으로 종업원의 출입구와 통로, 화장실, 갱의실, 사무실, 회의실, 휴게실 등으로 구성되며 독립되어 있다. 판매권, 상품권과 접하게 된다.

(3) 상품권

상품의 반입, 보관, 배달 등의 부분과 검수, 가격표시 등 상품의 보급시설 역할을 하는 공간으로 구성되며 판매권과는 접하고 고객권과는 분리된다.

(4) 판매권

백화점의 경영을 좌우하는 중요한 부분으로 상품을 전시하여 판매, 영업하는 공간이다. 매장, 접객부분, 쇼 윈도우 부분으로 대별되며, 고객의 구매의욕을 환기시키고 종업원의 능률을 향상시킬 수 있는 작업공간으로 구성되어야 한다.

3) 매장계획

(1) 동선계획

백화점의 동선은 고객의 동선, 상품의 동선, 종업원의 동선으로 구분할 수 있으며 다음과 같은 내용을 고려하여 계획하되, 고객 통로의 폭은 다음 표를 기준으로 한다.

표. 3.2-3 고객 통로 폭의 기준

구분	정 도	통로의 폭(㎜)
주 통로	최 소	1500
	보 통	1800~2700~3000
	최 대	4500
부 통로	최 소	900
	보 통	1500~1800~2100
	최 대	2100

① 주 동선과 부동선의 관계, 입장객 수와 통로 폭, 동선의 방향, 피난시설과의 관계, 이동부분과 정지부분의 구별, 수송설비와의 연계성 등을 고려한다.

② 좁고 긴 통로나 막다른 골목이 생기지 않도록 한다.

③ 동선계획의 최우선 고려사항은 고객을 매장 각 부분이나 최상층까지 유도하는 것이다.

④ 고객의 주 통로의 폭은 3인 이상이 불편 없이 통행할 수 있도록 2000㎜ 이상으로 계획한다.

(2) 상품배치계획

상품을 성별, 연령별, 용도별, 테마, 브랜드 별로 구분하여 매장의 조닝(zoning)계획과 연계하되, V.M.D(visual merchandising) 전략에 기초를 두고 배치계획을 한다.

① 전략적 상품과 수익성이 큰 상품은 고객의 주 동선에 접하거나 근접시키고 동선의 혼잡이 우려되는 주 출입구 부분에는 인기품 목을 배치하지 않는다.

② 고객을 위한 휴식공간이나 편의시설에는 많은 동선이 집중되므로 가급적 분산시켜 배치한다.

③ 매상이 부진한 품목은 인기상품 주위에 배치하여 상품판매를 촉진시킬 수 있도록 한다.

(3) 층별 매장구성계획

■ 지하층 부

목적성이 강한 층으로 고객의 관심도가 높은 일용품과 식품류를 취급하는 매장을 배치한다.

■ 하층 부

전략상품과 소형이면서도 고가이며 상품선택에 비교적 시간이 걸리지

그림 3.2.4-2 하층 매장

않아 고객의 동선 흐름을 빠르게 할 수 있는 화장품, 액세서리, 피혁제품 등의 잡화류 매장을 배치한다.

■ 중층 부

계절에 영향을 받으며 유행성이 있고, 구매에 비교적 시간이 걸리지만 매상이 높은 아동의류, 스포츠의류, 여성의류, 남성의류, 생활용품 등의 매장을 배치한다.

■ 상층 부

고객을 머물게 하는 목적성이 강한 층으로 계획구매상품을 집중적으로 배치한다. 상층부의 하부에는 가구, 가전제품, 식기류 등 비교적 큰 상품 매장을 배치하고, 상부에는 식당, 공연장, 전시장 등의 편의시설과 문화시설을 배치한다.

표. 3.2.-4 국내 백화점의 층별 상품구성

층 \ 백화점	롯 데	신세계(본관)	현대(무역센터)
지하 1층	식품	식품	식품
1	잡화류	패션잡화, 여성의류	잡화
2	신사의류	캐주얼, 여성의류	숙녀 캐주얼
3	숙녀정장	여성의류, 신생아 의류	숙녀정장
4	숙녀 캐주얼	남성의류, 아동의류	신사의류
5	아동, 문화	가전제품, 주방용품, 홈인테리어	아동, 스포츠
6	가정용품		가정용품
7	가구, 화랑		생활용품
8	행사장, 가구		문화시설, 식당
9	DIY, 원예		
비고		4층 : 이벤트 홀, 문화관, 미술관 3층 : 스포츠 용품	

(3) 매장의 가구배치유형

■ 직각 배치형(rectangular system)

가장 일반적으로 사용하며, 매장의 면적을 최대로 확보할 수 있는 배

그림 3.2.4-3 중층 매장

치 방법이다. 판매대 배치가 간단하고 경제적이나, 고객의 통행량에 따른 통로의 폭을 조절하기 어렵고 단조롭고 딱딱한 분위기를 준다.

■ 사행 배치형(inclined system)

주 통로 이외의 부 통로를 사행 처리하여 판매대를 배치시키는 유형으로 고객을 구석에 위치한 매장까지 유도할 수 있는 장점은 있으나 시선이 엇갈려 혼란스러워지기 쉽다.

■ 자유유동 배치형(free flow system)

통로를 상품의 성격, 고객의 통행량, 유통방법에 따라 유기적으로 계획하여 판매대를 자유로운 곡선형식으로 배치하는 방법이다.

매장의 획일성을 탈피하고 개성적인 공간을 연출할 수 있는 장점이 있는 반면에 판매대가 이형(異形)이므로 시설비가 많이 들고 세밀한 계획이 요구된다.

■ 방사 배치형(radiated system)

에스컬레이터 등의 핵심 공간을 중심으로 하여 통로와 매장이 방사형태를 이루는 것으로, 기본 건축계획시부터 매장의 배치유형이 반영되어야만 가능하다.

4) 조명계획

백화점 내의 전체조명은 빌딩의 사무실 조명에 준하여 계획하고 매장의 배치가 변하여도 조명설비는 변동하지 않도록 해야 하며, 판매장은 진열 구조, 상품의 종류 및 배치 등을 고려하여 조명 방법을 계획하도록 한다.

고액상품이거나 소형의 상품은 쇼 케이스에 넣어 진열되므로 쇼 케이스내의 조명은 전체조명의 3~4배 정도로 밝게 하고 일층매장은 주간에 실내로 들어오는 고객에게 밝은 느낌을 줄 수 있도록 계획한다.

5) 색채계획

다양하고 많은 상품을 취급하는 공간이므로 전체적인 색상의 통일에 중점을 두고 계획하는 것이 바람직하다. 중채도의 색을 위주로 한 배색이 일반적이며 무난한 느낌을 준다. 상품의 종류, 고객의 연령층, 성별 등을 고려하여 각 층 또는 코너별로 변화 있는 배색은 부분적으로 하되, 전체적으로 조화될 수 있도록 해야 한다. 또한 충동구매의 촉진과 고객의 시선집중, 동선의 유도 등의 특정목적을 위하여 명시성이 높은 색(명도와 채도가 높은 색)을 사용할 때는 혼란스러움이 느껴지지 않도록 주의해서 배색한다.

3.2.5 레스토랑(Restaurant)

1) 개요(槪要)

양식(洋食)을 주로 판매하고 영업하는 공간을 레스토랑이라 하는 것이 일반인들의 인식이지만, 넓게는 모든 종류의 식사와 음료, 주류 등을 판매 영업하는 공간이라는 의미를 포함하고 있다. 레스토랑에서 이루어지는 식음행위는 주로 식욕을 만족시키고 영양을 보충하기 위한 것이라고 볼 수 있지만, 이외에 일상생활에서 받는 스트레스의 해소와 사교나 상담을 위한 행위도 포함될 수 있다.

레스토랑은 식사의 종류나 영업 형태 등에 따라 다양하게 분류되며 또한 음식점의 형태, 규모, 서비스 방법, 위치 등에 따라 각 업소 고유의 특색을 갖게 된다. 레스토랑의 경영은 대상으로 하는 고객층, 입지조건(장소 및 층별), 취급하는 음식의 종류, 식사의 형태 등의 조건을 어떻게 결정하느냐에 따라 영업방침이 정해지게 되며, 또한 계획의 방향도 정해지게 된다.

그림 3.2.5-1 양식 레스토랑

2) 레스토랑의 분류

레스토랑은 식음의 형태, 요리의 종류, 서비스 형태, 식품위생법에 따라 대별할 수 있으며 세부적인 분류 내용은 다음과 같다.

(1) 식음의 형태에 의한 분류

■ 식사를 주로 취급하는 점

① 레스토랑(Restaurant) : 식사를 제공하는 식당의 총칭으로 테이블 서비스 형태가 일반적이며 룸서비스를 제공하는 경우도 있다. 주로 주방과 연계된 팬트리를 통해 종업원에 의한 서비스가 이루어 지며 cloak room, wedding room 등을 설치하는 경우가 많으며 경우에 따라 연회장이나 바를 설치하는 경우도 있다.

② 런치 룸(Lunch room) : 실용적 성격의 레스토랑으로 카운터 서비스를 하는 업소가 일반적이며, 경우에 따라서 카운터와 테이블 서비스를 병용하는 경우도 있다.

③ 그릴(Grill) : 주로 양식(洋食)의 일품요리(一品料理)를 제공하는 음 식점으로 카운터 서비스가 일반적이다.

④ 스낵 바(Snack bar) : 간단하고 요리시간이 짧은 음식을 취급하며 카운터 서비스가 일반적이다. 고객의 회전이 빠르며 셀프 서비스 형태를 택하기도 한다.

그림 3.2.5-2 카페

■ 주류를 주로 취급하는 점

풍속영업을 포함한 주류와 유흥서비스를 위주로 하는 음식점으로 바(bar), 스탠드 바(stand bar), 요정, 카페(cafe), 단란주점 등이 있다.

그림 3.2.5-3 커피숍

■ 음료와 주류를 취급하는 점

칵테일 라운지(cocktail lounge)

■ 음료를 주로 취급하는 점

주로 청량음료를 서비스하는 곳으로 커피숍, 전통찻집 등이 있다.

(2) 제공하는 요리에 의한 분류

■ 한식요리점(korean restaurant)

한국요리를 위주로 하는 요리점으로 불고기, 생선회, 튀김 등의 일정 요리만 취급하는 전문 음식점과 합석을 위주로 대중적인 요리를 취급하는 일반음식점으로 구분할 수 있다.

■ 일식요리점(japanese restaurant)

일본요리를 위주로 하는 요리점으로 생선회, 튀김, 우동 등의 일정 요리만 취급하는 일품요리점과 정통 일식요리점으로 구분할 수 있다.

■ 중식요리점(chinese restaurant)

중국요리를 위주로 하는 요리점으로 대중적인 음식점과 정통 중국요리점으로 구분할 수 있다.

그림 3.2.5-4 패스트 푸드점

■ 동양식요리점(oriental restaurant)

동양의 요리를 취급하는 음식점으로, 인도요리점, 베트남요리점, 태국요리점 등이 있다.

■ 서양식요리점(western restaurant)

서양요리를 위주로 하는 요리점으로 프랑스요리점, 이탈리아요리점 등이 대표적이다.

(3) 서비스 형태에 의한 분류

■ 셀프서비스 레스토랑(self-service restaurant)

고객 자신이 음식을 운반하며 식사 후 식기의 뒤처리까지 하는 형식의 레스토랑으로 대중이 이용하는 음식점에서 주로 채택된다.

■ 카운터서비스 레스토랑(counter-service restaurant)

카운터에서 직접 요리를 서비스하는 형식의 음식점이다.

■ 테이블서비스 레스토랑(table-service restaurant)

웨이터에 의해서 요리가 테이블까지 운반되는 형식의 음식점이다.

■ 객실서비스 레스토랑(room-service restaurant)

각 실로 웨이터에 의해서 요리가 운반되는 형식의 음식점이다.

그림 3.2.5-5 일반 음식점

(4) 식품위생법에 의한 분류

표. 3.2-5 식품접객업의 세분(영 제 7조)

구분	종 류
휴 게 음식영업	음식류를 조리 판매하는 영업으로서 음주행위가 허용되지 않는 영업(주로 다류를 조리, 판매하는 다방 및 주로 빵, 떡, 과자, 아이스크림류를 제조 판매하는 과자점 형태의 영업을 포함한다.)
일 반 음식영업	음식류를 조리, 판매하는 영업으로서 식사와 함께 부수적으로 음주행위가 허용되는 영업
단란주점 영 업	주로 주류를 조리, 판매하는 영업으로서 손님이 노래를 부르는 행위가 허용되는 영업
유흥주점 영 업	주로 주류를 조리, 판매하는 영업으로서 유흥종사자를 두거나 유흥시설을 설치할 수 있고 손님이 노래를 부르거나 춤을 추는 행위가 허용되는 영업

3) 일반계획(一般計劃)

음식점을 계획할 때 고려해야 할 내용은 무수히 많으나 기본적이면서도 공통적으로 고려해야할 내용은 다음과 같다.

① 음식의 종류, 전문음식점의 여부, 서비스 정도 등을 고려하여 고객 1인당 점유면적 및 의자와 테이블의 크기를 결정한다.

② 식사를 위주로 하는 경우는 밝고 활기 있는 분위기로, 주류를 위주로 하는 경우는 아늑하고 편히 쉴 수 있는 분위기로 계획한다.

③ 대규모 식당의 경우, 담화, 가족손님, 단체손님 및 연회를 위한 개실을 고려한다.

④ 1석당 소요면적은 식당과 주방의 면적을 고려하여 다음의 표를 기준으로 한다.

표. 3.2-6 식당 및 주방의 면적(1석 당 소요면적)

식당의 형태	1석 당 식당면적(객석+ 통로) : (㎡)	1석 당 주방면적(㎡)
양식 레스토랑	1.9~1.7	0.60~0.70
한식 레스토랑	2.5~1.9	0.55~0.65
커피숍, 스낵 바	1.4~1.2	0.35~0.40
소규모 음식점	1.8~1.5	0.40~0.45
학교식당	1.2~1.0	0.40~0.45

(1) 동선계획(動線計劃)

동선은 고객의 동선, 종업원의 서비스동선, 식품동선으로 나누어 계획하는 것이 바람직하며 특히, 고객동선과 종업원의 서비스동선은 교차되지 않아야 한다. 따라서 고객의 출입구와 주방 및 물품 구입 및 반입에 필요한 출입구를 분리 설치하는 것은 점포의 규모에 관계없이 필요한 사항이 된다.

일반적으로 주동선의 폭은 900~1.200㎜ 정도, 부동선의 폭은 600~900㎜ 정도로 하며, 박스 석에 이르는 최종 통로의 부동선의 폭은 400~600㎜정도로 해야 통행에 불편이 없다.

고객의 출입구는 점포의 분위기를 외부에 나타내어 점포의 첫 인상을 주며, 또한 고객을 유치하는데 중요한 계획요소이므로 점포의 이미지와 잘 어울릴 수 있는 디자인으로 계획해야 한다. 객석은 안정된 분위기에서 식사를 할 수 있도록 환경을 조성하는 것이 중요하며 좌석배치, 색채 및 재료계획, 설비계획, 실내장식 등에 일관적인 디자인이 요구된다.

물품을 구입하고 반입하는 출입구와 주방의 동선은 작업자가 물품을 신속히 저장하고 편리하게 음식을 요리할 수 있도록 가능하면 동선을 짧게 계획해야 한다.

(2) 레스토랑의 공간구성(空間構成)

레스토랑에 요구되는 공간은 업종이나 규모에 따라 차이가 있을 수 있으나 일반적으로 고객이 주로 사용하며 점포의 수익을 가져다주는 영업을 위한 부분, 제공하는 요리의 조리를 위한 부분, 식당을 경영하기 위한 관리부분으로 구분할 수 있으며 일반적인 면적비율 및 소요실은 다음 표와 같다.

표. 3.2-7 레스토랑의 면적비율 및 소요실

부분	연면적 대비 백분율 한계	일반적인 면적비	소요실
영업부분	50~85%	50~70%	현관, 로비, 클로크 룸, 런치룸, 바, 화장실, 주 식당, 연회장, 전화박스 등
조리부분	5~50%	20~40%	부엌, 배선실, 창고, 냉장고, 냉동고 등
관리부분	0.2~30%	10~20%	지배인실, 종업원실, 종업원 화장실, 사무실, 기계실, 보일러실 등

4) 객석의 평면계획(平面計劃)

레스토랑의 평면계획에는 서비스의 형태가 가장 큰 영향을 주므로 가장 먼저 서비스 형태의 특징 및 내용을 파악하는 것이 중요하며, 각 형태에 따라 고려해야 할 내용은 다음과 같다.

(1) 셀프서비스(self-service) 음식점

고객 자신이 테이블로 음식을 운반하며 식사 후 식기의 뒤처리까지 하게 되는 형식의 음식점이다. 주로 학교, 오피스 빌딩, 관공서, 공장 등의 식당에서 많이 찾아볼 수 있는 유형이며, 근래에는 시중의 대중 음식점에서도 많이 채택되고 있다. 종업원의 인건비를 줄일 수 있으므로 음식의 값이 저렴하며 실질적인 식사를 할 수 있는 특징이 있다. 셀프서비스 음식점에서 가장 먼저 고려해야 할 사항으로는 고객이 스스로 서비스를 하기 때문에 고객동선을 위주로 계획해야 한다는 점이다. 이 때 주의할 점은 동선만을 생각한 평면계획은 테이블 배치의 단순화가 필연적으로 나타나 공간 자체가 단조로운 느낌을 줄 우려가 있으므로 공간을 분할하여 다른 분위기로 계획하거나 음식의 종류에 따라 코너의 분위기를 달리하는 방법도 고려해야 한다.

또한 주방과 서비스 카운터는 객석과 분리하여 주방에서 발생하는 냄새나 소음 등이 객석 쪽에 영향을 주지 않도록 배려해야 한다.

그림 3.2.5-6 셀프서비스 음식점

(2) 테이블서비스(table-service) 음식점

손님이 주문한 요리를 웨이터가 주방에서 테이블까지 운반하는 형식의 음식점으로 대중 음식점, 일반 레스토랑, 중식당, 일식당 등에서 일반적으로 채택하는 유형이다. 테이블 서비스 음식점의 가장 큰 특징으로는 식사만을 위한 공간뿐만이 아니라 사교와 회합을 위한 공간의 기능도 함께 갖고 있어야한다는 점이다.

따라서 객석의 안정감과 쾌적한 분위기가 요구되며, 웨이터의 서비스도 경영적인 측면에서는 중요한 요소가 된다. 대중이 식사만의 목적으로 이용하는 테이블 서비스 형식의 음식점을 제외한 음식점의 경우에는 정통 음식을 취급하는 고급 레스토랑이 주를 이루며 인건비와 유지비가 많이 들고 손님의 회전율이 낮은 관계로 실내분위기의 고급화를 추구하게 되며 따라서 음식의 값이 비싸지는 특징이 있다.

이와 같은 업소의 평면계획시 가장 먼저 고려해야 할 사항으로는 고객의 동선과 종업원의 서비스 동선을 분리시켜야 한다는 점이다. 정통레스토랑의 경우 서비스의 수단으로 왜건(wagon)을 사용하는 경우도 있으므로 가급적이면 통로(route)에 바닥차이를 두지 않는 것이 바람직하며, 객석의 배치도 2인용, 4인용, 단체석 등으로 구분하고, 조합 배치하여 손님 수에 따라 융통성 있게 대처할 수 있도록 미리 고려해야 한다.

그림 3.2.5-7 테이블 서비스 음식점

(3) 카운터서비스(counter-service) 음식점

카운터에서 직접 요리를 하여 서비스하는 형식의 음식점이다. 요리를 만드는 전과정을 손님이 볼 수 있으므로 서비스를 신속하게 할 수 있다는 점과 어느 정도의 시각적인 연출효과를 기대할 수 있는 장점이 있으나 요리를 위한 설비 및 기기류가 손님의 눈에 모두 보이므로 위생적인 면을 충분히 고려해야 하는 어려움이 있다.

소규모의 점포에 유리한 형식이며, 좌석을 자유롭게 배치할 수 있어 면적의 이용률이 높고 손님의 회전율이 빠르며 수익성도 좋기 때문에 런치룸, 그릴, 스넥 바 등에서 주로 채택된다.

객석의 면적에 여유가 있는 경우에는 셀프서비스 또는 테이블 서비스와 병용하기도 한다.

그림 3.2.5-8
카운터 서비스 음식점

(4) 객실서비스(room-service) 음식점

손님이 주문한 요리를 웨이터가 주방에서 각 실까지 운반하는 형식의 음식점으로 요정, 룸살롱, 고급 레스토랑에서 채택되는 유형이다.

객실 서비스 음식점의 가장 큰 특징으로는 식사위주의 음식점이 아니라 상담, 회합, 사교 등의 목적으로 이용하는 경우가 더 많다는 점이다.

고급 레스토랑의 경우는 테이블 서비스형식의 음식점과 같은 방식으로 평면계획을 하여도 무난하나 입구 부분에서는 동선의 혼잡이 발생할 우려가 있으므로 이를 충분히 고려해야 하며, 각 실의 독립성을 유지하기 위한 방안도 고려해야 한다.

5) 주방

주방설계에서 가장 우선적으로 고려해야 할 사항으로는 음식점에서 제공하는 요리의 종류이며, 요리의 종류가 확정되어야만 그에 따른 주방기구의 종류를 결정할 수 있고 또한 배치가 가능해진다.

주방의 계획은 음식점의 종류 및 식당의 규모에 따라 약간의 차이는 있으나 다음의 내용을 고려하여 계획하면 큰 무리가 없다.

① 주방의 규모와 기기의 배치는 객석 수와 회전율, 메뉴의 내용 등을 고려하여 결정한다.

② 주방의 평면을 불규칙하게 계획할 경우에는 사각형의 평면보다 20~25% 의 면적이 더 소요되므로, 실의 나비와 길이의 비는 1:1.5 정도의 직사각형평면으로 계획하는 것이 주방기구와 작업 동 선의 계획에 유리하다.

③ 주방의 냄새와 소음이 식당으로 새어나가지 않도록 환기시설에 주의한다.

④ 물을 사용하는 곳이므로 바닥과 벽은 내수 타일을 사용하는 것이 바람직하며 바닥의 미끄러짐에 대한 방지책도 충분히 고려해야 한다.

⑤ 화열에 인접한 벽면은 타일이나 스테인리스강판 등 불연재로 마감하고, 천장 마감재는 내습성이 있는 재료를 선택한다.

6) 배선실(pantry)

배선실은 주방과 객석의 사이에 위치하는 공간으로 주방에 인접하여 설치된다. 식기와 컵(글래스류), 테이블 보와 냅킨, 메뉴 판 등의 보관과 간단한 세척을 위한 설비가 필요하며 주방에서 조리된 음식물을 받아 객실로 연락하는 공간이므로 객석에서는 그 내부가 보이지 않도록 계획해야 한다.

7) 파사드(facade) & 출입구(entrance)

고객에게 첫인상을 주고, 상점 전체의 이미지에 관계되는 부분이므로, 타 업소와는 차별화하면서도 업종의 특징을 충분히 고려하되, A.I.D.M.A. 법칙에 따라 계획한다. 이때 레스토랑의 종류, 취급요리 등의 내용이 파사드나 출입구의 디자인에 충분히 반영되어야 하며 특색 있는 사인(sign)을 계획하여 고객을 점내로 유도할 수 있도록 한다.

8) 계산대(register)

주 출입구 근처에 위치하는 것이 일반적이며, 계산대 주위에서는 입장객과 계산하는 고객과의 동선이 교차되지 않도록 계획해야 한다. 대규모 레스토랑의 경우에는 그 위치선정에 자유도는 있으나 객석과 출입구가 잘 보이는 곳에 위치하는 것이 바람직하다.

9) 가구계획

레스토랑에 사용되는 가구는 계획대상의 조건인 공간의 규모, 서비스 형태 및 업종, 객 층, 입지조건 등에 따라 차이가 있으므로 이들 조건을 충분히 파악하여 계획에 임해야 한다.

(1) 의자와 테이블의 배치유형

① 세로 배치형 : 가장 기본적인 배치형태로, 테이블을 가운데 두고 의자를 배치하는 직사각형의 평면형으로, 내측의 긴 벽을 따라 길게 배치한다.

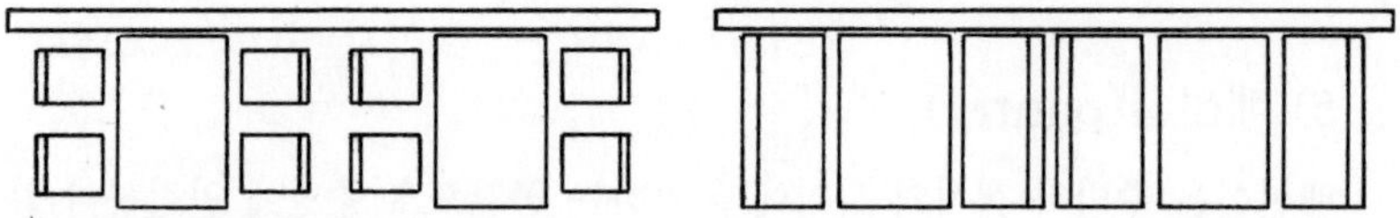

그림 3.2.5-9 세로 배치형

② 가로 배치형 : 벽 또는 주요 통로에 직각으로 배치된 형태로 벽측 의자를 벤치시트로 하는 경우가 많다. 스크린이나 낮은 칸막이로 좌석을 구분하며, 다른 유형과 병용하는 경우도 많다.

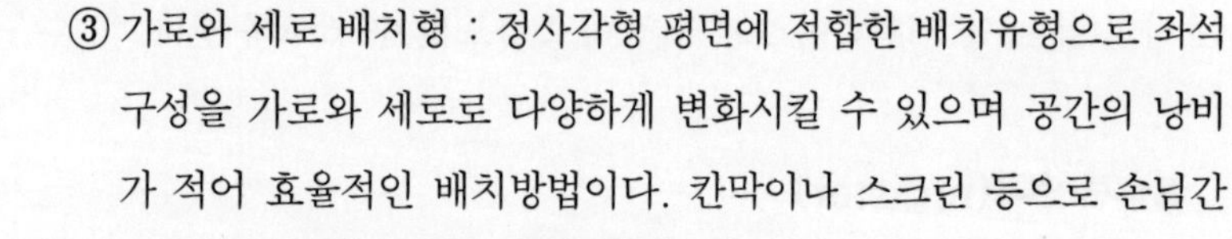

그림 3.2.5-10 가로 배치형

③ 가로와 세로 배치형 : 정사각형 평면에 적합한 배치유형으로 좌석 구성을 가로와 세로로 다양하게 변화시킬 수 있으며 공간의 낭비가 적어 효율적인 배치방법이다. 칸막이나 스크린 등으로 손님간의 시선을 차단시킬 수 있도록 처리한다.

④ 부스형 : 곡선형, 원형, 코너형 등 자유로이 변형시킨 부스형태의 좌석으로 변화가 풍부하고 개성적인 공간을 연출할 수 있다. 단 체석으로 적합하다.

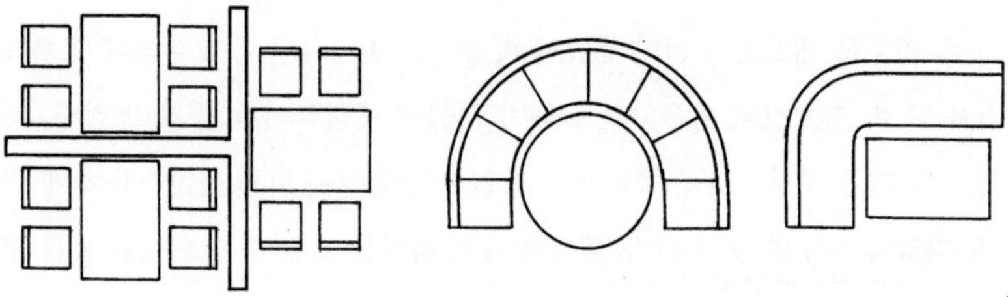

그림 3.2.5-11
가로와 세로 배치형 및 부스형

⑤ 점재형 : 식사를 전문으로 하는 대형 레스토랑에 많이 채택되는 배치형태로 다른 유형에 비해 면적당 좌석수는 적으나 여유 있고 차분한 객석구성이 가능하다.

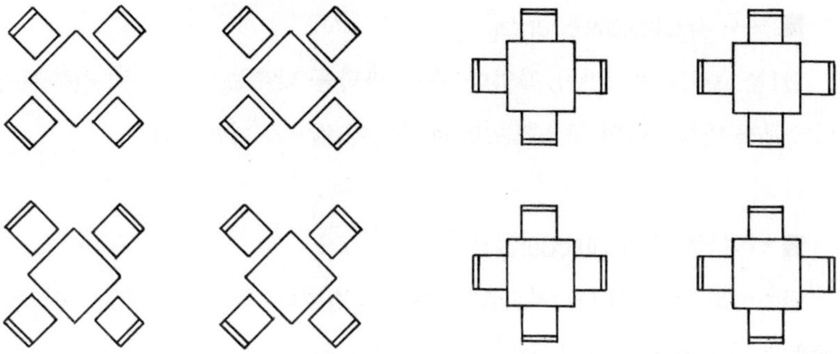

그림 3.2.5-12 점재형

(2) 테이블(table)

계획대상의 조건, 즉 공간의 규모, 형태 및 업종, 객층, 입지 등에 따라 테이블 및 의자와 필요치수를 고려한다. 식사를 위주로 하는 테이블의 치수는 다음을 기준으로 한다.

① 4인용 테이블(정사각형) : 850×850 ~ 960×960㎜
직사각형 테이블 : 700~800×1,000~1,200㎜

② 2인용 테이블 : 600×600 ~ 750×750㎜

③ 6인용 테이블 : 800×1,500 ~ 1.800㎜

(3) 카운터(counter)

카운터는 업종, 설치목적 등에 따라 그 크기를 달리하지만 일반적인 카운터의 크기는 폭 500~600㎜ 정도, 높이 1,000~1,050㎜ 정도이다. 카운터를 설치할 경우 주방이 개방되어 작업하는 것이 보이므로 항상 청결을 유지할 수 있도록 계획해야 하며 조리시 발생하는 냄새와 소음도 손님에게 불쾌감을 줄 수 있으므로 카운터의 급배기 시설에 세심한 주의를 해야 한다. 특히, 카운터를 중심으로 손님은 의자에 앉고 종업원은 서서 서비스를 하게 된다. 따라서 서로의 눈 높이가 맞지 않아 불쾌감을 느낄 수 있으므로 이를 고려한 높이계획이 필요하다. 시선의 높이 차이는 300~350㎜정도인데 이 차이를 해결하는 방법에 따라 카운터는 로우 카운터, 하이 카운터, 스탠드 카운 터로 구분된다.

■ 로우 카운터(low counter)

단(눈 높이) 차이만큼 작업대 측의 바닥을 낮추는 방법으로 건축계획 단계에서 반영해야만 구조적으로 해결되어 설치가 가능하다.

■ 하이 카운터(high counter)

단차이만큼 카운터의 의자를 높이는 방법이다. 좌면에서 400~450㎜ 낮춘 높이에 발걸이를 부착한다.

■ 스탠드 카운터(stand counter)

카운터에서 서서 먹고 마시도록 하는 카운터로 바닥에서 250~300㎜ 높이에 발걸이를 부착하고 카운터에도 팔걸이를 부착한다.

10) 조명계획

레스토랑의 조명은 명시조명보다는 분위기 위주의 조명으로 계획하는 것이 바람직하다. 식음의 형태에 따라 약간의 차이는 있으나 식사에 치중할 경우에는 음식을 돋보이게 하여 미각을 자극할 수 있는 조명으로 음료나 주류 위주일 경우에는 편안한 분위기가 연출될 수 있는 조명으로 계획한다.

일반음식점의 경우에는 반매입형의 형광등이나 광창조명의 전반조명으로 계획하는 것이 밝고 명랑한 분위기를 연출하는데 유리하며 또한 경제적이다. 또한 고급 음식점의 경우에는 연색성이 좋은 광원을 사용하여 아늑하고 품위 있는 분위기로 계획한다.

11) 색채계획

식욕을 돋구는 난색계열을 주조색으로 하여 즐겁고 편안한 식사분위기를 연출하는 것이 중요하며, 고기의 부패를 연상시키는 어두운 빨강과 자주색, 야채류를 시들어 보이게 하는 노랑-연두의 어두운 색은 가급적 피하도록 계획한다. 또한 테이블의 색상도 음식에 영향을 미치므로 노랑-연두, 남보라-보라는 피하는 것이 좋다.

12) 관련법 검토

레스토랑은 업종에 따라 설치하는 시설(영업장, 조리장, 화장실, 급수시설 등)이 식품위생법의 규제를 받으므로 이를 면밀히 검토하여 계획에 반영해야 한다.

3.2.6 숙박시설(宿泊施設)

숙박시설이란 숙박에 필요한 시설 및 설비를 갖추고 손님을 숙박시키는 영업을 행하는 공간으로 숙박시설은 공중위생법의 위생접객 숙박업의 시설 및 설비기준에 의하여 규제를 받으며 호텔, 관광진흥법에 의한 휴양콘도미니엄, 여관, 농어촌 정비법에 의한 농원여관업, 여인숙으로 분류된다.

3.2.6-1 호텔(Hotel)

호텔이란, 여행자를 위하여 객실, 식당, 식음장소, 오락실 등의 각종 편의시설을 갖추고 서비스를 통하여 영리를 추구하는 상업공간으로 가장 크고 고급인 숙박시설을 의미한다. 호텔은 많은 사람이 이용하는 장소이므로 그 시설기준은 엄격한 법의 규제를 받으며, 간략하면 다음과 같다.

표.3.2.-8 호텔의 시설 및 설비기준

구분	시설 및 설비기준
객실	(1) 30실 이상이어야 한다.
	(2) 다음의 시설 및 설비를 하여야 한다.
	(가) 1객실의 바닥면적은 7㎡이상이어야 한다.
	(나) 냉 · 온수도전, 욕조, 세면대, 샤워시설 및 수세식 변기를 설치한 욕실이 있어야 한다.
	(다) 냉 · 난방시설을 설치하여야 한다.
기타시설	(1) 접객대 및 로비시설을 설치하여야 한다.
	(2) 식품위생령이 정하는 바에 의하여 일반음식점을 설치하여야 한다.
	(3) 건축법령이 정하는 바에 의하여 채광 및 환기시설을 하여야 한다.
	(4) 조명, 방습, 방충 및 배수시설을 설치하여야 한다.
	(5) 주차장 법령이 정하는바에 의하여 주차장을 설치하여야 한다.

1) 호텔의 종류

호텔은 숙박목적, 입지 특성, 특수 목적 등에 따라 분류되며 세분하면 다음과 같이 분류할 수 있다.

(1) 시티 호텔(city hotel)

비즈니스 호텔, 레지덴셜 호텔 등 주로 도시에 위치한 호텔들의 총칭으로 숙박목적, 숙박기간, 입지특성에 따라 다음과 같이 분류한다.

■ 숙박목적에 따른 분류

① 비즈니스 호텔(business hotel) : 비즈니스맨들을 위한 편의시설을 갖추고 영업하는 호텔

② 컨벤션 호텔(convention hotel) : 회의나 집회에 참석하는 대상을 목적으로 하는 호텔

③ 다운타운 호텔(downtown hotel) : 상업종사자들을 대상으로 하는 호텔

■ 숙박기간에 따른 분류

① 트레젼트 호텔(transient hotel) : 단기 체류자를 위한 편의시설

을 갖추고 영업하는 호텔

② 레지덴셜 호텔(residential hotel) : 장기 체류자를 위한 편의시설을 갖추고 영업하는 호텔

■ 입지특성에 따른 분류

① 에어포트 호텔(airport hotel) : 공항에 인접한 호텔로 비행기 여행자를 대상으로 하는 호텔

② 시포트 호텔(seaport hotel) : 항구에 인접한 호텔로 여객선 여행자를 대상으로 하는 호텔

③ 터미널 호텔(terminal hotel) : 기차역이나 고속버스터미널에 인접한 호텔로 여행자를 대상으로 하는 호텔

(2) 리조트 호텔(resort hotel)

피서(避暑)나 피한(避寒)을 목적으로 한 관광객을 대상으로 한 호텔로서 경치가 좋은 산이나 바다, 강, 호수 등의 주변에 위치하며 운동장이나 레크리에이션을 위한 시설, 스키장 등을 갖추고 그 특색을 살린 호텔이다.

이용계절에 따라 윈터 리조트 호텔(winter resort hotel)과 썸머 리조트 호텔(summer resort hotel)로, 이용목적에 따라 별장호텔과 관광호텔로, 입지특성에 따라 컨트리 호텔(country hotel), 비치호텔(beach hotel), 레이크 사이드 호텔(lake side hotel), 온천 호텔 등으로 분류한다.

(3) 특수 목적 호텔

상기 외에 특정 대상자를 목적으로 한 호텔로 자동차여행자를 위한 모텔(motel), 청소년의 교류를 목적으로 한 유스호스텔(youth hostel), 장기 체류자를 위하여 아파트의 생활시설과 가깝게 설계한 아파트먼트 호텔(apartment hotel), 환자를 위한 병원 호텔(hospital hotel)등이 있다.

2) 호텔의 공간구성

호텔에 요구되는 소요공간은 숙박목적, 입지 특성, 특수 목적 등에 따라 약간의 차이는 있으나 다음 표와 같은 공간을 필요로 하는 것이 일반적이다.

표.3.2-9 호텔의 소요공간

구분	소요실
숙박부문	객실, 보이실, 리넨실, 메이드실, 트렁크 룸
퍼블릭 스페이스	① 수익부분 : 식당, 연회장, 오락실, 바, 다실, 무도장, 그릴, 이용실, 미용실, 헬스클럽 등 ② 비수익부분 : 현관, 프론트, 로비, 라운지, 엘리베이터 홀, 복도, 계단, 정원, 독서실 등
관리부문	프론트 오피스, 클로크 룸, 지배인실, 사무실, 창고, 복도, 화장실, 전화 교환실 등
요리관계부문	부엌, 배선실, 식기실, 창고, 냉장고 등
설비관계부문	보일러실, 전기실, 기계실, 세탁실, 창고
대실부문	상점, 창고, 대여사무소, 클럽실

3) 동선 계획

호텔의 동선유형은 고객동선(숙박객 동선과 외래객 동선), 종업원 동선, 물품동선으로 구분할 수 있으며 다음의 내용을 고려하여 계획한다.

(1) 숙박객 동선

① 주 출입구로부터 숙박절차를 밟는 곳까지, 그리고 객실까지의 중간에 다른 공간을 경유하지 않도록 계획한다.

② 프론트에서는 항상 숙박객의 동향을 파악할 수 있도록 한다.

③ 숙박객은 반드시 프론트 데스크 앞을 지나가도록 하며 객실에서 프론트를 거치지 않고 주차장으로 갈 수 없도록 계획한다.

(2) 외래객 동선

① 식사 또는 단순한 방문을 목적으로 호텔을 찾는 외래객들은 로비를 자유롭게 지나다닐 수 있도록 하되 가급적 프론트 데스크 앞을 지

나도록 계획한다.

② 대규모 연회장이 있는 경우에는 직결되는 통로를 따로 두거나 별도의 출입구를 마련하고 연회장을 위한 로비와 접수 카운터도 고려한다.

(3) 종업원 동선

① 종업원의 출입구는 한곳으로 하여 수위실, 타임키퍼, 경비실을 거쳐 각 부서로 가도록 한다.

② 고객동선과 종업원의 서비스동선을 명확히 분리하여 교차되는 일이 없도록 한다.

(4) 물품 동선

① 호텔 내에서 서비스에 소요되는 동선으로 고객의 수화물운반 동선도 포함된다.

② 작업능률을 향상시키고 도난이나 부정행위의 감시에도 용이하도록 계획한다.

4) 공간별 실내계획

(1) 현관(Entrance)

현관은 호텔의 첫인상을 주고 고객을 맞아들이는 공간이며, 모든 기능의 분기점이자 투숙객이나 외래객의 동선이 시작되는 곳이므로 시각적으로 만족을 줄 수 있는 디자인이 요구된다.

외부의 바닥과 벽 재료를 그대로 사용하는 것이 일반적이며 천장 디자인과 조명은 로비와 자연스럽게 연결되도록 처리하는 것이 바람직하다. 또한 현관은 출입의 목적 외에 실외의 바람을 차단하고 공기 조화된 실내의 공기를 보존하기 위한 방풍의 기능도 고려해야 하므로 호텔의 현관문은 다음과 같이 계획한다.

① 회전문 : 밖으로부터 강한 바람이 침입하지 않아 실내의 공기에 변화를 주지 않으나 비상시 많은 사람이 밖으로 나가기가 어려우므로 비상문으로는 적합하지 않다.

② 이중문 : 여닫이의 방향이 다른 이중문으로 하면 바람의 영향은 적으나 개폐 방향이 서로 반대이므로 고객이 당황하기 쉽다.

③ 자동 이중문 : 두 쌍의 자동문 사이에 방풍공간을 두는 형식으로 가장 바람직하나 설치비가 많이 소요된다. 문의 폭은 900㎜이상, 보통 1200~1800㎜ 정도로 한다.

(2) 로비(Lobby)

로비는 호텔의 관문이자 광장으로 출입공간, 휴식공간의 기능과 그 밖에 우편, 통신, 은행, 여행, 쇼핑 등 고객의 편의를 위한 서비스의 기능도 갖는다. 또한 투숙객이나 외래객의 동선이 시작되고 끝나는 곳으로 호텔의 중심기능을 하는 부분이며, 호텔 전체 디자인의 기본이 되며 호텔의 이미지를 크게 부각시키는 공간이다.

일반적인 로비의 면적은 프론트 데스크를 포함한 메인 로비인 경우, 객실 당 0.8~1.0㎡, 로비와 라운지를 포함할 경우, 객실 당 0.9~ 1.2㎡이 필요하다.

(3) 라운지(lounge)

호텔을 이용하는 모든 사람들을 위한 공간으로 단순한 휴식공간을 의미하며 로비공간의 일부분을 차지하거나 앤트런스, 로비, 엘리베이 터 홀, 식당, 연회장 등과 연결되는 곳에 위치한다.

(4) 프론트(front)

호텔의 중추적인 업무를 담당하는 접객부분으로 호텔 각 부분에서 정보가 집중되어 투숙객이 호텔에 머무는 동안 필요한 정보를 제공하는 기능을 한다. 프론트 데스크(front desk)와 프론트 데스크의 업 무를 위한 프론트 오피스(front office)부분으로 나누어진다.

(5) 객실

■ 객실의 유형

- 일반객실

① 싱글베드룸(single bed room) : 1인의 숙박을 위한 객실로 1인용 침대가 놓여진다.

② 더블베드룸(double bed room) : 2인의 숙박을 위한 객실로 2인용 침대가 놓여진다.

③ 트윈 베드룸(twin bed room) : 2인을 위한 객실로 싱글베드 2개가 놓여진다.

3.2.6-1 슈트룸

④ 스튜디오(studio) : 트윈베드룸에 1인용 예비침대가 더 설치된다.

• 특별객실

① 슈트룸(suite room), 스위트룸(sweet room) : 특실로 불리우는 객실로 침실의 기능 및 식사를 위한 공간, 시팅 룸(sitting room) 등의 공간으로 구성된다.

② 스페셜 슈트룸(special suite room) : 특실보다 더 장식적이며 주 침실을 비롯하여 식당, 주방, 전실, 거실, 침실 등을 부속시켜 구성된다.

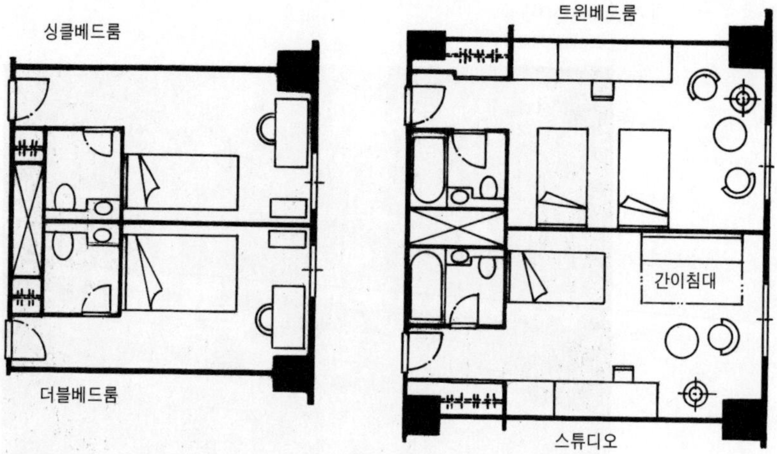

그림 3.6.2-2
객실 유형에 따른 평면의 예

■ 객실의 가구

① 침대 : 침대는 인체 치수를 고려하여 충분한 크기로 한다. 일반적으로 창과 평행하게 배치시키며 침대간의 간격은 450~800㎜ 정도, 벽과 침대간의 간격은 300㎜ 이상이 필요하다.

② 나이트 테이블(night table) : 침대주변에 위치하는 낮은 테이블로 테이블 안에는 각종 스위치류, 오디오, 스피커 등을 내장시키고 테이블 위에는 메모지, 전화기, 나이트램프 등을 놓는다.

③ 라이팅 데스크(writing table) : 이용객 층을 고려하여 마련한다. 비즈니스 호텔의 경우 많이 채택되며, 데스크가 화장대를 겸하는 경우에는 거울의 위치와 조명방법이 적절해야 한다.

④ 서랍장 : 장기체류형 호텔에서 필요하며, 일용품, 의류 등을 수납하는 장식적 가구이다.

⑤ 수화물대(baggage rack) : 여행용가방에서 짐을 풀거나 열어보기 위한 가구이다.

⑥ 옷장 : 객실의 수용 인원수, 체재일수, 이용객 층에 따라 크기가 정해지며 객실의 입구부분에 설치하는 것이 동선상 유리하다.

(6) 식음공간

■ 커피숍(coffee shop)

커피숍은 숙박객 뿐만이 아니라 일반 외래객도 사용하는 공간이므로 외래객의 편의성도 고려한 계획이 되어야 한다. 주 출입구의 주위나 메인로비에 근접시키는 것이 바람직하나 경우에 따라서 라운지와 레스토랑의 중간에 위치시키기도 한다.

■ 레스토랑(restaurant)

호텔에 설치되는 레스토랑은 모든 유형의 레스토랑이 해당되며 숙박객뿐만 아니라 외래객도 사용하는 대상이므로 이를 충분히 고려하여 계획하고 각 업종의 특성을 살리되, 호텔의 이미지와 어울리도록 디자인을 해야 한다.

■ 다이닝룸(dinning room)

복장이 엄격히 제한되며 상류사회의 생활풍속에 대응하여 풀 코스의 식사를 서비스하는 레스토랑이다.

(7) 연회장

연회장은 행사를 위해 많은 사람들이 모여 교류하는 장소로 행사 목적별로 회의, 일반연회 및 행사, 전시 및 공연의 기능을 갖는다.

■ 연회장 계획

공간활용을 크게 하고, 집약적인 관리와 다양한 행사를 위해 다목적인 기능을 갖도록 계획한다. 공간규모의 다변화를 위해 칸막이는 반 고정식이거나 이동이 가능한 이동식 칸막이를 사용하여 목적에 따라 내부를 구획, 변경되도록 하는 것이 좋다.

연회장의 크기는 대규모 연회장의 경우 1인당 1.3㎡, 중소규모 연회장의 경우 1인당 1.5~2.5㎡의 바닥면적을 필요로 하며, 층고는 소규모인 경우 2.7~3.5m, 대규모인 경우 5m 내외로 한다.

■ 동선계획

고객동선과 서비스 동선을 분리시켜 혼잡을 피하고 원활한 서비스가 이루어지도록 계획한다. 특히, 소규모 연회장의 경우는 통로 폭을 여유 있게 하여 서비스 왜건의 사용에 불편이 없도록 한다.

4) 조명계획

고객을 위하여 객실, 식당, 식음장소, 오락실 등의 각종 편의시설을 갖추고 서비스를 통하여 영리를 추구하는 상업공간이므로 공간의 목적에 적합한 조명이 되도록 계획하는 것이 무엇보다 중요하다.

호텔은 각 공간별로 명시조명을 필요로 하는 공간과 분위기조명을 필요로 하는 공간, 또는 명시와 분위기를 동시에 고려해야 하는 공간이 있으므로 각 공간의 기능을 파악하는 것이 조명계획의 포인트가 된다.

호텔의 각 공간별 조명계획은 제 4편에서 자세히 다루었다.

5) 색채계획

입지적 특성이나 대상객층 등을 충분히 고려하여 호텔의 특성에 어울리도록 독특한 분위기로 이미지를 향상시키고 기억에 남는 장소가 될 수 있도록 색채를 계획한다. 단색조의 색채는 안정감, 침체감을 주므로 가급적 피하고 적은 수의 유사색으로 간결하게 색채계획을 하는 것이 효과적이며 일반적으로 명도가 높은 유사한 색상들과 액센트가 가해진 색채를 조화시키는 것이 무난하다.

3.2.6-2 여관(旅館)

숙박에 필요한 시설 및 설비를 갖추고 숙박영업을 하는 시설이란 의미는 호텔과 동일하나 그 시설 및 설비기준에 차이가 있다.

1) 여관의 시설 및 설비

여관도 호텔과 같이 공중이 이용하는 장소이므로 그 시설기준은 엄격한 법의 규제를 받으며, 공중위생법의 위생접객 숙박업의 시설 및 설비기준은 표.3.2-10과 같다.

표.3.2-10 여관의 시설 및 설비기준

구분	시설 및 설비기준
객 실	(1) 10실 이상이어야 한다. (2) 다음의 시설 및 설비를 하여야 한다. (가) 1객실의 바닥면적은 6㎡이상이어야 한다. (나) 출입문 및 창은 잠금장치를 설치하여야 한다. (라) 객실 내에 욕실을 설치하는 경우에는 냉 · 온수도전 수세식 변기를 설치하여야 한다.
기타시설	(1) 접객대를 설치하여야 한다. (2) 공동취사장을 설치하는 경우에는 다음의 시설을 갖추어야 한다. (가) 벽 또는 판자 등에 의하여 다른 실과 구획되어야 한다. (나) 출입구, 외부와 접하는 창 등에는 방충설비를 하여야 한다. (다) 배수구를 설치하고 외부에 오수조를 설치하여야 한다. (라) 매연, 증기 및 악취를 제거할 수 있는 설비를 하여야 한다. (3) 객실 내에 욕실을 설치하지 않는 경우 다음 시설을 설치해야 한다. (가) 남녀별로 구분된 공동욕실 또는 샤워시설 (나) 각 층에 남녀별로 구분된 수세식 화장실(다만, 상하수도 시설이 되어 있지 않은 지역에 있어서는 객실의 건물에서 떨어진 곳에 남녀별로 구분, 수세식이 아닌 화장실을 설치할 수 있다. (다) 각 층에는 세면시설을 갖추어야 한다. (4) 건축법령이 정하는 바에 의하여 채광 및 환기시설을 하여야 한다. (5) 조명, 방습, 방충 및 배수시설을 설치하여야 한다.

2) 여관의 종류

여관의 종류는 입지에 따라 시가지에 위치한 여관, 관광지에 위치한 여관, 농원여관으로 대별할 수 있으며 그 분류 내용은 표.3.2-11과 같다.

표.3.2-11 여관의 종류

구 분		특 징
시가지 여 관	일반여관	일반인을 대상으로 하며 공용공간은 거의 두지 않고 객실위주로 영업하는 숙박업소이다.
	고급여관	회합과 숙박을 겸하는 숙박업소로 객실 단위면적이 넓고 질적으로 높다.
관광지 여 관	온천지 여관	온천지에 위치하며 단체객, 치료, 휴양, 관광객을 대상으로 하는 숙박업소로 대형 온천욕실, 오락실, 연회실을 설치하는 경우가 많다.
	명승지 여관	유명한 관광지에 위치하며 많은 수의 인원(수학여행객, 단체 여행객 등)을 대상으로 하는 숙박업소로 대형식당, 대형 홀을 갖추고 있다.
농원여관		농촌지역의 농원에 위치하는 여관으로 객실내에 취사를 위한 모든 설비가 완비되어 있는 특징이 있다.

3.2.6-3 여인숙(旅人宿)

여관보다 작은 규모의 숙박업소로 숙박에 필요한 시설 및 설비를 갖추고 숙박영업을 하는 시설이다. 호텔, 여관 등과 마찬가지로 공중위생법의 위생접객 숙박업의 시설 및 설비기준의 적용을 받는다.

표.3.2-12 여인숙의 시설기준

구분	시설 및 설비기준
객 실	(1) 바닥면적의 합계가 33㎡ 이상이어야 한다. (2) 객실을 개실로 구획할 경우, 1객실 면적은 4㎡ 이상이어야 한다. (3) 출입문 및 창은 잠금장치를 설치하여야 한다.
기타시설	(1) 다음의 시설 및 설비를 설치하여야 한다. (가) 공동욕실 또는 샤워시설 (나) 수세식 화장실, 다만, 상 · 하수도 시설이 되어있지 않은 지역에서는 객실의 건물에서 떨어진 곳에 남녀별로 구분하여 수세식이 아닌 화장실을 설치할 수 있다. (다) 세면시설 (2) 공동취사장을 설치하는 경우에는 다음의 시설을 갖추어야 한다. (가) 벽 또는 판자 등에 의하여 다른 실과 구획되어야 한다.

구분	시설 및 설비기준
기타시설	(나) 출입구, 외부와 접하는 창 등에는 방충설비를 하여야 한다. (다) 배수구를 설치하고 외부에 오수조를 설치하여야 한다. (라) 매연, 증기 및 악취를 제거할 수 있는 설비를 하여야 한다. (3) 건축법령이 정하는 바에 의하여 채광 및 환기시설을 하여야 한다. (4) 조명, 방습, 방충 및 배수시설을 설치하여야 한다.

3.2.6-4 모텔(Motel)

모텔이란, 자동차여행자를 대상으로 하는 숙박시설로 모터리스트 호텔(motorists hotel)을 의미한다. 주로 도로변, 도시인근에 위치하며 객실 규모는 10~20실 정도가 일반적이다. 관광지에 위치하는 경우에는 로비와 라운지까지 갖춘 대규모의 모텔도 있다.

3.3 업무공간(業務空間 : Office space)

그림 3.3-1 업무공간

3.3.1 개요(概要)

업무의 사전적 의미는 사람이 그 사회적 지위에서 계속적으로 종사하는 사무 또는 사업의 총칭이며, 농업, 공업, 상업뿐만 아니라 정신적인 것도 포함된다. 따라서 업무공간이란 사무 또는 사업을 행하는 공간이 되며 본 절에서는 업무공간 중 일반적인 의미로 사용되는 사무공간을 위주로 기술하고자 한다. 사무공간이란 사무업무를 하는 공간으로 각종 데이터의 수집과 기록, 분류, 정리 분석함으로써 정보를 발생시켜 교환하고 보관하는 기능을 갖는다.

사무공간은 기업의 업무형태 및 용도에 따라 차이는 있으나 하나의 기업이 자신의 기업업무를 위하여 전용으로 사용하는 전용사무공간,

여러 기업이 하나의 건물을 건설하고 이를 분할하여 사용하는 준전용 사무공간, 건축물의 일부분을 전용사무공간으로 사용하고 나머지를 다른 회사에 임대하는 준 임대 사무공간, 사무공간을 타 회사에 임대하여 임대 수익을 목적으로 하는 임대사무공간 등으로 분류할 수 있다.

3.3.2 코어계획

사무공간의 기준층은 플렉시빌리티(flexibility)가 높은 업무공간과 서비스, 교통, 설비가 집중된 공용공간으로 분리되는 것이 일반적이며 이 공용공간을 한 곳에 집중시켜 정리한 것을 코어(core)라고 한다. 코어에 속하는 제실과 설비는 복도, 로비, 계단실, 엘리베이터실, 화장실, 세면실, 공조실, 설비관계 등이다. 코어는 위치에 따라 다음과 같이 분류한다.

① 중앙코어(센터코어) : 코어가 중앙에 위치한 형태로 구조적으로도 바람직하며 가장 일반적인 유형이다. 사무실의 면적이 큰 경우 보행거리를 평균화하기 위한 평면형태이다.

② 편심코어(사이드 코어) : 코어가 한쪽으로 치우친 형태로 사무실의 기준 층 면적이 작은 경우에 적용한다.

③ 독립코어 : 코어를 업무공간에서 분리, 독립시킨 유형으로 공간활용의 융통성은 높지만 코어가 양쪽에 배치되지 않으면 대피, 피난의 방재계획이 불리하다.

④ 분산코어 : 코어를 2개소 이상 분산 배치하는 유형으로 공간의 분할, 개방이 자유로워 오픈 오피스나 오피스랜드 스케이프에 유리한 형태이다. 재난시 두 방향으로의 대피가 가능하다.

그림 3.3-2 복도

3.3.3 오피스 레이아웃

평면계획에 있어서 사무실 공간의 구체적인 사용방법 즉 오피스 레이아웃이 가장 중요한 요소가 된다. 공간의 여유가 있는 대규모 건물에 있어 넓이와 깊이(안길이)는 실내의 기본적인 형태를 결정하는 요소가 되므로 이를 충분히 고려해야 하며, 자사 빌딩인 경우는 장래성을, 임대빌딩인 경우에는 임대수익을 고려한 계획이 이루어져야 한다.

오피스 레이아웃에는 다음과 같은 형식이 있으나 획일적인 적용은 현실적으로 어려우므로 각 형식의 장단점을 고려하여 각각의 목적에 적합하게 레이아웃 하는 것이 바람직하다.

(1) 싱글 오피스(single office)

복도를 통하여 각 층, 각 실로 들어가는 형식으로 복도를 따라 구성되므로 일명 복도형 오피스(corridor office)라고도 한다.

공간구획에 있어 1~2인을 위한 세포형 오피스와 7~8인의 그룹을 위한 집단형 오피스로 구분할 수 있으며 시청각 프라이버시가 확보되므로 전문직이나 프라이버시가 보장되어야 하는 업무에 적합하다. 경제적인 면, 공간적인 면의 낭비와 각 부서간 직원간의 커뮤니케이션이 불리하며 공간의 가변성 확보가 어려우므로 미래의 환경변화에 대응하기 어려운 점이 단점이다. 유형으로는 편복도식, 중복도식, 2중 복도식이 있다.

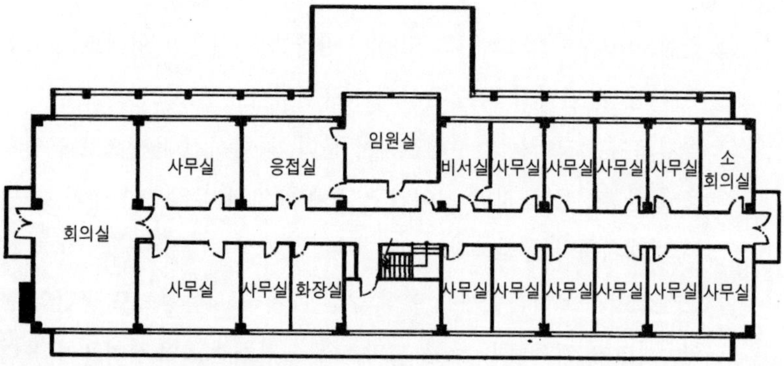

그림 3.3-3 싱글 오피스

(2) 오픈 오피스(open office)

공간분할을 위한 칸막이나 벽을 설치하지 않은 단일공간에 직급, 업무별로 책상이나 사무기기를 배치하는 형식으로 서열에 따라 일정하게 평행 배치된다.

싱글 오피스의 경우 1인당 7.5~8.5㎡ 정도의 면적이 필요하나 오픈 오피스의 경우에는 그 보다 적은 4~5㎡ 정도의 면적을 필요로 하므로 공간이 절약되며 가구나 비품의 이동이 쉽고 시설비 관리비가 적게 들며, 또한 동선이 자유로우며 커뮤니케이션이 유리하다.

소음과 프라이버시의 확보가 문제되며 산만한 분위기를 형성해 능률의 저하를 가져올 수 있다. 또한 계급의식을 조장하여 비우호적인 분위기를 형성할 수 있다.

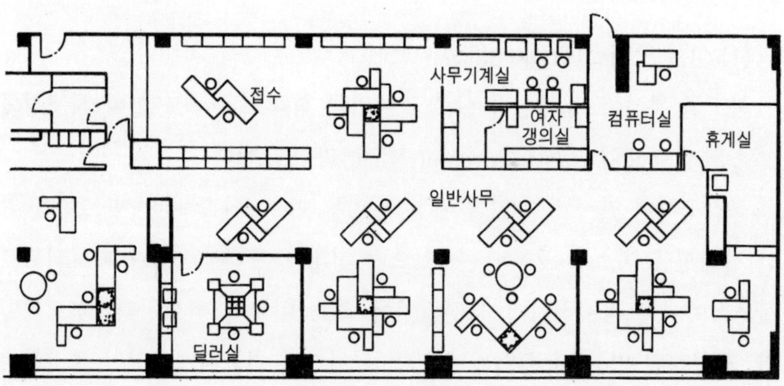

그림 3.3-4 오픈 오피스

(3) 그룹 스페이스 형식(open office)

5~15명 정도가 사용할 수 있는 규모로 나누어지는 형식으로 작은 그룹별 업무에 적합하다.

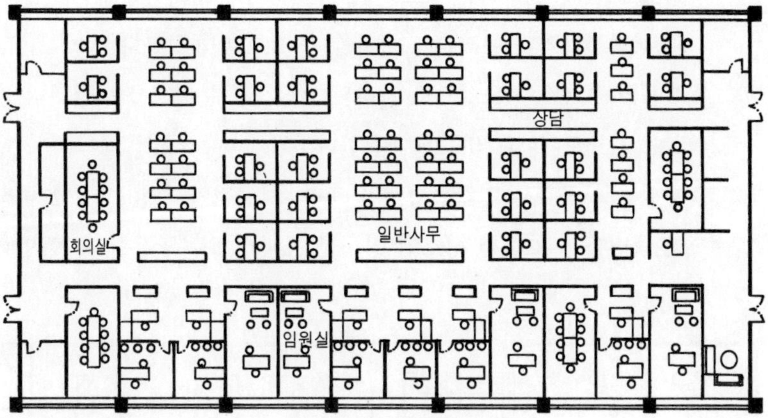

그림 3.3-5 반개방형 오피스

(4) 오피스 랜드스케이프(office landscape)

오픈 오피스의 문제점을 보완하여 새로운 개념으로 발전된 유형으로 액션 오피스(action office)라고도 한다.

조직체계나 실제의 업무 상태에 따라 배치되며 스크린이나 식목, 낮은 수납가구로 공간이 구분되는 형식이다. 무질서하게 보일 수도 있지만 정비된 업무환경을 제공하는 특징이 있으며 의사전달과 작업흐름에 따라 작업공간을 자유롭게 배치하므로 일정한 형식의 기하학적 패턴을 탈피하여 자유로운 공간을 연출할 수 있다. 일반사무실과 같이 프로젝트 단위로 소규모의 팀이나 그룹별로 업무를 수행하며 외래자가 많은 업무에 적합하다. 오피스 랜드스케이프 계획시 고려해야 할 내용으로는 다음과 같은 것들이 있다.

① 작업의 흐름과 부서간의 긴밀도를 고려하여 가장 능률적인 레이아웃을 고려한다.

② 고정적인 칸막이벽을 줄이고 스크린(screen)이나 낮은 서류장 등을 활용하여 직제, 기구의 변화, 직원의 증감에 대응하도록 융통성 있게 계획한다.

③ 스프링클러, 천장조명, 급배기의 제어장치 등 설비면에서는 유리하나 음향면에서는 불리하므로 이를 보완할 수 있는 방법을 미리 강구하여야 한다. 예를 들어 마감재료는 흡음성이 높은 것을 사용하고 소음이 발생하는 장소인 휴식공간이나 회의공간은 사무공간과 격리시키거나 이격시켜 설치할 수 있도록 계획한다.

④ 식목의 적극적인 도입으로 안정되고 신선한 분위기를 형성하며 칸막이 기능도 할 수 있도록 계획한다.

⑤ 통일된 가구로서 인간공학적인 측면, 기능적인 측면 그리고 미적인 측면까지 고려한 시스템 가구를 효과적으로 활용할 수 있도록 한다.

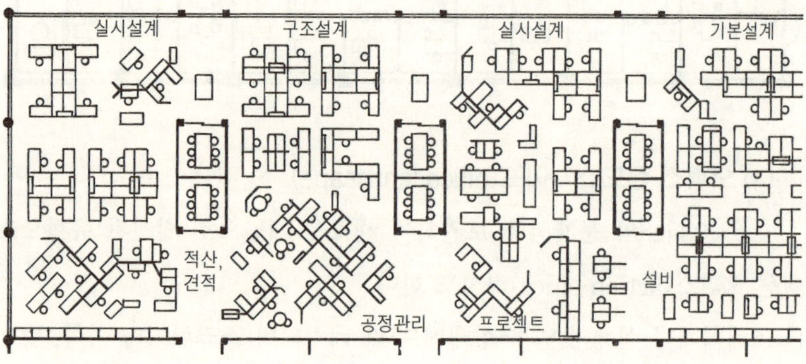

그림 3.3-6 오피스랜드 스케이프

3.3.4 실내계획

실내계획은 사무능률화를 위한 상호협동체계에 바탕을 두고 진행하되, 업무의 기능에 따른 평면 및 가구계획은 합리적이어야 한다.

특히, 사무의 능률화, 가구계획의 합리성, 쾌적한 업무환경을 고려해야 한다. 소요되는 각 실은 기능적인 만족과 함께 심미적, 심리적 측면도 강조되어야 하며 계획된 실내공간에 기업의 이미지가 표현되어야 한다.

또한 공간의 구성은 사무체계의 변화에 따라 융통성 있게 대응할 수 있도록 하고 사무자동화 기기의 사용에 적합한 작업환경을 확보하도록 한다.

1) 계획조건의 파악

업무공간의 실내계획에 앞서 파악해야 할 조건으로는 내부적조건과 외부적조건, 사무조직 체계와 레이아웃을 들 수 있으며 세부적인 파악내용으로는 다음과 같은 것들이 있다.

(1) 내부적 계획조건

내부적 계획조건이란, 업무상의 계획조건을 의미하며 사용자의 요구, 조직의 성격, 사무작업의 종류, 사무처리 방법, 조직의 체계, 조직간의 정보전달 관계와 접촉의 빈도 등을 파악해야 한다.

(2) 외부적 계획조건

주로 건축적인 조건으로 평면의 형태, 개구부의 위치와 크기, 기존의 마감상태, 공기조화설비 및 소방설비, 조명설비 등을 파악해야 한다.

(3) 사무조직체계와 레이아웃

작업의 종류, 조직체계, 업무의 상관관계, 공동작업, 상담여부, 손님접대여부, 직위에 따른 업무의 유형, 조직체계에 따른 구성인원, 단위 그룹별 레이아웃 등을 파악해야 한다.

2) 동선계획

같은 층의 모든 작업평면은 하나의 코어에 기능적으로 집약되도록 계획하고 주 통로의 폭은 2000㎜ 이상, 일반통로는 1000㎜ 이상, 단위그룹간의 통로는 700㎜이상이 되도록 한다. 업무가 서로 관련되는 부서는 가급적 10m이내에 배치하고, 모든 가구는 단위 그룹별로 순환동선 내에 배치되도록 한다.

또한 회의 또는 휴식 공간은 업무공간과 분리시키되, 모든 작업 공간에서 쉽게 도달할 수 있는 위치에 배치한다.

3) 평면계획

(1) 그리드 플래닝(grid planing)

그리드 플래닝은 디자인상의 여러 요소를 종합하여 일정하게 정리하기 위한 계획방법이다. 즉, 정해진 규칙적인 형태의 기하학적인 면이나 입체적인 그리드를 계획의 보조도구로 사용하여 디자인을 전개하는 것이다. 그리드의 형태는 삼각형, 사각형, 육각형 등이 있으며, 그리드의 한 변은 어떠한 가구와도 조합될 수 있는 치수체계를 갖도록 해야한다.

그리드의 방향, 크기, 형태는 단위작업공간인 워크스테이션(work station)또는 단위 그룹별 능률적인 작업을 위한 최소면적을 기본으로 건축설비의 그리드 간격과 기둥간격의 배치를 고려하여 정해진다.

(2) 모듈러 시스템(modular system)

바닥, 벽, 천장 등 공간을 구성하는 각 구성재의 크기를 기준으로 한 모듈을 계획의 보조단위로 하여 치수체계를 통합한 것을 모듈러 시스템이라 한다. 즉, 모듈러 시스템을 적용하여 생활, 장식, 공법 등 여러 가지 면에서의 요구를 종합적으로 조정, 해결하는 것이다.

계획에 있어 모듈의 단위치수에 따라 실의 크기, 각 부재의 치수가 정해진다.

4) 개실(個室)과 가구배치

사무기기의 사용빈도, 사무용품의 양, 자료와 서류의 양, 기업내부의 직제, 외래객에 대한 기업의 이미지 등이 가구배치에 영향을 주며 또한 가구배치의 기준이 된다. 이를 근거로 하여 단위 업무공간의 면적을 결정하게 되며, 일반적으로 해당 공간에 필요한 가구와 서비스 면적, 통로 등의 면적을 합한 값이 소요면적이 된다.

개실과 가구를 배치할 때는 다음과 같은 내용을 고려해야 한다.

① 업무의 상관관계를 고려하여 작업단위별 또는 그룹별로 배치하고 동선을 짧게 한다.

② 꼭 필요한 사무기기와 가구만으로 작업공간을 구성하고 시선은 마주치지 않도록 한다.

③ 공동으로 사용하는 자료나 정보를 위하여 중앙부위에 수납을 위한 시스템을 마련한다.

④ 소음이 발생하는 사무기기나 회의실, 휴게실 등은 업무공간에서 분리시켜 배치하도록 한다.

⑤ 순환되는 동선은 막히는 곳이 없이 자연스럽게 유도되도록 하고 모든 직원이 사용하기에 편리한 곳에 휴식공간을 마련한다.

⑥ 기업 내무의 직제형식, 외래객, 사무기기 사용의 빈도, 사무용품의 양, 서류의 양에 따라 가구배치를 결정한다.

⑦ 같은 부서내의 가구와 비품의 배치는 동일한 방향이 되도록 통일한다.

⑧ 유동적인 개방공간을 고려한 책상배치가 되도록 하되, 입구에서 작업자의 업무공간이 그대로 노출되지 않도록 배려한다.

⑨ 실의 중앙에 기둥이 있을 경우 기둥을 피하여 가구배치를 하고 기둥이 통로부분을 막지 않도록 한다.

5) 책상배치의 유형

(1) 동향형(同向形)

책상을 같은 방향으로 배치하는 형식으로 일반적으로 채택되는 유형이다. 시선이 마주치지 않아 프라이버시 침해를 최소화할 수 있고, 통로가 명확히 구분되며 잡담을 줄일 수 있는 이점은 있으나 대향형에 비해 면적효율이 떨어진다.

(2) 대향형(對向形)

책상을 마주보는 방향으로 배치하는 형식이다. 대면 시선에 의해 프 라이버시를 침해당하기 쉬운 배열이지만 면적의 활용도가 높고 커뮤니케이션 형성에 유리하며, 전기, 전화 등의 배선관리가 용이한 장점이 있다. 공동작업으로 자료를 처리하는 업무에 적합하다.

(3) 좌우대향형

대향형과 동향형의 절충형으로 조직의 융합이 쉽고 정보처리나 업무의 효율성이 높은 장점이 있으나 면적의 손실이 크고 커뮤니케이션의 형성에는 불리하다. 생산관리업무, 독립성 있는 데이터의 업무처 리에 적합한 유형이다.

(4) 십자형

4개의 책상이 맞물려 십자를 이루도록 배치한 것으로 커뮤니케이션 형성에 유리하다. 그룹작업을 요하는 전문직업무에 적합한 유형이다.

(5) 자유형

낮은 칸막이로 한사람의 작업활동을 위한 공간이 주어지는 형태로 독립성을 요하는 전문직이나 간부급에 적합하다.

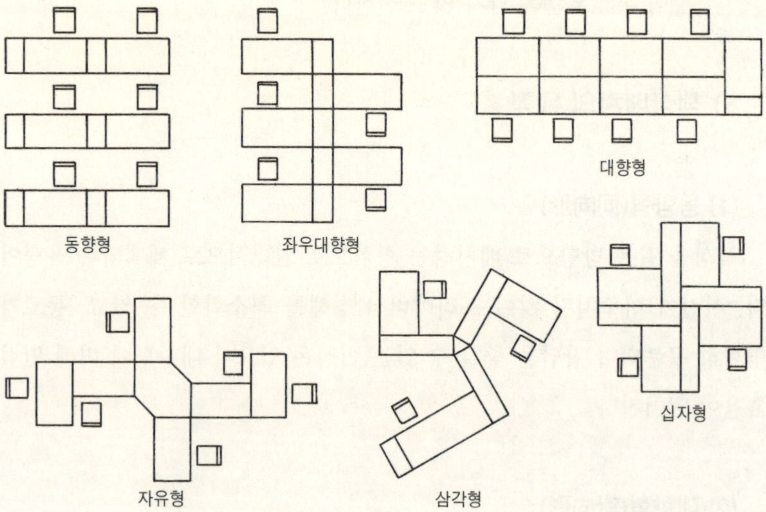

그림 3.3-7 책상배치의 유형

6) 가구 및 칸막이

사무작업공간의 기본단위로 워크 스테이션(work station)란 용어가 사용되며, 이 단위는 사무를 위해 한 사람이 차지하는 면적을 기준으로 정해진다. 즉, 작업을 위해 가장 기본이 되는 개인영역이라 할 수 있으며 이 영역에는 사무용비품, 사무기기 등의 크기와 인간공학을 적용한 작업을 위한 최적작업영역이 포함된다.

(1) OA가구(office automation furniture)

OA란 사무자동화를 의미하는 것으로 OA의 도입은 업무처리과정의 능률향상을 위해 행하여지는 사무자동화 기기 도입으로 작업자의 가동률을 최대한 높이고 창조성을 최대한 발휘시키는데 그 목적이 있다. OA가구는 이러한 목적에 적합하도록 만든 가구로서 책상, 컴퓨터 테이블, 의자로 구성되며, 1인의 작업공간으로는 최소 4.8㎡ 정도가 필요하다.

(2) 시스템가구(system furniture)

시스템가구란, 몇 개의 규격화된 단일가구를 원하는 형태로 분해조립이 용이하도록 한 것으로 가구와 인간과의 관계, 가구와 건축구체와의 관계, 가구와 가구와의 관계를 종합적으로 고려하여 산출한 치수가 적용된다. 공간배치에 있어 가변성과 합리적인 면을 모두 충족시킬 수 있는 가구이다.

시스템가구는 칸막이, 수납장, 캐비넷, 서류함, 작업테이블 등으로 구성되며 넓은 공간에 다양한 배치가 가능하고 가구배치계획에 합리성을 부여하며 동선의 흐름에 따른 배치로 명확한 공간의 구분이 가능한 특징이 있다.

시스템가구의 기능에는 공간분할 기능, 수납기능, 작업기능이 있으며 디자인 조건으로는 규격화 된 디자인, 융통성의 부여, 견고한 조립, 이동의 편리, 경제성, 설비의 신축성 있는 디자인, 인체치수 및 동작에 적합한 디자인, 개폐 및 이동으로 인한 소음의 최소화 등을 고려 해야 한다.

(3) 칸막이(partition)

공간의 분할을 위하여 사용하는 것으로 표준 칸막이, 연결용 칸막이 칸막이 겸용 수납가구로 구분할 수 있으며 칸막이를 계획할 때는 다음의 사항을 주의해야 한다.

① 칸막이는 기둥과 보의 위치를 고려하여 구획한다.

② 창의 한가운데 칸막이가 배치되지 않도록 한다.

그림 3.3-8 응접공간

③ 가구나 실의 배치 변동시 융통성 있게 대응할 수 있도록 전기 및 전화시설을 계획한다.

④ 각 실은 설비적으로 제 기능을 발휘하고 공기조화 설비에 있어 공기의 분포가 균일하도록 계획한다.

⑤ 흡음을 고려한 마감재를 사용한다.

3.3.5 업무 공간별 실내계획

1) 개실(個室)사무실

업무의 성격상 차음이 필요한 경우나 외부의 시선을 가릴 필요가 있는 경우에 개실을 구성하게 된다. 개실 사무실의 경우, 주변의 잡음이나 시선에 구애받지 않고 작업을 할 수 있는 이점은 있으나 정보를 교환하는 면에서 거리적이나 시간적으로 불편한 점이 있다.

차음을 할 필요는 없으나 업무환경을 조성하기 위하여 칸막이로 주변을 막는 경우도 있다. 칸막이의 높이나 칸막이의 재질에 따라 내부의 분

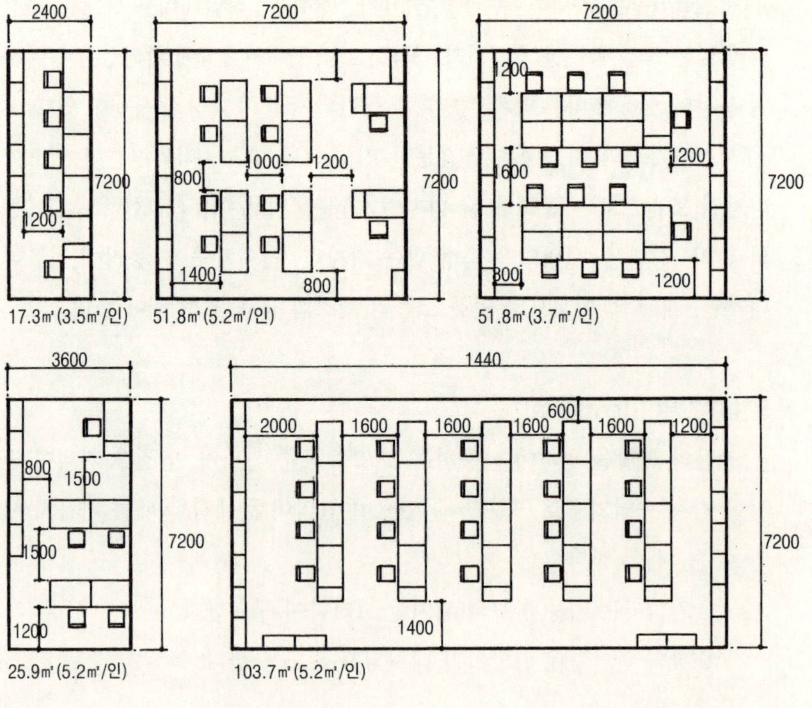

그림 3.3-9
소규모 사무실의 레이아웃

위기에 큰 영향을 주므로 일의 내용에 따라 선택해야 한다.

차음성능을 필요로 하는 칸막이는 모듈과의 관련 및 설비에 관한 충분한 배려가 필요하다.

2) 임원(任員)사무실

임원실은 직무의 성격상 기밀을 요하는 정보의 취급이나 회화가 많기 때문에 높은 차음성능을 필요로 하며 직급에 어울리는 품격이 요구되는 공간이다. 따라서 개실형식이 채택되며 응접실, 비서실 등이 인접하고 있는 외에 사실(私室), 화장실 등이 설치되는 예도 있다.

임원실의 위치는 담당업무 부근에 위치하는 경우와 사장실이나 다른 임원실 등과 함께 임원실 존을 구성하는 경우가 있다. 임원실에는 보통 비서실이 부속되며, 이를 실내에 함께 두는 경우와 실외에 두는 경우가

그림 3.3-10 사무실

그림 3.3-11 임원실

있고 회사의 규모에 따라서 여러 임원들을 보조할 수 있도록 하나의 비서실을 공용으로 계획하는 경우도 있다.

3) 회의실(會議室)

회의실은 회의 규모(수용인원)와 회의 성격을 고려한 계획이 되어야 하며 변화에 대응할 수 있는 조합가능 테이블이나 복수의 회의실로 계획하는 것이 좋다.

회의실의 규모는 1인당 1.5~2m² 정도의 면적을 필요로 하며 10인 정도를 수용할 수 있는 회의실의 면적은 20m²의 면적을 필요로 하게 된다. 작업 그룹간의 회의실은 작업동선을 고려하여 주 통로에 인접시키고 방문객과의 회의실은 연회실(reception room)에 인접시키는 것이 바람직하다.

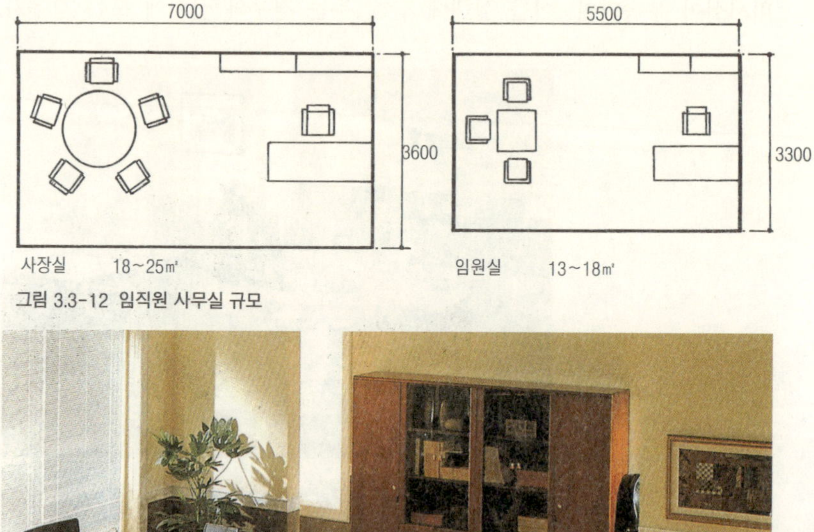

그림 3.3-12 임직원 사무실 규모

그림 3.3-13 사장실

그림 3.3-14 회의실

또한 공식적인 회의용도의 board room에는 시청각 설비를 배려해야 한다.

4) 연회실(宴會室)

업무공간에 대하여 첫인상을 주는 곳으로 회사의 규모에 따라서 그 기능에 차이가 있으나 대부분 방문객의 안내와 대기를 위한 공간으로 사용되며, 응접과 연회, 회의의 기능도 포함할 수 있는 공간이다.

자사제품의 진열이나 소개를 할 수 있는 show room을 겸하여 계획하는 것도 바람직한 방법이다.

3.3.6 은행의 실내계획

1) 동선계획

동선을 계획할 때는 출입구의 위치, 계단, 기기의 배치여부를 충분히 고려하고, 고객의 동선과 업무동선은 영역별로 분리하여 각각의 동선을 계획한다. 고객의 동선은 내점, 전표기입, 접수, 대기의 순서로 진행되며, 내점 목적에 따라 융자상담과 예금상담, 간단한 입출금 업무, 기계화 코너 등을 이용하게 되므로 이를 고려하여 동선을 구분, 계획하는 것이 바람직하다. 은행업무측의 동선은 담당업무의 흐름에 따라 계획하되, 고객이 그 흐름을 알지 못하도록 계획한다.

그림 3.3-15
업무공간 및 안내공간

2) 출입구 및 현관

은행의 출입구 및 현관은 고객이 들어가기 쉽고 은행에 대하여 밝은 인상과 신뢰감을 줄 수 있도록 처리해야 한다. 특히, 겨울철의 바람, 먼지 등의 침입방지와 실내온도의 유지를 위하여 방풍실 및 방풍문을 설치하고 출입문은 도난방지를 위해 안여닫이문으로 계획한다.

3) 영업장

영업장(영업실과 공용공간을 하나의 공간으로 해석하는 의미이다.)은 은행원의 카운터를 경계로 고객과 접하며, 은행의 주업무가 이루어지는 공간으로 능률적인 업무처리가 되도록 계획해야 한다.

소규모 은행일 경우는 단일 공간으로 대규모 은행일 경우에는 업무에 따라 분산 처리한다.

영업장의 면적은 행원의 수와 영업의 종류에 따라 결정되며, 은행점포의 규모, 영업방식, 담당업무의 종류, 카운터의 길이를 고려하여 산출한다. 영업장의 크기는 행원 1인당 4.0~6.0㎡가 표준이며, 객장의 크기는 영업장 면적의 60~80%를 표준으로 한다.

(1) 영업장의 배치계획

업무의 흐름을 고려하여 관계가 깊은 계(係)는 가능한 한 근접시켜 배치하고 책임자석은 담당 계가 보이는 곳에 위치하도록 한다. 또한 고객과의 접촉이 잦은 계와 담당자는 응접공간 근처에 배치한다.

은행원들이 공용으로 사용하는 공간은 영업장의 중심에 오도록 하며, 시선을 차단할 우려가 있는 칸막이의 사용은 피하는 것이 좋다.

카운터를 기준으로 한 업무용 책상의 배치 유형은 3가지로 분류되며 그 특징은 다음과 같다.

① 전후병렬식 : 업무효율이 높고 파일링 시스템의 도입이 용이하며 정연한 느낌을 주며 측면관리가 쉬운 반면에 공간을 많이 차지하게 되고 섹션을 구분하기 어려운 단점이 있다.

② 대면식 : 고객과의 직접적인 접촉이 없는 계로 팀 작업이 필요한 업무에 적합한 배치유형이다. 공간이 절약되고 일괄작업에 이점이 있으나 주위가 산만해지기 쉽다.

③ 측면식 : 예금상담이나 융자 등의 시간이 걸리는 업무에 적합한 유형이다.

(2) 영업장의 치수계획

영업장의 후방과 벽 사이는 2m 정도의 여유공간을 두어야 하며 양측 벽면의 경우에는 1.5m정도의 여유공간을 둔다. 책상과 책상의 옆과 뒤는 최소 60㎝ 이상의 여유가 필요하다.

3) 영업카운터

영업카운터는 영업장과 객장의 분리, 범죄의 방지, 작업책상의 기능을 갖고 있으며 카운터를 계획할 때는 영업장과 객장의 경계를 최우선으로 고려해야 한다. 특히, 영업장의 평면 구성은 카운터 라인에 의해서 좌우되는 경우가 많으므로 고객의 편의성과 업무의 효율성을 고르게 배려해야 한다.

카운터의 형태는 실의 형태, 계의 종류, 창구의 수에 따라 결정되며, 평면에서 나타나는 라인에 따라 직선형, 곡선형, 자유형으로 그 유형을 분류할 수 있다.

카운터의 높이는 최대 1100㎜ 이하, 900~1000㎜ 정도가 일반적이며 폭은 카운터와 업무책상의 폭을 합하여 1000~1100㎜, 창구 1인당 카운터의 길이는 1000~1500㎜정도로 하면 무리가 없다.

4) 객장

객장은 상점의 shop front와 같은 역할을 하는 장소이므로 고객에게 편안함을 느끼고 신뢰감을 줄 수 있는 배려가 필요한 공간이다.

객장은 행위에 따라 대기공간과 동작공간으로 구분할 수 있으며 고객 업무의 처리시간에 따라 자동화기기가 설치된 슈퍼퀵서비스 공간, 주로 예금에 관계되는 업무공간인 퀵서비스 공간, 상담과 융자의 업무가 이루어지는 슬로 서비스공간으로 분류할 수 있다.

3.4 전시공간(展示空間)

3.4.1 개요(概要)

전시공간이란 전시기능을 주요 목적으로 하는 공간의 총칭이다. 전시의 목적으로는 감상, 교육, 계몽, 고지(告知), PR, 판매, 서비스 등 넓은 범위에 걸쳐 있으며 그 목적에 따라 공간의 유형도 미술관, 박물관, 박람회장, 쇼룸 등으로 다양하게 나타난다.

전시의 의미로 사용되는 용어로는 exhibition, exposition, show, fair, display 등이 있으며, 규모나 전시내용에 따라 적합한 용어를 사용하나 기본적으로 전시라는 의미는 같다.

전시는 영리적인 측면에서 보았을 때, 영리를 위한 전시와 비영리를 위한 전시로 구분할 수 있다. 영리전시는 전시자의 명성과 상품의 선전효과를 이용하여 판매를 촉진하기 위한 것이 전시의 목적이 되며, 비영리 전시는 예술작품의 발표나 문화적 사고의 개발, 교육, 계몽 등이 전시의 목적이 된다. 전자에 해당하는 대표적인 전시공간이 쇼 룸(show room : 상설전시장)이며, 후자의 경우 미술관, 박물관, 박람회, 기념관 등의 전시가 이에 속한다.

그림 3.4-1 전시공간

3.4.2 박물관

1) 개요(概要)

박물관이란, 역사, 예술, 산업, 자연과학 등의 분야와 식물, 동물, 어류 등 보존과 연구가치, 문화적 가치가 있는 자료 및 표본들을 수집 전시하고, 일반인들이 교양, 조사 및 연구, 여가생활 및 문화생활을 위하여 이용할 수 있도록 편의를 제공하는 사업과 이들 자료에 관한 조사연구를 하는 것을 목적으로 하는 기관을 말한다.

그러므로 박물관은 수장품의 전시, 보관, 연구를 통하여 일반인들에게 교육의 장을 제공해야 하는 공공의 사명을 지니고 있다.

박물관의 일종인 미술관으로 조각, 공예, 회화 등의 예술품을 전시하는 기관으로 기획전이나 공모전 등을 통해 많은 예술가에게는 예술활동의 장을, 일반시민에게는 예술에 접할 수 있는 장소를 부여함으로써 문화생활을 영위할 수 있는 장소제공의 역할을 한다.

(1) 기능

① 자료의 수집, 보존, 관리

② 전시자료에 관한 전문적이고 체계적인 학술적 조사 및 연구

③ 자료의 전시와 보존에 관한 기술적인 조사 및 연구

④ 자료에 관한 강연회, 강습회, 연구회 등의 개최

⑤ 연구활동에 따른 각 종 간행물의 제작 및 배포

⑥ 타 박물관 및 미술관과의 자료, 간행물 및 정보교환 등의 유기적인 협력

⑦ 자료와 연구성과의 사회환원을 위한 교육 및 전시

(2) 박물관의 종류

박물관은 자료대상별로 종합적인 분야를 다루는 종합박물관과 전문박물관으로 대별하는 것이 일반적이며 다음과 같이 세분한다.

■ 종합박물관

인문과학 및 자연과학에 걸친 모든 자료를 종합적으로 취급하는 박물관이다.

■ 역사박물관

과거의 문화적 가치가 있는 유산을 다루는 박물관으로 역사의 변천, 생활이나 문화관련 자료들을 수집 전시한다. 향토미술박물관이나 민속박물관 등이 대표적이다.

그림 3.4-2 특별 전시공간

■ 미술관

자료를 미술에 관련된 것으로만 한정한 박물관으로 분야에 따라 조각, 회화, 도자기 등을 전시하는 미술관과 시대적 구분에 의한 현대 미술관 등이 있다.

■ 과학박물관

자연사박물관, 천문학 박물관 등의 자연계의 박물관과 이공학박물관, 과학기술박물관, 교통박물관과 같은 기술계 박물관 등이 대표적이다.

■ 동물원, 식물원, 수족관

자연과학계 박물관 중에서 살아 있는 동물, 식물, 어류를 다루는 박물관을 말한다.

2) 박물관의 구성과 소요실

전시자료와 규모, 성격에 따라 약간의 차이는 있을 수 있으나 기본적으로 자료의 수집, 보존, 관리, 연구, 조사, 교육보급이라는 기능을 갖고 있으며 이 기능들을 충족시키기 위해서는 도입부분, 전시부분, 보관부분, 교육 및 보급 부분, 조사연구부분, 관리부분 등의 공간을 필요로 하게 된다.

그림 3.4-3 전시공간

표.3.4-1 박물관의 구성에 따른 소요실

부분	소요실	내 용
부분 도입	출입구	방풍실을 필요로 하며, 눈, 비를 피할 수 있는 여유공간을 둔다.
	매표소	유료의 경우 설치하며, 안내소와 겸용할 수 있다.
	홀, 로비	동선의 분기가 시작되는 곳으로 박물관의 특성을 잘 나타나 보이도록 계획해야 한다.
	안내소, 매점	관내 안내, 해설서 배포, 연구자료, 엽서, 사진 등을 판매한다.
	휴게실, 커피숍, 식당	관람객들이 휴식을 취할 수 있는 공간으로 도입부분뿐 만이 아니라 전시부분에의 배치도 고려해야 한다.
전시 부분	상설 전시실	통상적인 전시공간으로 전시자료의 교체를 위한 자료의 이동을 고려한다.
	특별 전시실	특정자료를 항시 전시하는 공간이다.
	기획 전시실	특별한 주제를 기간을 정해 전시하는 공간이다.
	영상 전시실	자료전시만으로는 전달할 수 없는 분야를 영상으로 전시하는 공간이다. 최소 20~40명 정도를 수용할 수 있도록 계획한다.
	전시 창고	전시용 기자재, 전시대 등 전시에 필요한 물품을 보관하는 장소로 전시실에 근접시킨다.
	기다	관람자를 위한 화장실, 식수대

부분	소요실	내 용
보관 부분	자료 반입실	수집한 자료가 반입되는 장소로 운반차가 들어오는 것을 고려한다.
	미정리실	수집한 자료를 분류, 수세, 훈증 등 보존처리를 위해 일시적으로 보관하는 장소로 자료반입실 옆에 둔다.
	보수공작실	자료의 정리, 복원, 기록작업을 위한 공간으로 수세, 건조 등의 자료처리를 위한 넓은 공간과 설비를 필요로 하며 채광이 좋은 곳에 위치시키는 것이 좋다.
	소장고	자료를 보관하기 위한 공간이다.
	작업원실	작업원의 휴식과 갱의를 위한 공간으로 개인사물함, 화장실, 샤워실 등이 부속된다.
	기타	훈증실, 수세장, 특별 소장고
조사 연구 부분	학예원실, 연구, 조사실	학예원과 외래연구원을 위한 연구실이다.
	보존 과학실	자료의 보존처리와 보존에 관한 연구와 조사를 위한 실로 배수설비와 배기설비를 필요로 한다.
	자료실	보관품의 자료카드, 도면, 각종 문서의 보관 및 열람을 위한 공간이다.
	회의실	연구결과의 발표 및 토의를 위한 공간
관리 및 기타 부분	관장실	박물관의 책임자를 위한 실로 사무실에 인접시킨다.
	사무실	박물관의 모든 업무를 관장하는 실로 관내조명, 감시용 카메라, 공기조화설비를 제어할 수 있는 설비를 필요로 한다.
	경비원실	상주경비원과 임시경비원을 위한 공간으로 통상 정문에 인접시킨다.
	기타	기계실, 공조실, 보일러실, 화장실, 엘리베이터

3.4.3 박람회 및 전람회

1) 개요(槪要)

전람회(展覽會)는 일정기간을 통하여 자료를 전시하고 자료를 관객에게 홍보, 또는 이해시키는 것을 의미하며, 박람회와 비교하면 소규모인 전시를 말한다. 반면에 박람회(博覽會)는 대규모의 전시로 공공의 이익증진을 목적으로 하며, 인류의 문명과 문화를 현 시점에서 총결산하는 의미를 담고 있다.

박람회는 국제 박람회(EXPO : exposition)와 국내박람회인 무역박람회(trade fair), 산업박람회(industrial fair)로 대별된다.

2) 전시공간의 건축적 조건

(1) 단위전시공간의 규모

단위전시공간의 규모는 전시의 목적, 성격에 따라 그 규모에 차이는 있지만 관람자의 수와 순회유형, 전시물의 양과 크기 등에 따라서 결정되는 것이 일반적이다.

단위전시공간의 실(室)폭은 최소 5.5m 정도, 평균 6~8m로 하고, 길이 는 실폭의 1.5~2배 정도로 한다. 벽면의 총 연장길이는 길게 할 수록 좋으나 관람자가 육체적이나 심리적으로 피로를 느끼지 않도록 400m 이내로 하는 것이 바람직하다. 또한 관람을 위한 주 통로의 폭은 2m정도, 실의 폭이 작은 경우에는 1.8m 이상으로 하고, 대규모 전시장의 경우에는 6m이상으로 한다.

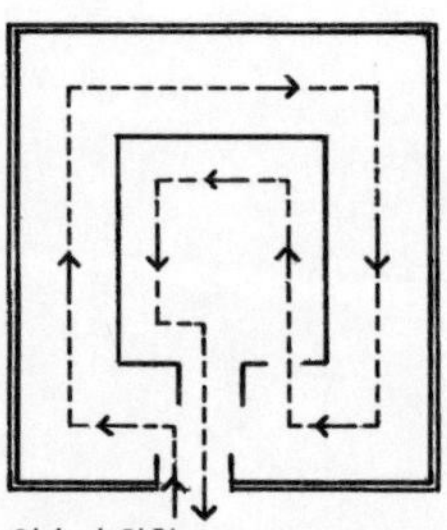

연속 순회형

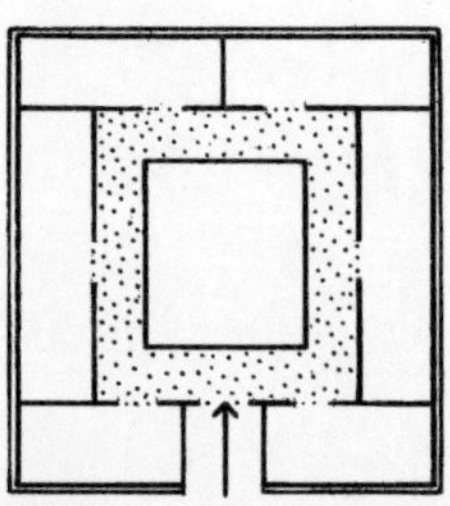

복도형

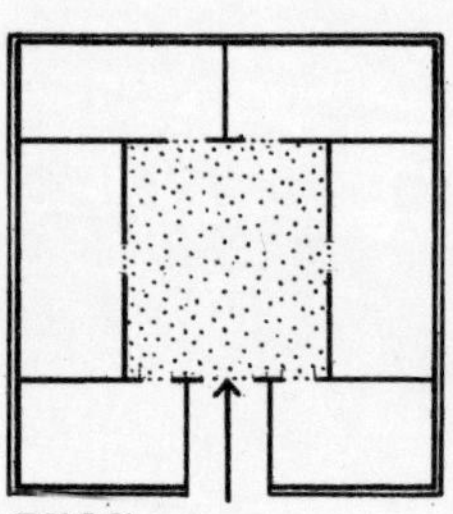

중앙홀형

그림 3.4-5 전시실의 순회 유형

(2) 전시실의 순회유형

관람자가 전시장 입구에서부터 출구까지 설계자가 의도한 전시경로를 따라 순회하는 전체 전시장내의 동선계획을 의미한다.

순회유형에 따라 전시실간의 결합여부, 전시장 전체의 기능과 전체의 전시계획에 영향을 미치므로 전시목적에 적합한 순회유형을 선택하여 시행착오를 줄이도록 해야 한다.

■ 연속순회형

구형 또는 다각형의 각 전시실을 연속해서 관람할 수 있도록 연결하는 형식이다. 단순하며 공간이 절약되므로 소규모의 전시실에 유리한 형식이다. 반면에 많은 실을 순서에 따라 관람해야하고 1실을 폐쇄하면 전체 동선이 차단되는 단점이 있다.

■ 갤러리(gallery) 및 복도(corridor)형

복도를 회랑(回廊)으로 하고 복도에 면하여 전시실을 배치하는 유형이다. 각 실을 선택해서 들어 갈 수 있으며, 필요시 각 실을 자유롭게 폐쇄

할 수 있고, 복도의 벽을 전시공간으로 이용할 수 있는 장점이 있다.

■ 중앙 홀형

전시실의 중앙부에 하나의 큰 홀을 설치하고 그 주위에 각 전시실을 배치하여 자유로이 출입하는 형식이다. 중앙 홀이 크면 동선의 혼란이 없으나 계획변경으로 확장할 때는 많은 무리가 따른다.

(3) 전시실의 평면 형태

관람동선을 기본으로 한 전시공간의 평면형태는 부채꼴형, 원형, 직사각형, 자유로운 형, 작은 실의 조합 등으로 분류되며, 관람자가 감상에 흐트러짐이 없고 지루함을 느끼지 않도록 관람시간, 관람거리 등을 고려하여 평면을 계획한다.

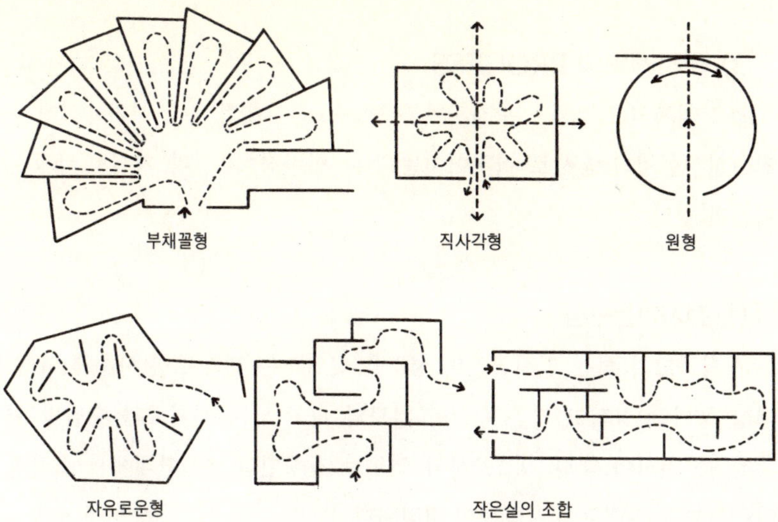

그림 3.4-6 전시공간의 평면형태

■ 직사각형

공간형태가 단순하므로 전시주제를 확실하게 나타낼 수 있다.

■ 부채꼴형

소규모의 전시장에 적합하다. 관람자에게 많은 선택의 여지를 제공하고 또한 빠른 판단을 요구한다.

■ 원형

고정된 축이 형성되지 않아 산만해질 우려가 있다. 중앙에 핵이 되는 전시물이 배치하면 이런 불확실성을 극복할 수 있다.

■ 자유로운 형

평면형태가 복잡하여 전체적인 조망이 가능한 공간에 채택한다.

■ 작은 실의 조합형

작은 실을 조합한 형태로 관람자가 자유롭게 둘러볼 수 있는 동선의 배려가 특히 필요하다.

3) 전시계획의 PROCESS

전시계획의 프로세스는 전시기본구상 → 전시계획 → 전시기본설계 → 전시실시설계의 순서로 이루어지는 것이 일반적이며, 각 과정의 내용은 다음과 같다.

(1) 전시기본구상

계획하고자 하는 전시공간의 성격을 규정하는 단계로 전시주제, 관람대상 등이 설정되고 기존 수장된 자료의 파악 및 추가자료의 수집방 향설정 등 전시에 대한 기초조사와 연구가 진행된다. 이 단계에서 조사한 연구결과를 토대로 전시방향이 결정된다.

(2) 전시계획

전시기본구상단계에서 설정된 내용을 바탕으로 건축적 조건, 실내건축적 조건을 재검토하여 대략적인 기본계획안을 작성하는 단계이다.

이 단계에서는 각 전시실 및 소요되는 제실들의 규모가 결정되어 공간배분이 이루어지며 동선계획도 정리된다. 이때 하나의 계획안만이 만들어지는 것이 아니라 여러 개의 대안들도 함께 만들어지며 이 대안들을 대상으로 한 평가작업을 거쳐 최종계획안이 결정되게 된다. 또한 이 단계에서는 추후 세밀히 전개해야 할 시선계획, 음향계획, 색채계획, 조명계획 등이 개략적으로 계획되어야 하며 그 내용이 반영되어야 한다.

(3) 전시기본설계

전시를 위한 기본구상 및 계획이 종합되어 전시 시나리오가 작성되고 전시공간의 기본계획이 완성되어 대략적인 도면화 작업이 이루어지는 단계이다.

(4) 전시실시설계

기본설계를 보완하여 실제 전시가 이루어질 수 있도록 구체적인 도면화 작업이 이루어지는 단계이다. 또한 이 단계에서는 음향, 영상 등의 연출요소도 함께 결정되므로 전문가의 협조와 조언을 필요로 한다. 이러한 과정을 거쳐 전시물의 위치, 전시대 및 관련기기들의 위치가 확정되며 설치된다.

그림 3.4-4 테마전시 공간

4) 전시공간의 실내계획

전시의 내용을 수용, 전달하고자 구체적으로 계획하는 행위를 전시공

벽면 전시판 형식

벽면 진열대 형식

독립 진열대 형식

그림 3.4-5 각종 전시형식

간의 실내계획이라 할 수 있으며, 전시공간의 실내계획은 일정한 전시주제를 여러 가지 연출요소를 적용하여 가장 효과적으로 전달하기 위한 환경조성작업이라 정의할 수 있다.

전시공간의 특성상 전시공간의 실내계획은 다음의 3가지 분야에서 각각의 전문가를 필요로 하게 되며, 이들이 협동하여 전시에 적합한 디자인을 전개해야만 목적한 바를 달성할 수 있다.

■ 전시계획분야

전시방법, 전시연출, 전시내용의 표현 등이 전시계획분야에 속하며, 작업분야로는 산업디자인, 그래픽 디자인, 사진, 조명, 음향, 영상, 디스플레이 등이 있다.

■ 실내계획분야

전시공간의 배경이 되는 바닥, 벽체, 천장, 칸막이 등과 진열을 위한 집기류의 제작 및 설치를 위한 디자인 작업이 이루어지는 분야이다.

■ 전시시설분야

전시운영 및 관리에 해당되는 분야로 전시를 위한 제반시설과 설비통제, 제어장치 등이 이에 속한다.

(1) 전시의 구성요소

전시의 구성요소로는 전시자료, 전시공간, 전시의 성격이 포함되는 전시의도, 전시의도와 전시자료를 관람자에게 전달하는 전달매체 등이 있으며, 이들 요소들을 수행할 수 있는 시간, 예산, 비용도 중요한 요소가 된다.

(2) 전시공간의 조건

■ 전시자료 공간의 조건

자료를 수집할 당시 상태로 보존할 수 있는 환경의 조성이 최우선 조건이 되며, 자료의 크기와 그에 따른 실의 적정 규모, 도난방지를 위한 보안 대책 등이 전시자료를 위한 공간조건이 된다.

■ 관람자 공간의 조건

관람자가 쾌적감을 느낄 수 있는 환경조성과 전시물을 관람하는데 육체적이나 심리적으로 피로를 느끼지 않도록 배려한 평면구성 및 동선계획이 관람자를 위한 공간의 기본조건이 된다.

쾌적한 환경을 조성하기 위해서는 열, 습기, 공기, 빛 등의 환경요소가 적절히 조합되어야 하며, 특히 눈의 피로를 방지할 수 있는 조명 계획에 주안점을 두어야 한다. 또한 관람도중 쉴 수 있도록 의자나 소파 등을 일정거리 이내(약 100m 정도)마다 배치하는 것이 좋다.

■ 관리자 공간의 조건

관리자가 쾌적한 환경에서 작업능률을 올릴 수 있도록 하는 것이 기본조건이 된다. 작업능률을 올리기 위해서는 작업을 위한 편의시설이 완비되어야 하며 관리동선이 적절하게 계획되어야 한다. 특히 전시 담당자의 동선은 관람자의 동선과 교차하거나 섞이지 않도록 주의해 야 한다.

(3) 전시공간의 기본 구성요소

전시공간은 벽, 천장, 바닥, 기둥 등의 건축적 요소와 전시를 위한 전시대, 진열장과 같은 가구로 이루어지며 이를 전시공간의 기본요소라고 한다.

■ 벽

벽은 시선이 가장 먼저 부딪히는 부분으로 높이와 방향에 따라 시선을 차단하기도 하고 모으기도 하며 머무르게도 한다. 전시공간에서의 벽은 전시물의 배경이 되는 경우가 많으므로 전시물이 돋보일 수 있 도록 재료나 색채 등을 충분히 고려하여 계획해야 한다.

■ 바닥

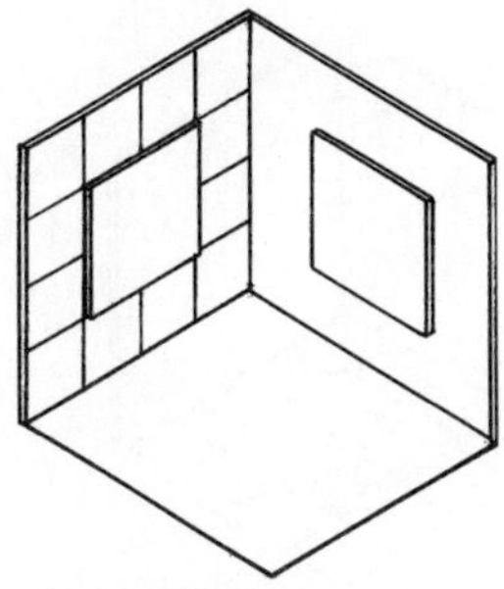

벽면 전시판 형식

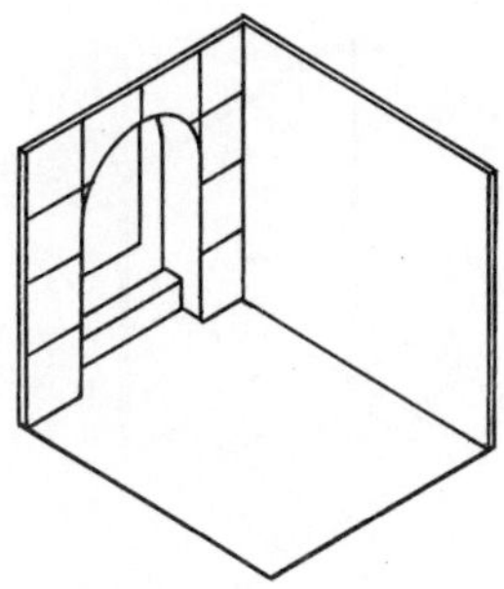

벽면 진열장 형식

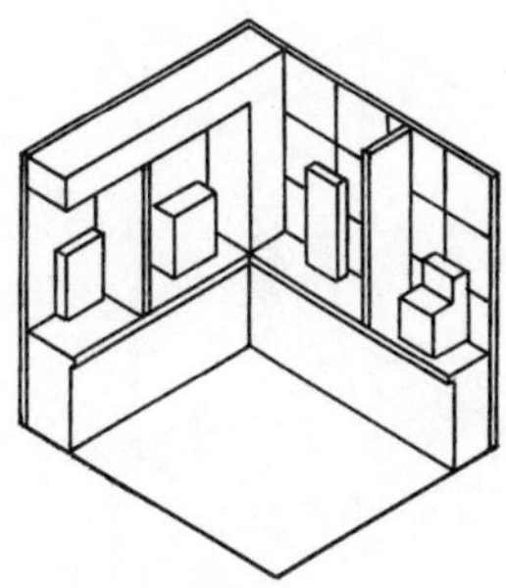

벽면 진열대 형식

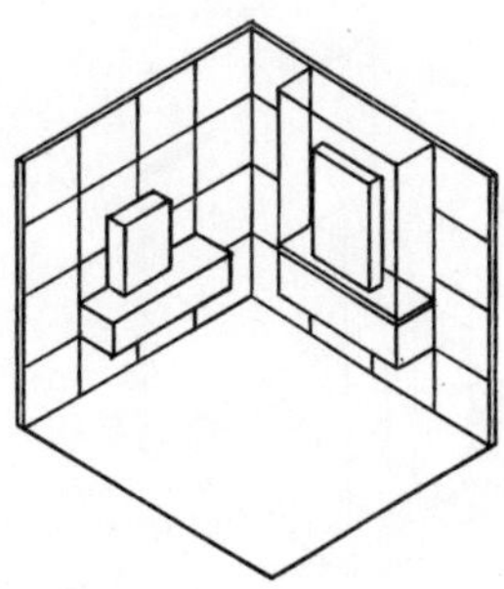

돌출 진열대 형식

그림 3.4-6 벽면 진열 형식

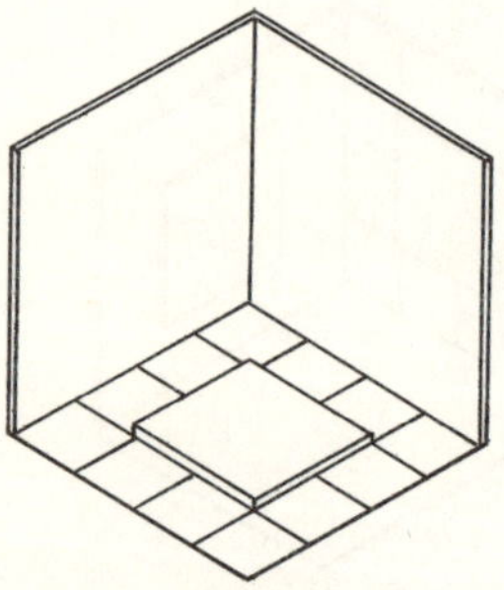

바닥면 전시판 형식

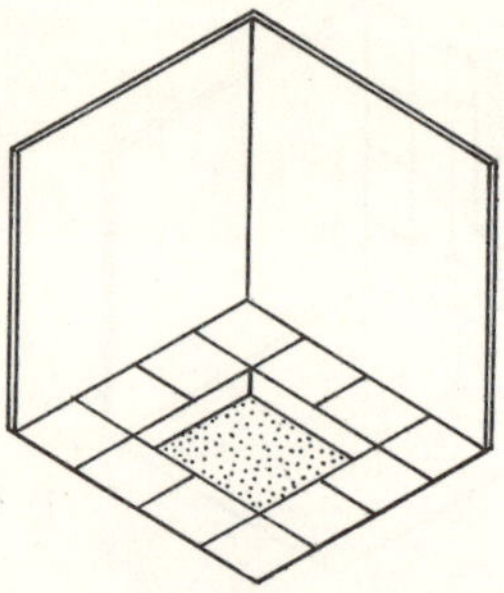

선큰 바닥면 형식

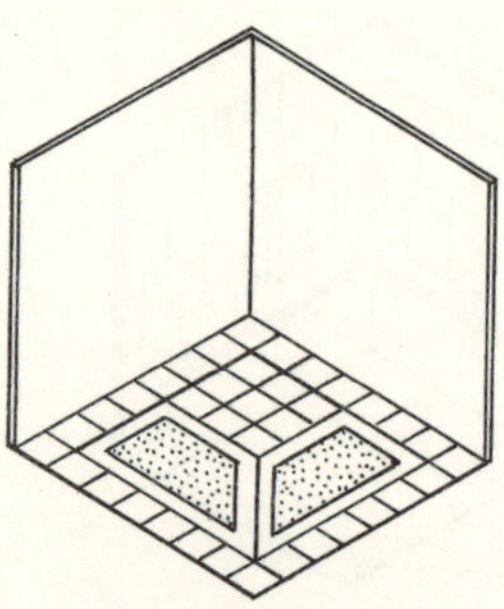

경사 바닥면 형식

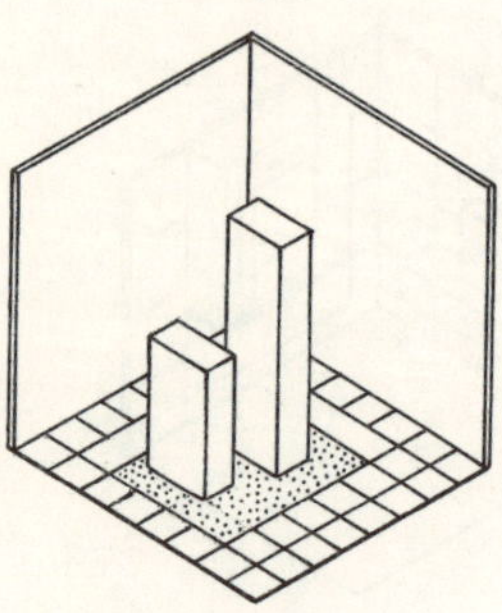

바닥면 + 입체 형식

그림 3.4-7 바닥 진열 형식

전시장의 바닥은 안전성을 최우선으로 고려하여 단 차이를 두지 않고 표면이 미끄러운 재료의 사용은 피하도록 한다.

또한 관람에 집중할 수 있도록 발소리가 나지 않는 바닥재가 요구되며, 내마모성 및 내구성, 청결성이 우수해야 한다.

■ 천장

전시장의 천장은 채광의 기능을 하며 실내환경의 쾌적성과 방재를 위한 각종 설비가 설치되는 부분이다. 천장의 마감은 벽과 같은 재료나 같은 색채로 하는 것이 가장 무난하며 전시물이 이동되는 것에 대응하기 위해서 조명계획은 융통성 있게 하는 것이 바람직하다.

(4) 동선계획

전시공간의 동선은 관람자 동선, 전시물 동선, 관리동선으로 구분할 수 있으며 전시공간의 동선계획도 짧고 간결하게 처리하는 것을 기본으로 한다. 특히 관람자 동선에는 신체장애자 동선이 포함되므로 이들을 위한 배려가 필요하다.

■ 전시물 동선

전시장의 천장은 채광의 기능을 하며 실내환경의 쾌적성과 방재를 관람자 동선의 유형은 단일진입방식의 오픈플랜형과 구획실형, 분산 진입방식으로 구분할 수 있으며 동선의 흐름은 좌측에서 우측으로, 우회전을 원칙으로 한다. 또한 관람시 자신의 위치를 알 수 있도록 간결하고 명쾌하게 동선계획이 이루어져야 하며 재해 발생시 이용해 야하는 피난통로와의 관계도 체크하여야 한다.

■ 관람자 동선

전시물의 동선은 외부로의 반출입, 연구를 위한 이동, 전시물의 교체, 수리를 위한 이동 등에 따른 동선으로 수장고를 중심으로 계획한다.

■ 관리동선

관리동선은 전시물의 조사 및 연구, 사무관계, 방송관계, 통신관계, 설명, 홍보 등에 이용되는 동선으로 관람자 동선이나 전시물 동선과는 분리되어야 한다.

5) 전시방법

전시방법은 기획의도, 자료의 크기, 관람대상 등에 따라 다양하나, 실내전시에서 이루어지는 전시매체를 중심으로 한 전시방법으로는 개별전시, 입체전시 특수전시, 수장전시, 대공간 전시 등이 있다.

(1) 개별전시

전시공간을 구성하는 바닥, 벽, 천장 등의 면을 이용하거나 배경으로 전시하는 방법이다. 벽면전시, 바닥전시, 천장전시로 분류할 수 있으며 세부적인 내용은 다음과 같다.

■ 벽면전시

벽면을 이용하는 것으로 가장 일반적인 방법이다. 관람자의 시선과 방향, 벽면과 전시물의 크기관계 등을 고려하여 계획해야 한다. 또한 벽면전시는 벽면만을 이용하는 것이 아니라 진열장, 진열대와 결합한 전시형태로 다양하게 변화시킬 수 있다. 경우에 따라서 벽면만을 이용한 전시보다 시선을 집중시킬 수 있는 효과가 크므로 전시주제에 따라 병행 전시여부도 고려해야 한다.

■ 바닥전시

바닥면이나 바닥면의 요철(凹凸)을 이용하여 전시하는 방법으로 선큰(sunken)형식의 바닥면인 경우에는 건축계획시에 고려해야 한다.

바닥전시는 작은 공간에서도 관람객에게 개방감을 줄 수 있고, 전시실 전체를 조망할 수 있는 이점이 있다. 벽면에 인접한 바닥전시인 경우에는 벽면전시와 결합시켜 전시효과를 극대화 할 수도 있다.

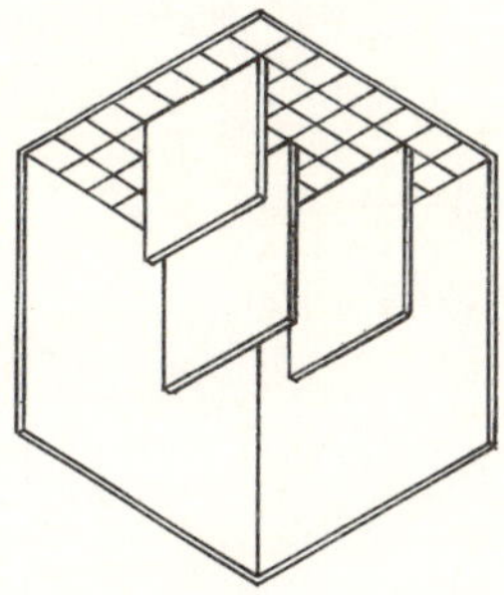
달아매기 전시 형식

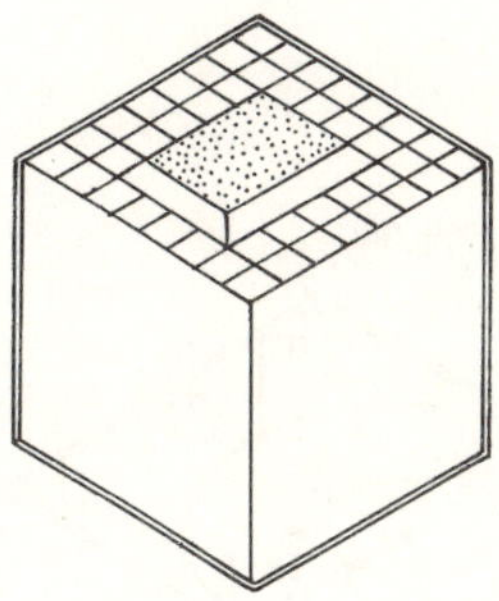
천정면 전시 형식

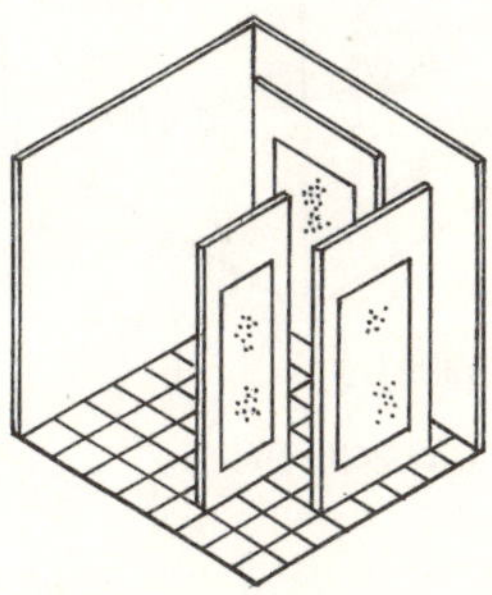
전시판 입체구성 형식

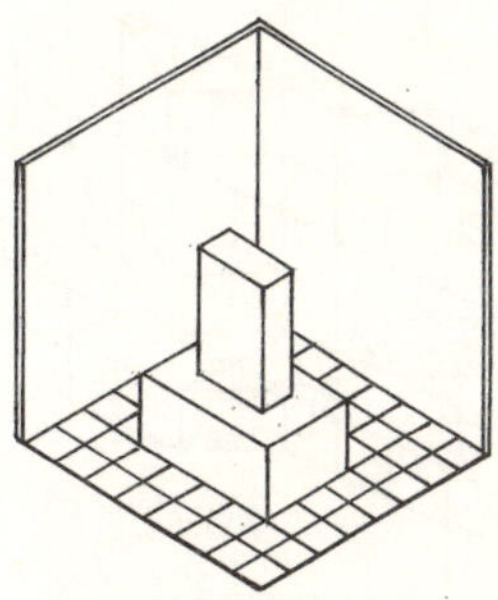
독립 진열대 형식

그림 3.4-8 천정 및 입체 전시

■ 천장전시

천장면을 그대로 전시면으로 사용하거나 전시물을 매달아 전시하는 방법이다. 관람자의 시선이 천장을 향하게 되므로 다른 전시방법보다 눈의 피로가 크게 나타난다. 전시물의 하단 높이는 바닥면으로부터 관람자의 손이 닿지 않는 높이인 2200㎜ 이상으로 계획한다.

(2) 입체전시

입체적인 전시매체를 벽면으로부터 독립시켜 전시하는 방법으로 전시물과 관람자를 최대한 가까이 근접시킬 수 있다.

전시물의 크기, 상태, 보존성 등에 따라 진열장, 전시대, 전시 스크린 등의 전시매체를 사용하게 된다.

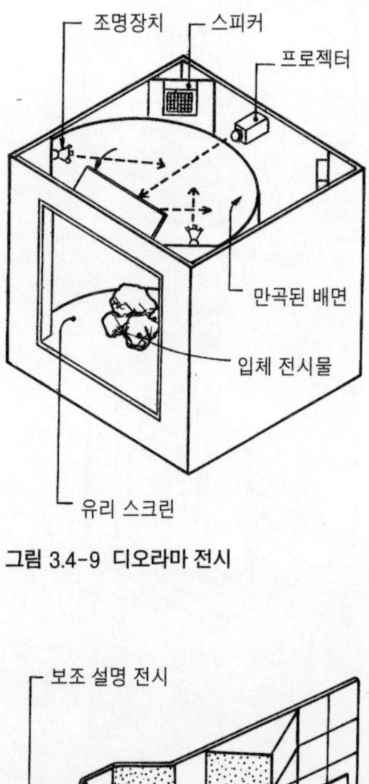

그림 3.4-9 디오라마 전시

(3) 특수전시

전시매체가 복합적이고 종합적으로 구성되며 빛(조명), 음향, 영상 등의 연출요소를 적극 활용하는 전시형식을 특수전시라 한다.

■ 디오라마(diorama)전시

하나의 주제 또는 주제의 시간상황을 고정시켜 관람자가 현장에 있는 듯한 느낌이 들도록 표현하는 전시방법이다. 한정된 공간에서 배경 스크린과 실물의 종합전시가 이루어진다. 배경스크린에는 현장 사진이나 그림을 비추고 전시대 위에는 실물 또는 모형을 전시한다.

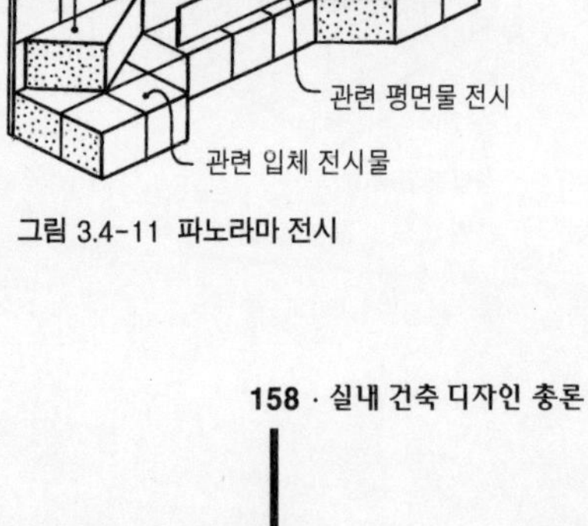

그림 3.4-11 파노라마 전시

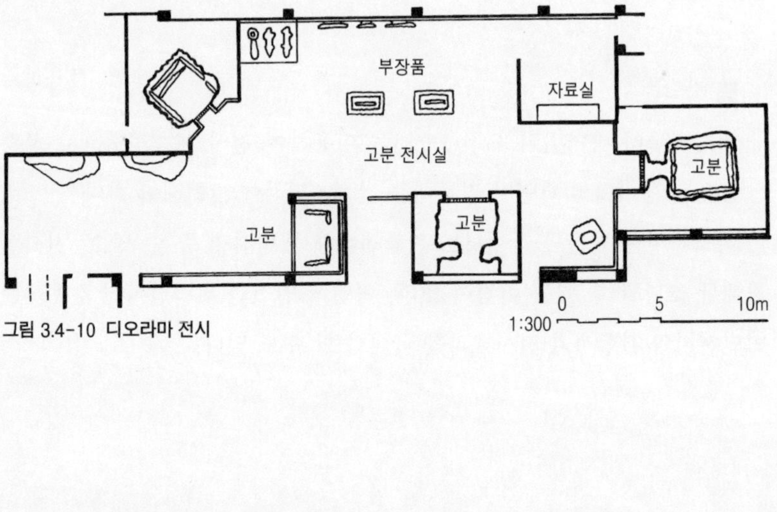

그림 3.4-10 디오라마 전시

■ 파노라마(panorama)전시

연속적인 주제를 표현하기 위하여 전시매체의 형태를 선(線)형으로 표현하여 전시물을 전경으로 펼쳐 전시할 수 있도록 연출하는 방법이다. 벽화, 사진, 그래픽, 영상 등의 벽면전시와 입체전시가 병행되는 것이 일반적이며, 관람자의 관람속도와 전시물을 볼 수 있는 시간을 일치시키는 것이 중요하다.

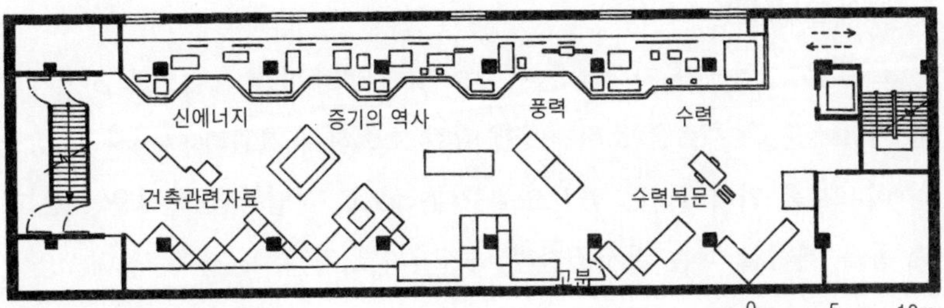

그림 3.4-12 파노라마 전시

■ 아일랜드(island)전시

전시매체로 벽이나 바닥을 이용하지 않고 입체전시대를 섬형으로 바닥에 배치하는 형태로 대형전시물이나 소형전시물에 유리하다.

군집으로 배치되는 것이 일반적이며, 관람자의 시거리를 짧게 할 수 있다.

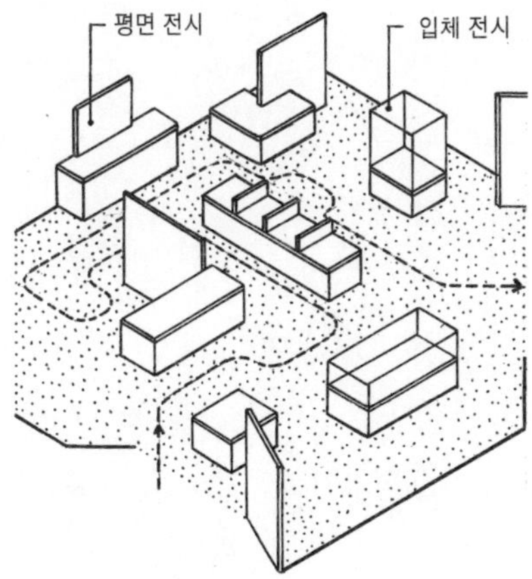

그림 3.4-13 아일랜드 전시

그림 3.4-14 아일랜드 전시

■ 하모니카(harmonica)전시

전시매체의 평면이 하모니카의 흡입구와 같은 모양으로 동일종류의 전시물을 반복해서 전시할 경우에 유리하다. 전시체계가 질서있고 명확하며 동선계획이 쉽다.

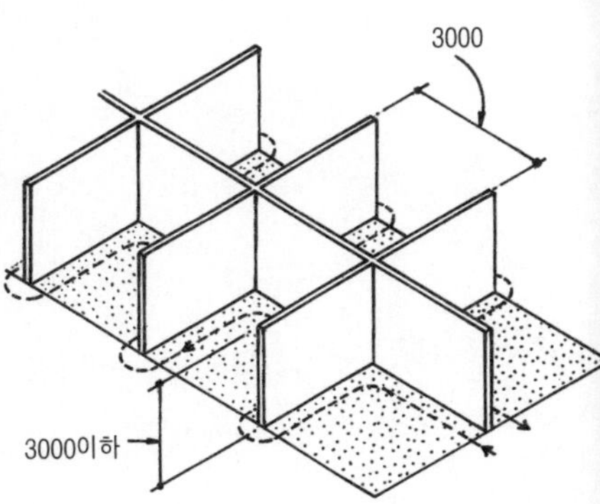

그림 3.4-15 하모니카 전시

■ 영상(映像)전시

전시물의 주요수단 또는 보조적 수단으로 영상기법을 이용하는 형식이다.

3.4.4 쇼 룸(Show room)

1) 개요(概要)

쇼 룸은 기업체가 자사제품의 홍보 및 판매촉진을 목적으로 자사제품과 기업에 관한 자료를 소비자에게 직접 호소하여 기업의 이미지 및 상품의 이미지를 인식시키는 공간으로 기본적으로 상업적인 목적을 갖는다. 쇼 룸을 계획할 때는 전시공간과 마찬가지로 각 분야(건축, 실내, 전시, 그래픽 디자인 등) 전문가들의 협조를 필요로 하며 쇼 룸의 설치목적에 적합하도록 디자인을 전개시켜야 한다.

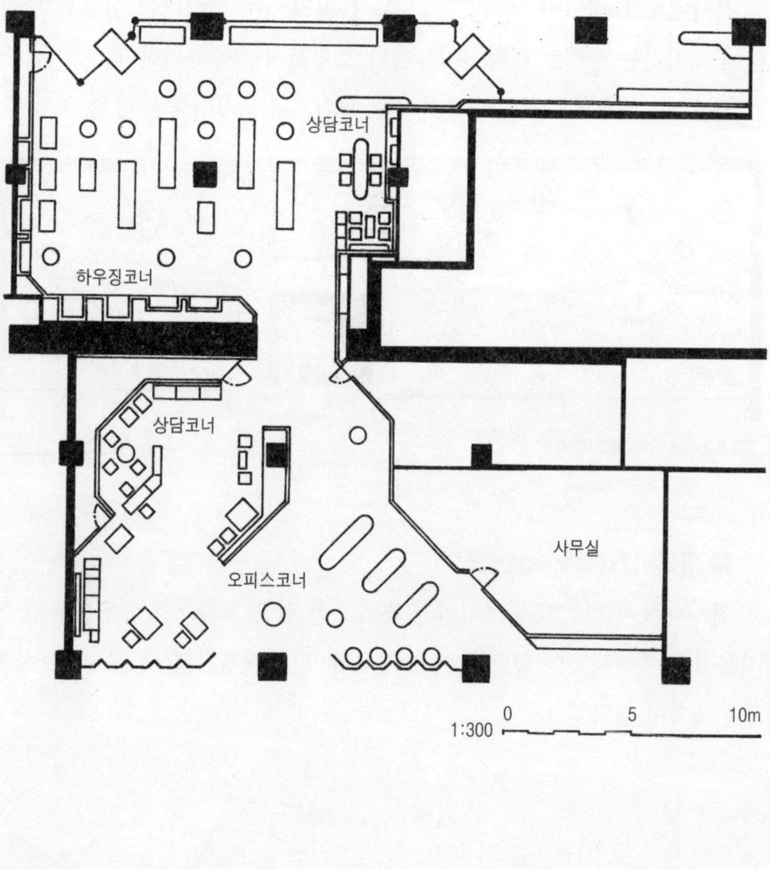

그림 3.4-16 쇼룸

2) 쇼 룸의 실내계획

전시대상물과 그 대상물을 구성하는 모든 시설물과 공간적인 요소들을 조화시켜 조형화하는 작업을 쇼룸의 실내계획이라 할 수 있다.

따라서 쇼 룸의 설치 목적을 달성하려면 전시목적에 맞도록 조형물을 시각화해야 하며 또한 그 효과를 극대화하기 위하여 관람자의 전체감각에 호소할 수 있도록 심리적, 생리적인 면을 고려해야 한다. 즉, 조명, 색채, 음향, 영상 등의 매체를 기능적, 심미적으로 전시상품과 조화시켜야 한다. 쇼 룸은 상품의 전시공간, 상담공간, 어트랙션 공간, 서비스 공간, 통로 공간, 출입구를 포함한 파사드로 구성되며 각 공간별 기능은 다음과 같다.

(1) 파사드

파사드는 쇼윈도우, 출입구, 홀의 입구, 건물의 전면에 설치된 광고간판, 광고탑, 사인 등을 포함하며, 전시상품이나 전시공간의 특색 등 기업의 새로운 정보를 고객에게 제공하고, 또한 상품이 돋보이도록 전시함으로써 고객으로 하여금 구매욕구를 촉구하게 하여 상점 내로 유도하게 하는 역할을 하는 중요한 부분이다. 전시상품의 특성을 살릴 수 있는 개성적인 공간이 창조되도록 하고 대상고객의 연령, 경제 수준, 생활패턴, 소비경향 등을 파악, 이에 대응 할 수 있는 공간으로 계획해야 한다.

(2) 어트랙션(attraction) 공간

입구와 전시공간 사이에 있는 공간으로 입구로부터 관객을 쇼 룸의 내

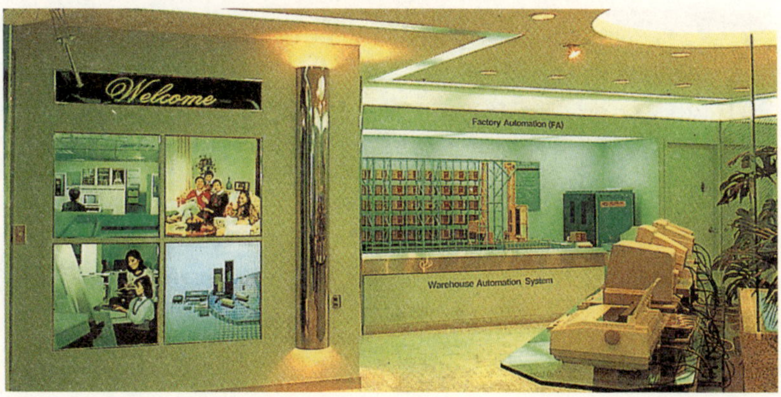

그림 3.4-17 어트랙션 공간

부로 유도하고 관람객의 시선을 집중시켜 전시상품에 대하여 흥미를 갖게 하는 기능을 한다. 이 공간에는 관객의 흥미를 유발할 수 있는 영상장치, 모형, 실물 등이 전시된다.

(3) 서비스 공간

전시상품의 정보를 알리거나 관람자에게 쇼 룸을 안내하기 위한 공간으로 안내 카운터가 설치되며 입구나 입구에 근접한 곳에 위치하는 것이 좋다.

그림 3.4-18 서비스 공간

(4) 상품전시공간

상품의 전시를 목적으로 한 공간으로 진열장, 쇼 케이스, 디스플레이 테이블 등과, 전시상품을 효과적으로 연출하기 위한 설비 및 도구를 필요로 한다.

그림 3.4-19 전시 공간

(5) 상담공간

관람자에게 구체적인 상품의 정보를 설명하거나 구매를 위한 상담이 행해지는 공간으로 상담에 필요한 의자나 테이블 등이 필요하다.

그림 3.4-20 상담 공간

제 2 편

실내건축재료계획

제 1 장
실내재료계획일반(室內材料計劃一般)

1.1 개 요(槪要)

실내건축재료계획은 실내건축의 목적인 물리적, 환경적 조건과 기능적 조건 및 정서적 조건을 충족시키기 위한 과정 중 실내건축물을 구성하는 구성재료의 시공 및 제작에 필요한 사용재료 및 마감방법에 관한 계획이다. 즉, 실내건축 재료계획이란, 재료가 가진 물리적, 역학적, 화학적 특성 및 질감, 색채, 패턴, 가공성, 시공성, 경제성, 안전성, 보수성 등을 종합적으로 고려하여 재료의 사용목적, 실의 용도, 실의성격, 사용자의 특성과 기호에 부합되도록 하는 것이다. 실내건축 재료계획은 실내건축 process에 있어 처음부터 마무리까지 색채 및 조명계획과 같이 진행시켜야 목적한 실내분위기를 얻을 수 있으며 또한 처음 구상한 디자인 이미지를 얻을 수 있다.

새로운 재료가 출현하기 이전에는 재료의 종류가 한정되어 있어 이들 재료의 특성도 경험적으로 숙지할 수 있었으므로 재료의 선정이나 사용방법에 관하여 애로사항이 별로 없었으나 하루가 멀다하고 신재료(新材料)가 출현하는 현재에는 어떤 재료를 선택하는가가 실내건축의 설계자나 시공자에 있어 중요한 문제가 되었고 재료를 생산하는 제조업체도 재료의 특성과 사용처를 어떻게 규정할 것인가를 명확히 할 필요성이 생겼다.

1.2 실내건축재료 계획의 전개(展開)

실내건축재료계획시 우선적으로 해야할 일은 실내계획의 이미지와 내용 그리고 기획단계에서 파악된 계획대상에 대한 의뢰인의 요구사항을 포함하여 건축에 의해 주어지는 내부공간에 영향을 미치는 외부적 조건과 계획대상 공간이 수용해야 할 내부적 조건을 파악하여 기본재료를 선택하는 것이다.

재료를 선택할 때는 재료계획의 혼란을 최소화 할 수 있도록 시공면적이 큰 것에서부터 작은 것으로 선택하거나 또는 면적(천장, 바닥, 벽 등은 실내공간 구성요소 중 배경의 역할을 하므로 너무 돋보이거나, 싫증이 나지 않는 재료를 선택한다.)이 크거나 바꾸기 어려운 재료를 우선 선택하고, 다음에는 면적이 작은 부분의 재료는 개성이 강하고 다소 강한 색채를 선택한다. (실내의 분위기를 쉽게 변화시킬 수 있다.) 그리고 건물의 규모, 구조, 용도 등에 따라 피난통로가 되는 복도, 계단부분 등은 규정된 내장재료의 제한조건을 검토하여 process의 진행에 차질이 없도록 미리 대비하는 것이 바람직하다. 많은 사람이 이용하는 건축물일수록 규정이 엄격하게 적용되므로 반드시 검토한 후 재료계획을 진행시켜야 한다.

1.3 실내건축재료계획시 고려사항(考慮事項)

1) 일반적인 실내건축재료의 선택

실내에 사용되는 재료는 역학적, 물리적, 내구적 성능과 화학, 방화 및 내화, 감각적, 생산성능 등의 특성을 갖고 있으므로 실의 사용목적, 실의용도, 동선의 빈도, 속도, 하중 등을 고려하여 적합한 재료를 선택해야 한다.

표. 1 - 1은 일반적인 실내건축재료를 선택할 때 검토해야 할 내용을 항목별로 정리한 것이다.

표. 1-1 재료계획의 Check List

항 목	검 토 내 용
재료의 역학적, 물리적, 내구적 성능과, 화학, 방화 및 내화, 감각적 성능 및 환경적 조건	공간의 사용목적 및 동선(빈도, 속도, 하중)
건축법과 소방관련 법규	규모별, 용도별 내장재료 제한규정
재료의 색, 질감, 패턴, 광택의 유무	공간의 규모와 형태, 채광상태, 광원의 종류와 조도, 재료의 빛 과 음의 반사율 및 흡수율
공간 사용자의 특성	생활양식 및 사용자의 기호
재료의 조화여부(調和與否)	유사, 대비, 통일, 변화, 강조 등
경제성 및 유지관리	생산규격, 단가, 시공 및 가공성, 운반의 용이성 등의 경제성과 오염 및 변색, 보수 및 청소의 용이성
외부재료와의 조화	실내와 실내의 연속감, 주변 환경과의 조화

2) 실내공간의 특성 및 재료의 감각적 특성

실내공간의 크기, 용도, 형태, 환경적인 조건 등을 고려하여 재료의 색과 패턴을 결정한다. 예를 들어, 공간이 좁은 실내는 밝은 색의 재료를 사용하여 넓게 보이도록 하거나 천장이 낮은 공간은 세로줄무늬를 사용하여 천장을 높게 보이도록 한다. 또한 창이 작거나 어두운 공간은 광택이 있거나 반사율이 높은 재료를 사용하면 효과적이다. 사용 재료는 계획한 공간의 분위기에 적합하면서도 질감과 느낌을 최대한 돋보이도록 할 수 있는 재료를 선택한다.

표. 1-2 실내건축재료의 표면소재에 따른 연상의 예

재료의 표면 및 표면처리상태	연상되는 감정
모피	따뜻하고 부드럽다.
강(鋼)	강하고 믿음직스럽다.
백금	우아하고 화려하다.
유리, 크롬도금	차가우면서도 우아하다.
목재, 자연석, 천연재료	자연스러우면서도 친밀하다.
가공석재(판석)	딱딱하다.
알루미늄박(薄)	명랑하다.
시유(施釉)타일	차갑다
아크릴, 유리	개방적이다.
페인트칠	평범하다.
콘크리트	정적이며 무겁다.
자연석으로 마감된 벽 또는 바닥	수다스럽고 산만하다.
진한 색의 가죽이나 비닐레저	억제
연마된 금속 면	반발
두꺼운 천	아늑하다

3) 관련법의 마감재료 제한규정 검토

건축법 및 소방법, 기타 관련법규의 내장재료 제한규정을 검토하여 관련 제 규정에 적합한 재료를 선택한다.

4) 경제성, 시공성 및 사후관리

재료의 단가, 가공성, 시공성, 운송비 등 경제적인 측면과 시공적인 측면을 고려하고 유지관리 및 보수가 쉬운 재료를 선택한다.

1.4 실내건축 구성요소와 재료

1) 바닥 및 바닥 마감재료

바닥은 실내공간을 구성하는 기초적 요소인 동시에 수평적인 요소로서 인간의 보행에 의한 접촉빈도가 가장 높은 부위이다. 따라서 보행시의 안전사고와 보행의 높은 빈도로 인한 바닥재료의 마모는 필연적으로 나타나게 되므로 바닥재료는 마모나 충격 등에 대하여 충분한 내력이 필요함과 동시에 밟을 때의 기분이나 촉감, 안전성 등도 만족시켜야 한다. 이들 조건을 만족시키기 위해서는 재료, 마감바닥의 바탕, 바닥구조의 3가지 요소가 설계 및 시공에 있어서 충분히 검토되어야 하며 이들 조건을 만족시키는 단일재료는 거의 존재하지 않으므로 가급적 근접한 재료를 선택해야 한다.

(1) 바닥재료의 요구성능

바닥재료의 요구성능은 사용목적, 사용장소 등에 따라 다양하나 외력이나, 물, 습기, 불 등 외부로부터의 작용에 대하여 저항하는 내용적 성능(耐用的 性能)과 단열, 차음 등 인간의 생리에 영향을 주는 것으로 주로 거주성(居住性)에 관계하는 기능적 성능(機能的 性能), 색채,질감 등 눈으로 보거나 몸에 닿았을 때의 느낌 등과 같이 인간의 감각에 관계하는 감각적 성능(感覺的 性能), 생산이나 시공에 관한 성능으로 분류할 수 있다. 표. 1 - 3은 바닥재료의 요구성능에 영향을 주는 인자와 그에 따른 바닥재료의 필요성능을 나타낸 것이다.

표. 1-3 일반적인 바닥재료의 필요성능

성능	인 자	세부 필요성능	비고
耐用的 性能	외 력	耐分布壓性	인간, 가구 등의 하중에 견디는 성능
		耐局壓性	국부의 압력에 견디는 성능
		내충격성	충격에 견디는 성능
		표면경도	표면의 긁힘에 견디는 성능
		내마모성	보행에 의한 마모작용에 저항하는 성능
		내열성(耐熱性)	열에 의한 변형이나 파괴작용에 저항하는 성능
		내한성(耐寒性)	동결융해(凍結融解)의 반복작용에 저항하는 성능
	물	耐水, 耐濕性	물과 습기에 의한 변형 및 변질에 저항하는 성능
耐用的 性能	불	내화성(耐火性)	불에 의한 변형, 변질, 파괴 등에 저항하는 성능
		난연성(難燃性)	불에 타기 어렵고 유독가스나 연기를 발생시키지 않는 성능
	기 후	내후성(耐候性)	기후에 의한 변질이나 변형에 저항하는 성능
	균 류	내부식성	부패균에 저항하는 성능
	충 류	내충해성	벌레에 저항하는 성능
	약품류	내약품성	산, 알칼리, 약품 등에 침식당하지 않는 성능
	塵 埃	내오염성	청소가 쉽고, 쉽게 오염되지 않는 성능
機能的 性能	빛	반사성(反射性)	적정하게 빛을 반사하는 성능
		광택성(光澤性)	적정한 광택과 눈부심을 방지할 수 있는 성능
	열	단열성(斷熱性)	열기 및 한기를 차단하는 성능
	음	차음, 흡음성	음을 차단하는 성능과 음을 흡수하는 성능
	공 기	기밀성(氣密性)	공기를 투과하지 않는 성능
	물	방수, 방습성	물이나 습기를 흡수하거나 투수하지 않는 성능
感覺的	질 감	감촉성(感觸性)	피부의 느낌이 적정한 성능
	시 각	장식성(裝飾成)	미관에 관한 성능
	안 전	안전성(安全性)	보행시의 안전에 관한 성능
設計, 施工		시공, 생산성	시공이 용이한 성능, 대량생산 및 구입의 용이성
		경제성(經濟性)	재료가격의 적정성

표. 1-4 종류별 바닥재료의 요구성능

구분	색채	패턴	내오손성	흡음	단열	내화	내수	감촉
바닥용 합판, 섬유판류	×	△	○	△	○	×	×	○
목재 및 목재가공품	△	○	△	○	○	×	×	○
석재, 인조석, 벽돌	○	○	○	×	△	○	○	×
타일류	○	○	○	×	×	○	○	△
플라스틱 제품	○	○	△	×	×	×	△	△
카 펫	○	○	×	○	○	×	×	○

※ ○ : 우수, △ L 보통, × : 불량

(2) 바닥재료의 종류와 선택

바닥재료를 재종별로 구분하면 목재, 석재, 점토재, 금속재 등 무수히 많지만 이를 공법별로 구분해 보면 합판류, 석재류, 플라스틱류 등의붙임재와 도장재, 미장재 등의 바름재로 대별할 수 있다.

일반적으로 붙임재는 공장에서 규격화하여 대량생산한 균질의 제품이고, 바름재는 사용목적에 따라 현장에서 배합하여 사용해야 하는 제품이다. 바닥재료의 선택은 사용목적에 맞게 상기한 재료의 요구성능을 충분히 고려한 후 우선 순위를 붙여 선택하는 것이 합리적인 방법이다. 대표적인 바닥재료의 일반적인 특징은 다음과 같다.

표. 1-5 일반적인 바닥재료의 사용 예

구 분		사 용 예
종 류	제 품	
목재 및 목재 가공품	판재	습기가 차지 않는 바닥
	단층 플로링 보드	현관홀, 복도, 거실, 침실, 주방 등
	플로링 블록,	상동
석재 및 인조석	대리석	현관, 욕실, 거실바닥 등의 실내
	화강암	현관 및 욕실, 기타 외부와 접하는 바닥
	테라조	현관 및 일반적인 바닥
점토제품	벽돌류	현관, 테라스
	타일	현관, 복도, 바닥 등 용도에 맞는 타일 선택
합성수지	비닐계 타일	물을 사용하지 않는 바닥
	고무계 타일	침실, 거실, 사무실
	비닐 시트 류	보행량이 적은 공간의 바닥
카 펫	일반 카펫	물을 사용하지 않는 바닥
	타일 카펫	업무공간 및 상업공간

그림 1-1 바닥마감 재료

① 석재(石材) : 내마모성, 경도, 흡수 및 흡습성, 내화성, 청결성, 의장성 등의 요구성능은 우수하지만 방음성, 단열성, 작업성, 가공성, 보존성, 유지 보전성 등의 요구성능은 부족한 편이다.

② 목재(木材) : 내마모성, 경도, 장식성, 내유성, 단열성, 작업성, 가공성, 운반성 등의 요구성능은 우수하나 흡수 및 흡습성, 내열성, 내화성, 보존성 등의 요구성능은 아주 부족하여 사용처에 많은 제약을 받는다.

③ 비닐류 : 내유, 내알칼리, 작업성 등의 일부 요구성능만 우수하다.

④ 바닥깔개류 : 흡음, 단열, 장식성 등의 일부 요구성능만 우수하다.

이상에서 기술한 바닥재료의 특징에서 알 수 있는 바와 같이 모든 요구성능을 만족시키는 재료는 없다고 볼 수 있으며 따라서 요구성능에 근접하는 성능의 항목이 많을수록 광범위하게 사용할 수 있는 재료이고 항목의 수가 적을수록 사용장소가 제한되는 재료라는 것을 알 수 있다.

2) 벽 및 벽 마감 재료

벽은 실내공간을 에워싸는 수직적인 요소이며, 공간의 형태와 크기를 결정하는 요소로 실내건축물의 마감부위 중에서 가장 많은 면적을 차지하고 또한 시선이 가장 많이 머무는 곳이다. 바닥에 비해 접촉빈도도 그리 높지 않고 마감재료의 종류도 다양하기 때문에 재료선택의 자유도가 크다.

건축에서의 벽재료는 내용적 성능과 기능적 성능을 우선적으로 고려해야 하지만 실내건축에서는 시각적인 면과 심리적인 면을 고려한 분위기연출에 더 치중하기 때문에 벽 마감재료의 요구성능은 감각적 성능의 비중이 크다고 할 수 있다. 따라서 벽의 마감재료는 공간의 용도, 공간의 성격, 공간의 크기 등을 고려한 후 재료의 종류, 색채, 질감 등을 선택해야 한다.

표. 1 - 6 일반적인 벽 마감재료의 사용 예

구 분		사 용 예
종 류	제 품	
목재 및 목재 가공품	판재	실내벽 및 실외벽
	화장합판	현관홀, 복도, 거실, 침실, 주방 등
	표면치장 보드류	현관홀, 복도, 거실, 침실, 주방 등
	코펜하겐 리브	강당, 공연장 등 음의 조절이 필요한 공간
	코르크판, 섬유판	흡음이 요구되는 공간
석재 및 인조석	대리석	현관, 욕실, 거실벽 등의 실내
	화강암	현관 및 욕실, 기타 외부와 연결되는 벽
	테라조	실내외 벽
점토제품	벽돌류	실내외 벽
	타일	현관, 복도, 외벽, 내벽 등 용도에 맞는 타일 선택
기 타	미장재	실내외 벽
	도장재	우수에 자주 접하지 않는 실내외벽
	벽 지	거의 모든 공간의 실내벽

표. 1 - 7 종류별 벽 마감재료의 요구성능

구분	색채	패턴 손성	내오	흡음	단열	내화	내수	감촉
치장합판, 섬유판류	×	△	○	△	○	×	△	○
목재 및 목재가공품	△	○	△	○	○	×	△	○
석재, 인조석, 벽돌	○	○	○	×	△	○	○	×
타 일 류	○	○	○	×	×	○	○	△
플라스틱 제품	○	○	△	×	×	×	△	△
미 장 재	○	○	△	×	△	○	△	△
도 장 재	○	○	△	×	×	×	×	△
금속판류	○	○	○	×	×	△	○	△
벽지	○	○	×	△	×	×	△	○

※ ○ : 우수, △ L 보통, × : 불량

3) 천장 및 천장마감 재료

천장은 바닥과 같이 실내공간을 구성하는 수평적인 요소로 바닥이나 벽과는 달리 접촉빈도는 거의 없어 마감재료에 요구되는 성능의 정도는 바닥과 벽에 비하여 비교적 낮다. 그러나 상부의 구조를 감추고 실내의 미관을 높이는 이외에 음, 빛, 열 및 습기환경을 조절하는 등 중요한 역할을 하므로 쾌적한 실내공간을 조성하기 위해서는 이와 같은 천장의 역할

그림 1-2 벽마감 재료

을 경시할 수는 없다.

천장마감재료의 요구성능도 벽 마감 재료의 요구성능과 거의 같으나 재료를 선택할 때는 단열, 차음 등의 환경적인 요소를 함께 고려해야 한다.

그림 1-3 천장마감 재료

※ ○ : 우수, △ L 보통, × : 불량

표. 1 - 8 종류별 천장마감재료의 요구성능

구분	색채	패턴 손성	내오	흡음	단열	내화	내수	감촉
치장합판, 섬유판류	×	△	○	△	○	×	×	○
목재 및 목재가공품	△	○	△	○	○	×	×	○
플라스틱 제품	○	○	△	×	×	×	×	△
미 장 재	○	○	△	×	△	○	○	△
도 장 재	○	○	△	×	×	×	×	△
금속판류	○	○	○	×	×	△	○	△
벽지	○	○	△	△	×	×	×	○

표. 1 - 9 일반적인 천장마감재료의 사용 예

구 분		사 용 예
종 류	제 품	
목재 및 목재 가공품	판 재(板 材)	실내천장 및 우수에 접하지 않는 실외 처마부분
	화장합판	습기 및 물에 접하지 않는 실내의 천장
	표면치장 파티클 보드 및 섬유판	습기 및 물에 접하지 않는 실내의 천장
	코르크판, 섬유판	흡음이 요구되는 공간
플라스틱		모든 공간의 실내의 천장
금속가공품		상업공간의 실내의 천장
기 타	미장재(美匠材)	실내외 천장
	도장재(塗裝材)	우수에 자주 접하지 않는 실내의 천장
	벽 지(壁 紙)	거의 모든 공간의 실내의 천장

제 2 장
실내건축재료(室內建築材料)

2.1 목재(木材) 및 가공품(加工品)

2.1.1 개요(槪要)

목재는 건축과 실내건축용 재료로서 오랜 세월을 중요한 구조재 및 수장재의 역할을 담당하여 왔지만, 근래에 철근 및 콘크리트 등의 구조재료가 출현함으로 인해 구조재의 역할은 줄어들고 장식재 및 수장재 등으로 용도가 옮겨가는 추세이다. 목재는 강도 및 내구성이 크고, 건조와 습윤으로 인한 수축팽창이 작으며, 내부식성이 크고 충해에 대한 저항성이 큰 것을 사용해야 하는 구조목공사(構造木工事)용 재료와 무늬 및 결이 아름다우며 뒤틀림이 작고 내마모성이 큰 것을 사용해야 하는 굽도리, 판벽, 걸레받이, 문틀선, 창호, 바닥마무리 등 모든 실내장식을 겸하는 수장목공사(修裝木工事 : 실내의 치장을 위한 부재로 수장재, 창호재, 가구재를 총칭한 것)용 재료로 대별된다. 일반적으로 목재는 비중에 비해 인장강도, 휨강도, 압축강도가 크고 열전도율이 낮아 보온, 방한, 방서성이 뛰어나며 가공성이 우수하고, 외관이 아름답다.

또한 재료의 선택, 공법의 조밀차를 자유롭게 할 수 있으며 생산 및 공급이 풍부한 장점이 있다. 반면에 가연성 재료로 비내화적이고, 건조습윤으로 인한 수축, 팽창과 충해를 받기 쉬우며 목재조직의 방향성과 목재 자체의 부분적 조직의 결함(옹이, 썩음, 갈램, 껍질 박이, 송진구멍 등)을 갖고 있다.

목재는 상기한 바와 같이 장점도 많은 반면에 단점도 적지 않으며 장점은 살리고 단점을 보완하여 만든 합판, MDF, 파티클 보드, 집성목재 등의 목재가공품은 실내건축공사에서 가장 흔하게 사용되는 재료가 되었고 구조재, 바탕 구성재, 마감재 등 다용도로 활용된다.

그림 2.1-1 구조용 목재

2.1.2 목재의 종류, 재질 및 용도

목재는 성장에 의하여 외장수(外長樹 : 길게 뻗어나감과 동시에 수간의 횡단면에 연륜이 형성되며 비대 성장하는 수종 - 육송, 해송, 삼송나무, 전나무, 낙엽송, 잣나무 등 주로 구조용재로 사용되는 침엽수와 밤나무, 느티나무, 오동나무, 참나무, 은행나무, 느릅나무, 등 주로 치장재 및 가구재로 사용되는 활엽수로 나누어진다.)와 내장수(內長樹 : 길게만 성장할 뿐 수간의 횡단면에 연륜이 형성되지 않는 수종 - 대나무, 야자나무 등)로, 재질에 의하여 연목재(軟木材 : soft wood)와 경목재(硬木材 : hard wood)로, 용도에 의하여 구조용재와 장식용재로 구분할 수 있다.

그림 2.1-2 장식용 목재

표. 2.1-1 대표적인 국내산 침엽수의 재질 및 용도

수종	산 지	재 질	용도
소나무(陸松, 赤松)	전 국	가공성, 탄력이 좋음, 뒤틀림이 심함.	구조재
리기다 소나무 (美國三葉松)	전 국	나무결이 곧음, 강도가 약하고 가벼움. 수축성 이 매우 작음.	수장재 창호재
잣나무 (홍송 : 五葉松)	전국 (전라도 제외)	가볍고 연함, 나무결이 곧고 수축성이 작음, 강도가 약함.	수장재 창호재
전나무(杉松)	전 국	비중이 작고 강도가 매우 약함, 변형이 크고 내습성이 작음.	가구재 수장재
솔송나무(鐵杉)	경 북 울릉도	재질이 치밀하고 윤택이 있음. 내수, 내습, 내구력이 큼.	구조재 수장재
낙엽송(落葉松)	전 국	재질이 곧고 내구성이 큼, 강도가 약함. 탄력성이 큼,	구조재
비자나무(榧子木)	남부	재질이 치밀하고 탄성이 있음, 내수, 내습, 내구성이 큼.	조각재 수장재

표. 2.1-2 대표적인 외국산 침엽수의 재질 및 용도

수종	산 지	재 질	용도
미국삼나무 (Red wood)	북미의 중북부	결이 곧고, 재질이 연해 가공성이 우수함. 강도, 내구성 우수.	가구재 수장재
미송(Douglas Fir Oregon pine)	미 국 캐나다	결이 곧고 가벼우며 재질이 우수하고 내구성이 크다.	구조재 수장재
미국전나무 (Spruce)	북 미 캐나다	표면이 조밀하고 결이 곧으며 광택이 있고 가벼움.	수장재 악기재
미 솔송나무 (Hemlock Fir)	알래스카 남가주	표면이 조밀하고 아름답다. 내구성은 작으나 재질이 굳다. 침목, 펄프의 원료.	수장재 구조재
미 노송 (Yellow cypress)	북 미	결이 곧고 내구성이 크다	구조재 침 목

표. 2.1-3 대표적인 국내산 활엽수의 재질 및 용도

수종	산지	재질	용도
버드나무	전 국		가구재 수장재
박달나무 (朴達木, 檀木).	전 라 황 해	비중 및 수축성이 큼, 강도가 매우 크고 비틀림이 적음.	수장재 가구재
너도 밤나무 (山毛榉)	경 북 울릉도.	재질이 치밀, 단단하며 가벼움	수장재 창호재
밤나무(栗木)	전 국	가볍고 연함, 강도는 약하나 내구성 및 내수성은 큼	가구재 수장재
느티나무	황해 이남 전 국	비중 및 강도가 크고 결이 아름답다. 내구성, 내습성 큼. 수축 및 변형이 작음.	수장재 가구재
오동나무(梧桐)	전 국	가볍고 연함. 방습, 방충성이 있음. 변형이 작고 결이 아름다움.	가구재 수장재

표. 2.1-4 대표적인 외국산 활엽수의 재질 및 용도

수종	산지	재질	용도
적나왕 (Red Lauan)	열 대 아시아	비중이 작고 가공이 용이하며 접착성이 우수함. 내구성 작음. 합판용, 창호재.	가구재 수장재
백나왕 (White Lauan)	열 대 아시아	재질 및 용도는 적나왕과 비슷하나 장식적 가치가 적음.	가구재 수장재
티크(Teak)	태국 인도, 미얀마	결이 곧고 수축성, 흡수율이 작음. 내구성 큼. 고급 가구용, 조각용.	수장재 가구재
마호가니 (Mahogany)	중남미	재질이 치밀하고 견경함. 색채, 광택이 미려함.	수장재 가구재
오크(Oak)	미 국	비중이 크고 견경함.	수장재 가구재
월넛(Walnut)	미 국	강인하며 결이 아름답고 광택이 있다. 가공이 쉽고 내구성이 큼.	수장재 가구재
흑단(Ebony)	인도, 태국 필리핀,	강도, 내구성 매우 큼. 재질이 미려함. 조각재, 공예품재.	가구재 수장재

그림 2.1-3 곧은결 무늬목

그림 2.1-4 널결 무늬목

2.1.3 목재 가공품(加工品) 및 목공사용 재료

실내건축공사에 흔히 사용되는 목재 가공품에는 합판, 섬유판, 마루판, 파티클 보드, 집성목재 등이 있으며, 목재 및 목재 가공품은 아니지만 공정상 목공사에서 처리해야 하는 목공사용 재료에는 석고보드, 불연보온단열재, 불연천장판 등이 있다.

그림 2.1-5 무늬결 무늬목

그림 2.1-6 무늬목 화장합판

그림 2.1-7 멜라민 화장합판

그림 2.1-8 플로링 보드

그림 2.1-9 플로링 블록

그림 2.1-10 쪽매널

1) 합판(plywood)

벽, 천장, 바닥의 바탕재나 마감재로 사용되며 보통합판과 특수합판으로 분류된다.

(1) 보통합판

주로 치장을 위한 바탕재로 사용된다. 접착형식에 따라 내수합판, 준내수합판, 비내수합판으로 구분하고 판 면의 품질에 따라 1급, 2급, 3급 합판으로 분류한다.

(2) 특수합판

보통합판과는 다르게 표면처리를 하여 마감재로 사용할 수 있게 하거나 특수한 성능을 부여한 합판으로 그 종류는 다음과 같다.

표. 2.1-5 특수합판의 종류 및 용도

구분		내용	용도
화장합판	무늬목 화장합판	표면에 무늬가 아름다운 괴목, 미송 등의 얇은 단판을 붙인 합판	마감재
	멜라민 화장합판	표면에 종이 또는 섬유질 재료를 멜라민수지와 결합하여 입힌 합판	마감재
	폴리에스테르 화장합판	폴리에스테르수지를 사용한 것으로 합판표면에 오버레이 가공한 합판재	마감재
	염화비닐 화장합판	표면에 염화비닐수지 시트 또는 필름을 오버레이 가공을 한 합판	마감재
	프린트 합판	표면을 인쇄 가공한 합판	마감재
방화합판 및 방부합판		합판에 방화제 및 방부제를 침투시킨 합판	방화, 방부

2) 마루판(flooring)

무늬가 아름다운 참나무, 단풍나무, 미송 등을 이용, 인공건조한 판재로 만든 제품으로 규격 및 가공방법에 따라 다음과 같이 구분하며 질감과 색상, 촉감 등이 우수한 바닥마감재료이다.

표. 2.1-6 마루판의 종류

종 류	내 용
플로링 보드 (fooling board)	재질이 굳고 무늬가 아름다운 참나무, 미송, 단풍나무 등을 사용하여 만든 판재를 표면은 상대패 마감하고 양측면을 제혀쪽매로 하여 접합을 편리하게 한 것으로 두께 9㎜, 나비 60㎜, 길이 600㎜ 정도가 많이 사용된다.
플로링 블록 (flooring block)	플로링 길이를 그 나비의 정수배로 하여 3장 또는 5장씩 붙여서 정사각형으로 만든 것으로 4면을 제혀쪽매로 가공한다.
쪽매널 (wood mosaic)	무늬가 아름다운 참나무, 자단, 흑단, 느티나무 등을 작게 모양을 내서 잘라 맞춘 것으로 마루널(바탕널) 위에 붙여 깐다.
파키트리 보드 (parquetry board)	두께 9~15㎜, 나비 60㎜, 길이는 나비의 3~5배로 한 것으로 제혀쪽매 및 상대패로 마감한 판재이다.
파키트리 패널 (parquetry panel)	두께 15㎜의 파키트리 보드를 4매씩 조합, 24cm角板으로 만든 판재이다.
파키트리 블록 (parquetry block)	파키트리 보드를 3~5매씩 조합, 18㎝각이나 30cm角板으로 만들어 방습처리 한 것이다.

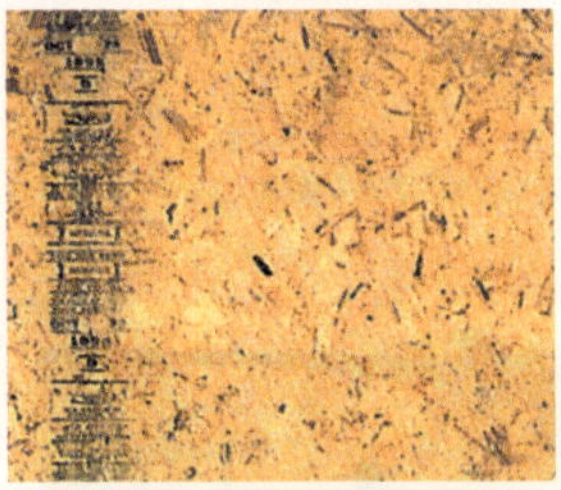

그림 2.1-11 O.S.B

그림 2.1-12 집성목재

3) 건축판류

MDF, 파티클 보드, 석고보드 등을 건축판이라 하며 벽 및 천장의 바탕재로 주로 사용한다.

표. 2.1-7 건축판의 종류

종 류	내 용
MDF(medium density fiber board)	톱밥을 압축가공해서 목재가 가진 리그닌(lygnin)단백질로 목재섬유를 고착시켜 만든 섬유판의 일종으로 중밀도섬유판이라고도 하며 정확한 마감이 요구되는 실내건축공사의 바탕용으로 많이 사용된다.
파티클 보드 (particle board), 파티클 보드 치장판(dressed particle board)	파티클 보드는 목재 또는 식물질을 절삭 또는 파쇄하여 소편(particle)으로 만들고 합성수지 접착제를 첨가하여 열압 제판한 보드로 칩 보드(chip board)라고도 한다. 변형이 적고 음 및 열의 차단성이 우수하여 상판, 칸막이 벽, 가구 등에 이용된다. 파티클 보드 치장판은 보드의 표면을 아름답게 치장한 것으로 표면의 치장층 및 치장방법에 따라 단판처리, 플라스틱 처리, 도장 파티클 보드 치장판으로 구분한다.
석고 보드 (gypsum board)	소석고를 주원료로 하고 이것에 혼화제를 넣은 물로 반죽하여 보드용 원지 사이에 넣어 판상으로 제조한 제품으로 실내건축의 마감공사에 사용되는 일반 석고보드가 대표적이며, 성능에 따라 방화, 방수, 미장석고 보드로 분류할 수 있다.
Lumber Core Plywood	목재의 단판 사이에 각재를 심재로 사용한 보드로서 강도는 크나 중량이 많이 나간다. 내장용재나 가구재로 사용한다.

그림 2.1-13 목재문틀 및 창틀

그림 2.1-14 코펜하겐 리브

그림 2.1-15 쇠시리

그림 2.1-16 무늬목

그림 2.1-17 계단 구성재

그림 2.1-18 걸레받이

4) 기타 목재 가공품 및 목공사용 재료

표. 2.1-8 기타 목재 가공품

종 류	내 용
O.S.B(Oriented Strand Board)	길고 얇은 나무 조각들(aspen)을, 표면 층은 보드방향으로 심층은 보드의 횡 방향으로 배열시키고, 내수수지로 압착가공한 보드이다. 밀도와 강도가 높다. 내장용, 외장용으로 사용한다.
집성목재(glue-laminated timber)	두께 1.5~3㎝의 판재를 접착제로 섬유평행방향으로 겹쳐붙여 만든 제품으로 목재의 강도를 자유롭게 조절할 수 있으며, 응력에 따라 필요한 단면을 자유로이 만들 수 있고, 표면마감을 자유롭게 처리할 수 있어 목구조의 보, 기둥, 아치, 트러스 등의 구조재료로는 물론 계단의 디딤판, 노출된 서까래, 가구용 등의 장식용으로도 사용된다.
코펜하겐(copenhagen rib)	리브코펜하겐 방송국의 벽에 음향효과를 내기 위해 최초로 사용한 것으로 두께 50㎜, 나비 100㎜정도의 긴 판재의 표면을 리브로 가공하여 집회장, 강당, 영화관, 극장 등의 천장 또는 내벽에 붙여 음향조절의 효과 및 장식의 효과를 주는데 주로 사용한다.
코르크 보드(cork board)	코르크나무 표피를 원료로 하여 분말을 만들고 톱밥, 삼, 접착제 등을 첨가하여 열압제판한 제품으로 비중이 작고 탄성, 단열성, 흡음성 등이 우수하여 보온재 및 흡음재로 많이 사용된다.
쇠시리(moulding) 및 걸레받이	원목이나, MDF 등을 사용하여 만든 제품으로 천장과 벽, 벽과 바닥 모서리 부위의 마감에 사용한다.
무늬목(wood grain)	색상과 결이 아름다운 목재를 얇게 켠 것으로 석고보드나 합판의 표면에 접착제를 사용, 가열가압 부착시켜 표면을 아름답게 장식할 때 사용한다. 홍송, 버드나무, 미송, 티크(teak), 마호가니(mahogany), 오크(oak), 월넛(walnut), 흑단(ebony) 등 이 대표적이다.
불연보온 단열재	규산칼슘계의 광석을 고온으로 용융시켜 만든 것으로 원료자체가 무기질이므로 불연재료로 많이 사용된다. 불연성, 발수성, 단열성, 흡음성 및 시공성이 우수하다. 제품으로는 유리면 보드(glass wool board), 암면 보온판 등이 있다.
불연 천장재	석고, 시멘트 등의 무기질 재료를 주원료로 하여 성형한 천장재로 불연성이다. 제품(시중 상품명)으로는 아스칼 텍스, 아미텍스, 나무 라이트, 아미텍스 유공판, 석고텍스 등이 있다.
대나무 및 가공품	죽(竹)재는 쪼개기 쉽고 강도 및 탄력성이 큰 재료로 예로부터 수장재 및 가구재로 많이 사용되어 왔다. 근래에는 그 수요 및 용도가 감소되는 추세였으나 가공기술 및 접착제의 성능향상으로 인해 대나무를 사용하여 만든 플로링 보드류도 선보이고 있다.

2.1 석재(石材) 및 가공품(加工品)

2.2.1 개요(概要)

석재는 실내건축공사에서 주로 바닥 및 벽의 마감재로 사용되는 대표적인 천연산 마감재 중의 한가지로 그 종류로는 화강암, 대리석, 사암 등이 있다.

강도가 크고 외관이 다양한 화강암은 실내외의 마감재와 구조재로 사용되고, 외관과 색조가 아름다운 대리석은 내후성이 약해 실내 마감용으로 주로 사용된다. 실내건축용 석재의 중요한 요구조건으로는 강도, 경도, 시공성, 내구성, 재질 및 색감, 채석의 용이도, 가공성 등이 있으나 이들 조건을 만족시키는 석재는 그리 많지 않다.

일반적으로 석재는 불연성이고 내마모성 및 압축강도가 크며, 내수성, 내구성, 내화학성이 풍부하고 또한 종류가 다양하여 동일종류의 석재라도 산지나 조직에 따라 각각 다른 외관과 색조를 나타내며 외관이 장중하고 조직이 치밀한 것은 연마하면 광택이 나는 장점이 있다. 반면에 거의 모든 석재가 비중이 크고 가공성이 나쁘며, 인장강도가 극히 작고 취도계수(脆度係數)가 크다. 또한 화열(火熱)에 닿으면 화강암 등은 석영분의 팽창으로 균열이 생기거나 파괴되며, 석회암이나 대리석 등은 강도가 저하되는 단점이 있다.

그림 2.2-1 석재의 사용예

2.2.2 대표적인 석재

(1) 화강암(花崗岩 : granite)

화강암은 재질이 단단하고 내구성 및 강도가 크며 외관이 수려하고절리의 간격이 비교적 커서 큰 판재를 생산할 수 있는 장점이 있으나 내화도가 낮은 단점을 갖고 있다. 대리석을 비롯한 다른 석재와 비교하여 흡수성이 적고 압축강도가 높아 아치, 토대, 기둥, 실내외 마감재로 널리 사용되며 국내에서도 우수한 화강암이 많이 생산되고있다.

(2) 대리석(marble)

조직이 치밀, 견고하고 색채와 반점이 아름답다. 표면을 연마하면 광택이 나며 산과 열에 약한 것이 단점이다. 주로 실내장식재로 사용되며 수입산은 대부분 이탈리아가 산지이고, 국내산으로는 강원도 정선석 및 충북산 백석이 유명하다.

표. 2.1-1 국내산 대리석 분포현황

산지명	석재명	분포지역	색상 및 외관	용 도
강원도	임계석	정선, 임계	담적색~회백색, 담회색 바탕 갈색무늬	내벽, 바닥, 계단 등의 내장마감용 재료로주로 사용한다.
	황룡석	삼척, 하장	담황색	
	철암석	태백, 철암	회색~담황색	
	정선석	정선	담황색 바탕 갈색무늬	
충 북	백 석	중원, 살미	백색	
	광덕석	괴산, 문광	담회색 바탕 녹색, 회백색 바탕 흑색	
	백운석	단양, 백운	백색~담록색	
전 북	무주석	무 주	백색~회백색	
	전주석	전 주	백색 바탕 갈색 무늬	
전 남	공작석	강진, 명창	담회색 바탕 갈색 무늬	
경 북	영천석	영천, 화북	청록색 바탕 회백색 반점	

그림 2.2-2 국내산 대리석(정선석)

거창석　　포천석　　문경석

그림 2.2-3 국내산 화강암

그림 2.2-6 대리석 가공품

표. 2.1-2 외국산 대리석의 명칭 및 산지

석재 명칭	산 지	색상 및 외관	용 도
PERLINO BIANCO	이탈리아	아이보리	내벽, 바닥, 계단 등의 내장마감용 재료로주로 사용한다.
ROSSO VERONA	이탈리아	담적색 바탕 황갈색 반점	
RED MARBLE	이탈리아	적색	
NERO MARQUINA	이탈리아	청흑색 바탕 청회색 무늬	
ROSATO	이탈리아	아이보리 및 담갈색	
BOTTICINO	이탈리아	아이보리	
CREMA MARFIL	이탈리아	아이보리	
SERPEGGIANTE	이탈리아	베이지	
ROSA AURORA	포르투칼	백색바탕 핑크무늬	
RED TRAVERTINE	이 란	주홍바탕 오렌지무늬	
SIVIC WHATE	유 고	흰색바탕 회색반점	

그림 2.2-4 외국산 대리석

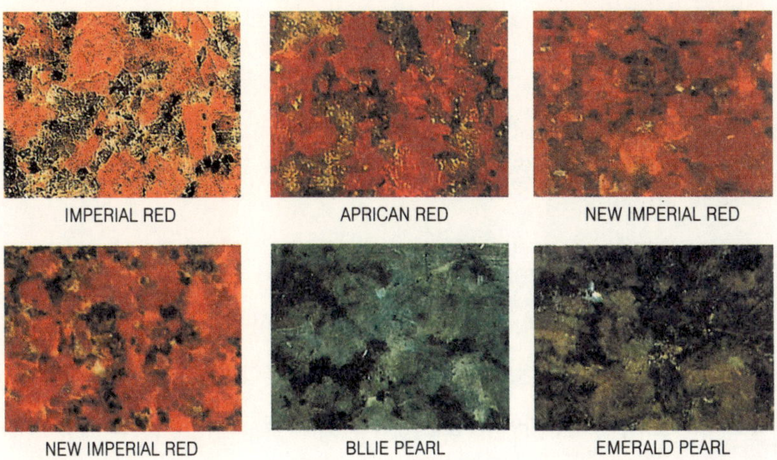

그림 2.2-5 외국산 화강암

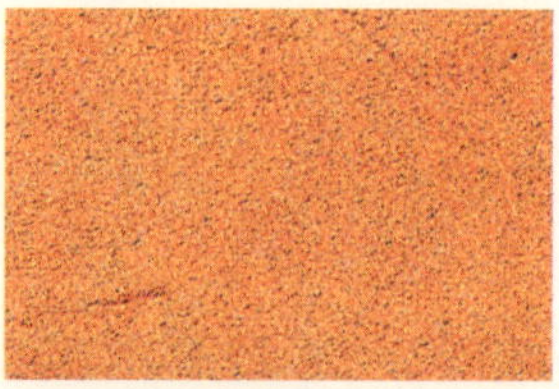
그림 2.2-7 석회암

그림 2.2-8 사암

그림 2.2-9 화산암

그림 2.2-10 사문암

그림 2.2-11 점판암

(3) 사암(砂岩 : sand stone)

다소 거친 독특한 질감과 무늬 및 색상을 갖고 있다. 함유광물의 성분에 따라 암석의 질, 내구성, 흡수율, 강도에 현저한 차이가 있으며,실내장식용으로는 연질의 것을 사용하고, 표면을 연마하지 않은 쪼갠상태 그대로 사용한다.

(4) 점판암(粘板岩 : clay stone)

천연슬레이트라고도 하며, 층상으로 되어 있어 얇은 판으로 채취할 수 있다. 흡수성이 적어 기와대용 지붕재나 타일대용 바닥재로 사용된다.

(5) 석회암(石灰岩 : lime stone)

석질은 치밀하나 내산성, 내화성이 부족하고 내후성이 낮다. 주로 시멘트의 원료로 사용되지만 입자가 곱고 색상이 부드러운 일부의 것은 실내외 장식재로도 사용한다.

(6) 트래버틴(travertin)

대리석의 일종으로 석질이 불균일 하고 다공질이다. 황갈색의 반문과 아치가 아름다우며 대리석과 같은 용도로 사용된다.

(7) 사문암(蛇紋岩 : serpentine)

암록색 바탕에 흑백색의 무늬가 아름답고 거의 대리석과 같은 용도로 사용된다.

2.2.3 인조석(人造石) 및 석재제품

(1) 테라조 타일(terrazzo tile)

테라조 타일은 대리석, 사문암, 화강암 등의 종석을 골재로 하여 포틀랜드 시멘트 또는 백색 포틀랜드 시멘트에 착색제를 혼합하여 표면 층을 만들고, 뒷면 층은 골재를 사용하여 성형한 정사각형의 타일로서 바닥재로 사용한다.

(2) 인조석판(人造石板 : artificial stone board)

대리석, 사문암, 화강암 등의 쇄석을 백색 포틀랜드 시멘트에 안료를 섞어 바른 후 바이브레이터로 다져 성형한 천연석의 모조품으로 천연석의 단점을 보완, 원가의 절감이나 가공의 어려움을 극복하기 위해 만든 제품이다. 인조석판은 종석의 종류에 따라 모조석판과 테라조판으로 분류하며 천연석보다 다양한 제품과 균질의 것이 생산된다.

그림 2.2-12 인조석판

(3) 수지계 인조석

결합제로서 시멘트를 사용하지 않고 폴리에스테르수지나 에폭시수지를 사용하여 제조한 것으로 열경화성이다. 압축강도, 수밀성, 방수성, 내마모성, 내산성 등은 우수하나 내열성이나 내화도는 낮다. 주로 테이블류의 상판에 사용된다.

그림 2.2-13 수지계 인조석

그림 2.3-1 점토제품의 사용 예

2.3 점토소성 제품(粘土燒成 製品)

2.3.1 개요(槪要)

점토제품은 점토를 주원료로 하고 물로 반죽하여 소요의 용도에 맞는 형상으로 성형시킨 후 소성한 제품을 말하고, 대표적인 점토제품으로는 점토벽돌, 테라코타, 타일, 위생도기 등이 있다. 점토소성제품은 실내건축공사에서 다용도로 사용되는 중요한 재료이다.

표. 2.3-1 점토제품의 분류

종 류	소성온도 (℃)	소 지		투 명 정 도	건축재료	비 고
		흡수성	색			
토 기 (土器)	790~1,000	크다	유색	불투명	기 와, 보통벽돌	보통점토를 원료로 사용
도 기 (陶器)	1,100~1,230	약간 크다	백색 유색	불투명	타 일	도토를 원료로 사용
석 기	1,160~1,350	작다	유색	불투명	클링커 타 일	유기질이 포함되지 않은 양질의 점토
자 기 (磁器)	1,230~1,460	아주 작다	백색	반투명	타 일, 위생도기	양질의 점토, 장석분을 원료로 사용

2.3.2 벽돌제품(壁乭製品)

그림 2.3-2 보통 벽돌

(1) 보통벽돌(普通壁乭 : common brick)

보통벽돌은 진흙을 빚어 소성하여 만든 벽돌로서 완전연소로 구운 적벽돌과 불완전연소로 구운 검정벽돌이 있다. 적벽돌은 주로 외벽의 치장벽돌로 사용되며, 검정벽돌은 실내의 치장벽돌로 사용된다.

그림 2.3-3 경량 벽돌

(2) 경량벽돌(輕量壁乭 : light weight brick)

저급점토, 목탄가루, 톱밥 등을 혼합하여 성형한 후 소성하여 만든 다공질 벽돌과 벽돌의 중량을 감소시킬 목적으로 벽돌내부에 구멍을 낸 구멍벽돌이 있다. 주로 간막이용 벽돌로 사용된다.

그림 2.3-4 검정 벽돌

(3) 내화벽돌(耐火壁乭 : fire brick)

내화도가 높은 내화점토로 만든 벽돌로 부뚜막, 굴뚝, 보일러실 안 벽 쌓기에 사용된다.

(4) 특수벽돌(特殊壁乭 : special brick)

특수한 용도를 가진 벽돌을 특수벽돌이라고 하며, 일반적으로 사용하는 보통벽돌보다 형상, 치수, 빛깔, 원료가 약간 다르다.

표. 2.3-2 특수벽돌의 종류

종 류	특징 및 용도
검정벽돌 (black brick)	흙벽돌이라고도 하며, 불완전연소로 소성하여 빛깔이 검게 된 벽돌이다. 치장용으로 사용한다.
이형벽돌 (異形壁乭) (special brick)	형상, 치수가 보통벽돌의 규격에 정한바와 다른 형상의 벽돌로서 특수한 장소에 사용한다. 아치벽돌, 원형벽돌, 둥근모벽돌, 팔모벽돌 등이 있다.
오지벽돌 (salt glazed brick)	벽돌의 길이나 마구리면에 오지물(유약)을 칠해서 구운 치장벽돌로 건물의 내외부 치장재로 사용한다.
포도(鋪道)용 벽돌 (pavement brick)	도로나 바닥 포장용으로 사용하는 두꺼운 벽돌로 흡수율이 적고 내마모성 및 압축강도가 크다.

그림 2.3-5 화강암 타일

그림 2.3-6 대리석 타일

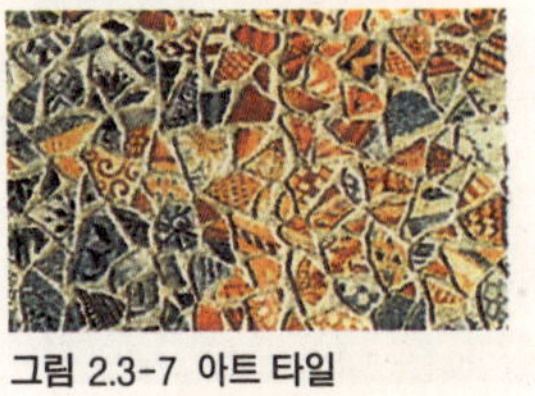

그림 2.3-7 아트 타일

2.3.3 타일(Tile)

바닥 및 벽의 마감재로 주로 사용되는 타일은 점토 또는 암석의 분말을 성형한 후 소성하여 만든 박판제품(薄板製品)을 총칭한 것이다.

1) 타일의 분류

표. 2.3-3 용도에 의한 타일의 분류

분류	형 상 및 용 도	재 질
외장용 타일	건물의 외벽에 주로 사용되는 중형 및 대형타일	자기, 석기질
내장용 타일	건물의 내벽에 주로 사용되는 중형타일	자기, 석기질
바닥용 타일	5.4㎝각 이상의 타일로 계단의 논슬립 타일 포함.	자기, 석기질
모자이크타일	내외벽, 바닥에 사용되는 5.4㎝각 이하의 소형타일	자기질
특수용 타일	상기 이외의 명칭이 붙어있는 타일	

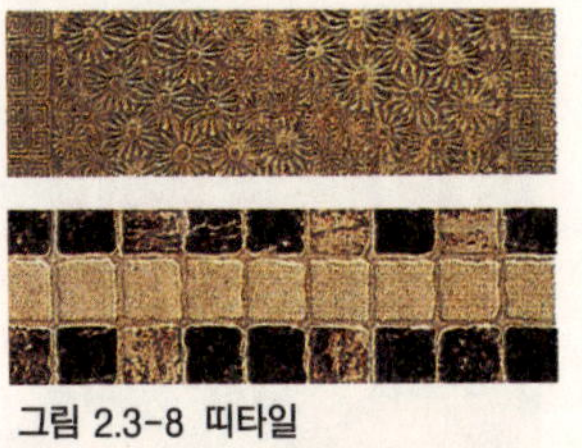

그림 2.3-8 띠타일

그림 2.3-10 border tile

그림 2.3-10 특수용도 타일

그림 2.3-11 전통문양 타일

그림 2.3-12 모자이크 타일

그림 2.3-13 표면처리 타일

표. 2.3-4 타일의 형상에 의한 분류

구 분	종 류
일반적인 타일	정사각형, 직사각형, 정육각형, 팔각형 등.
표면처리 타일	스크랫치 타일(scratch tile), 태피스트리 타일(tapestry tile), 천무늬 타일, 클링커 타일(clinker tile)
특수형상 타일	보더 타일(boder tile), 모자이크 타일(mosic tile), 둥근모 타일, 볼록 타일, ㄱ자형 타일, 면접기 타일 등.
특수용도 타일	창인방용 타일, 창대용 타일, 논슬립(non-tile)

2) 타일의 용도

타일은 종류와 형상 및 용도에 따라 외부용, 내부용 또는 벽과 바닥용으로 구분한다.

(1) 내벽용(內壁用) 타일

건물의 내벽에 사용되는 타일로, 흡수성이 약간 있고 외기에 대한 저항력이 작은 도기질, 반자기질이 주로 사용된다.

(2) 외벽용(外壁用) 타일

건물의 외벽에 사용되는 타일로, 흡수율이 낮고 강도가 큰 자기질이나 석기질이 주로 사용된다.

(3) 바닥용 타일

흡수성이 거의 없고 경질이며, 내마모성이 큰 자기질이나 석기질이 사용된다.

(4) 특수용도 타일

미끄럼막이로 계단의 디딤판 끝 부분에 사용되는 논슬립 타일(non slip tile)과 창 인방용 타일(물끊기 홈이 있는 것), 창대용 타일 등이 있다.

(5) 면처리 타일

타일표면이 긁힌 모양으로 외장용으로 주로 사용하는 스크랫치 타일

(scratch tile), 고온으로 소성한 타일로 표면에 요철(凹凸)무늬가 있으며 외부바닥에 주로 사용하는 클링커 타일(clinker tile), 직물의 질감을 표현한 태피스트리 타일(tapestry tile), 천무늬 타일 등이 있다.

(6) 특수형 타일

표. 2.3-5 특수형 타일의 종류

구 분	특징 및 용도
보더 타일 (border tile)	가늘고 길게 된 봉형(棒形)의 시유제품으로 걸레받이나 징두리용으로 사용된다.
모자이크 타일 (mosaic tile)	4㎝각 이하의 소형타일로 30㎝각 huttorn paper에 줄눈을 미리 나누어 붙인 상태로 판매된다.
아트(art) 모자이크 타일	모자이크 타일 중에서 11㎜각 이하의 극히 작은 타일로 무늬모양이나 회화 등을 표현할 때 사용된다. 라스 모자이크(lath moasic)라고도 한다.
논슬립 타일 (nonslip tile)	미끄럼막이용으로 계단의 디딤판 끝 부분에 사용된다.
기타	둥근모 및 볼록타일, 모서리용 타일 등이 있다.

2.3.4 테라코타(Terra-cotta)

테라코타란 이탈리아어로 "구운 흙"이란 뜻으로, 도토(陶土), 자토(磁土) 등을 반죽하여 형틀에 넣고 성형하여 소성한 속이 빈 대형의 점토제품이다. 일반 석재보다 가벼우며, 압축강도는 화강암의 1/2 정도이다. 또한 화강암보다 내화도가 높으며 대리석보다 풍화에 강하다. 구조용과 장식용으로 구분하며, 구조용은 바닥, 간막이 등에 사용되고, 장식용은 난간벽(扶壁), 주두(柱頭), 돌림대, 창대 등에 사용된다.

그림 2.3-14 테라코타

2.3.5 위생도기(衛生陶器)

위생기구(sanitary fixtures)란 건축물의 급수급탕 및 배수를 필요로 하는 모든 장소에 설치하는 기구의 총칭으로서 급수관과 배수관의 중간에 설치하여 사용한 물 또는 오물을 받아 배수관으로 흘려 보내는 역할을 하는 장치를 말하며, 대변기, 소변기, 세면기, 수세기, 청소수채, 식음료기

그림 2.3-15 위생도기

등이 있다. 위생기구는 청결을 요하는 곳에 설치되며, 또한 물을 사용하는 기구이므로 흡수성이 적어야 하고, 항상 청결을 유지할 수 있어야 하며, 내식성이 우수하고, 제작 및 설치가 간단해야 한다. 이상과 같은 조건을 만족하는 위생기구 재료로는 점토를 소성하여 만든 도기와 스테인리스가 주로 사용되며 일반적으로 도기가 많이 사용된다.

2.4 금속재 및 금속제품(金屬製品)

2.4.1 개요(槪要)

금속재료(金屬材料)는 철, 비철금속 및 이를 사용한 2차제품(가공품)을 주재료로 하여 제조된 기성 금속과 가공 제작한 금속으로 분류할 수 있으며, 건축공사에서는 구조재 및 설비재료로 사용되고 실내건축공사에서는 주로 장식, 손상방지, 도난방지 등의 목적을 위해 사용한다. 본 절에서는 실내건축용으로 사용하는 바탕용 금속재료와 장식용 금속재료에 관해 언급하기로 한다.

2.4.2 철금속(鐵金屬)

금속재료는 철금속과 비철금속으로 크게 분류하며 철금속은 탄소강과 합금강(특수강)으로 다시 분류할 수 있다.

탄소강(炭素鋼)은 탄소함유량에 따라 철, 강철, 주철로 구분하며, 가장 광범위하게 사용된다.

특수강(特殊鋼 : 합금강)은 탄소강에 특수한 성질을 부여하기 위하여 다른 금속을 소량 첨가한 합금강으로 실내건축재료로는 스테인리스강이 가장 많이 사용된다. 스테인리스강(stainless steel)은 탄소량을 적게 하고 크롬, 니켈 등을 함유시킨 합금강으로 내식성이 우수한 특수강이다. 외관이 아름답고 열전도율은 낮으며 전기저항이 작은 반면 강도가 큰 장점으로 창호재, 설비재, 위생 기구재로 널리 사용된다.

그림 2.4-1 철금속 제품

주철(鑄鐵 : cast iron)은 강보다 탄소 함유량을 높인 것으로 강보다 용융점이 낮아 복잡한 형상을 주조하기 쉬운 장점은 있으나 압연, 가단성이 없는 것이 결점이다. 실내건축재료로는 창호철물, 장식철물로 사용된다.

2.4.3 비철금속(非鐵金屬)

비철금속은 철을 함유하지 않은 모든 금속의 총칭이며 동과 알루미늄 및 그 합금이 대표적이다. 주로 실내건축용 장식재로 사용된다.

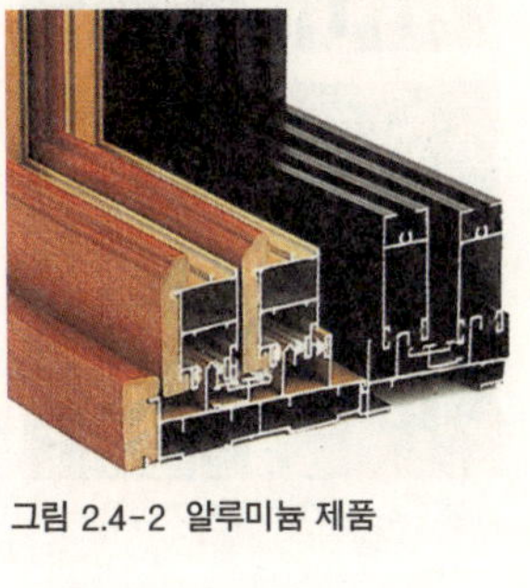
그림 2.4-2 알루미늄 제품

그림 2.4-3 동 제품

1) 동(銅)과 그 합금

동(銅 : copper)은 열전도성, 전기전도성, 가공성, 합금성이 우수하고 외관이 아름다우며 내식성이 풍부하여, 장식철물, 창호철물, 냉.난방 등의 배관재료, 전기재료 등 다용도로 사용되는 재료이다.

황동(黃銅 : brass)은 동(70%)과 아연(30%)의 합금으로 황금색을 띠며 주조성, 가공성, 내식성이 우수한 재료이다. 정첩, 창문의 레일, 장식철물로 사용된다.

청동(淸銅 : bronze)은 동과 주석의 합금으로 빛깔은 청록색을 띤다. 황동보다 내식성 및 강도, 경도가 크고 주조성도 좋다. 외관이 아름다워 장식철물 및 미술공예재료로 사용된다.

2) 알루미늄(aluminium)과 그 합금

알루미늄(aluminium)은 중요 금속중 대표적인 경금속으로 전기 및 열의 전도율이 높고 전성 및 연성이 크며, 비중에 비해 강도가 커 실내건축 및 건축재료로 널리 사용되는 우수한 재료이다. 주로 창호재로 많이 사용된다.

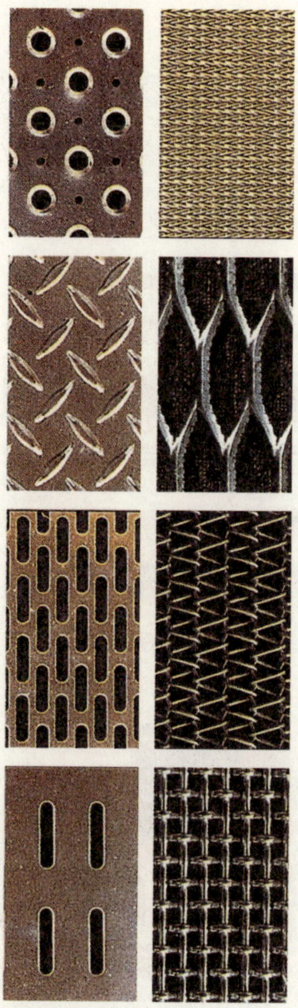

그림 2.4-4 각종 금속 가공품

2.4.4 금속제품(金屬製品)

금속제품은 용도 및 형상 등에 따라 구조용강재, 강판, 강관, 선재, 금속가공 성형품, 긴결 및 고정철물, 수장 및 장식용 제품, 금속창호재, 창호철물 등으로 분류할 수 있다.

1) 철선제품(鐵線製品), 금속성형가공품(金屬成形加工品)

철선제품으로 와이어 라스와 와이어 메시가 대표적이다. 와이어 메시(Wire mesh)는 지름 3.2~4.2㎜(#8~10)의 연강철선을 격자형으로 짜서 격점을 전기용접한 것으로 미장바름이나 인조석 바름시 균열방지용으로 사용되며, 와이어 라스(wire lath)는 철선 또는 아연도금철선을 마름모형, 귀갑형 등으로 그물같이 엮어 만든 철망으로 미장바름의 바탕용으로 사용된다.

금속성형가공제품으로는 두께 0.4~0.8㎜의 박강판에 일정한 간격으로 절목을 내어 옆으로 늘여 만든 메탈 라스(Metal lath)가 대표적이며 미장바름의 바탕용으로 사용된다.

2) 강판(鋼板 : steel plate)

강판은 판상형 강재의 총칭으로 실내건축용으로 사용되는 강판의 종류로는 다음과 같은 것들이 있다.

표. 2.4-1 강판의 종류 및 특징, 용도

구 분	특징 및 용도
아연도금강판(亞鉛鍍金鋼板 : galvanized steel sheet)	강판의 부식을 방지하기 위해 박강판의 표면에 아연도금한 것으로 녹이 슬지 않고 외관미가 있어 지붕재 또는 설비재로 많이 사용된다.
착색아연도금강판(着色亞鉛鍍金鋼板)	아연도금 강판의 표면에 착색한 것으로 지붕 및 외벽재로 사용된다.
무늬강판(무늬鋼板 : chequered steel plate)	강판의 표면에 무늬를 만들어 미끄러짐을 방지하게 만든 강판으로 계단의 디딤판, 공장이나 창고의 바닥재로 사용한다.
스테인리스강판(stainless steel plate)	내식성 및 내마모성이 우수하고 강도가 높으며, 광택이 아름다워 창호재, 주방용 기구, 위생설비 등에 사용되지만 가격이 고가인 것이 단점이다.

3) 수장(修裝) 및 장식용(裝飾用) 금속제품

표. 2.4-2 수장(修裝) 및 장식용(裝飾用) 금속제품의 종류 및 특징, 용도

구 분	특징 및 용도
조이너(Joiner)	천장, 벽 등에 Board, 합판 등을 붙이고 그 이음새를 감추어 누르는데 사용한다. 황동제, 아연도금철판제 등이 있다.
펀칭메탈(Punching metal)	얇은 강판에 여러 가지 모양의 구멍을 뚫어 만든 것으로 환기구멍이나 라디에이터의 Cover 등에 사용한다. 아연도금판, 강판, 동판, 듀랄루민판 등으로 만든다.
그릴(Grille)	얇은 강판에 여러 가지 모양의 구멍을 뚫어 만든 것으로 장식을 겸한 방도용 창문덮개로 사용한다. 황동, 청동, White bronze 등으로 만든다.
메탈 실링(Metal ceiling)	얇은 금속판에 다양한 무늬의 형상을 눌러 만들거나 작은 구멍을 가공하여 만든 것으로 천장 마감재로 사용한다.

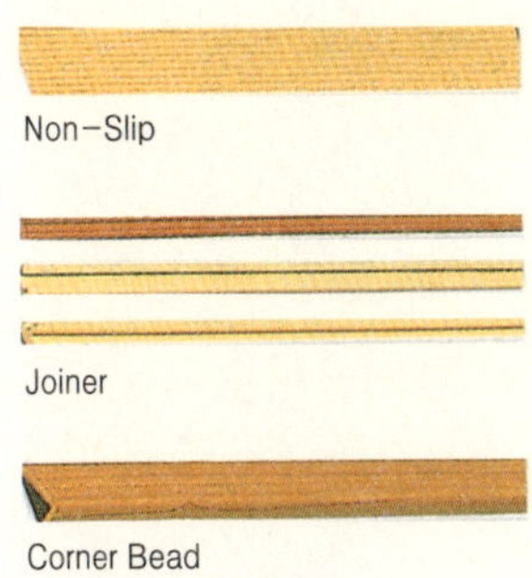

그림 2.4-5 수장용 금속제품

그림 2.4-6 Metal ceiling

그림 2.4-7 금속표면처리 패널

구분	특징 및 용도
줄눈대(metallic joiner)	인조석 및 테라조 현장갈기 등의 균열방지, 의장효과를 위해 사용한다. 황동제, 스테인리스제, 주물제 등이 있다.
미끄럼막이(Non-slip)	계단의 디딤판 모서리 끝 부분에 대어 오르내릴 때 미끄러지지 않게 하는 것으로 철제, 황동제, 포금제 등이 있다.
코너 비드 (Corner bead)	미장 바름시 벽, 기둥 등의 모서리를 보호하기 위해 붙이는 철물로 모서리 쇠라고도 한다. 아연도금 철판제, 황동제, 경질염화비닐 성형제 등이 있다.
알루미늄 복합조직 패널	알루미늄과 알루미늄시트 사이에 발포 폴리에틸렌수지를 삽입하고 그 위에 대리석이나 화강암 등의 전사필름을 부착한 후 표면을 자외선처리한 것으로 표면의 경도가 높고 곡면처리가 용이하며 차음성 및 단열성도 우수한 재료이다. 생산규격은 2.5t×1,230(W)×2,500(L)이며, 대리석무늬 알루미늄 복합패널이란 상품명으로 판매되고 있다.
금속표면처리 패널	황동, 청동, 구리, 알루미늄 등을 소재로 주형 패널을 만들고 뒷면에 적층 목재나 콘크리트 등으로 보강한 것으로 다양한 금속의 느낌과 표면처리 효과로 의장성이 우수하며 중후한 느낌이 든다. 주문생산이 가능하며 Bonded metal이란 상품명으로 판매되고 있다.

2.5 미장재료(美匠材料)

2.5.1 개요(槪要)

미장재료는 건축물의 내벽 및 외벽, 바닥, 천장 등의 미화, 보호, 방습, 방음 등을 목적으로 적당한 두께로 발라 마무리하는 재료의 총칭으로 과거에는 마무리 두께로 도장재료와 구분하였으나 현재는 도장재료로 사용하는 퍼티(putty)를 개량한 제품이 미장재료와 유사한 효과를 내는 제품이 많아 미장재료 대용으로 사용하기도 한다. 미장공사는 건축물의 최종 마무리 또는 그 바탕이 되며 그 양부는 바로 건축물의 양부에 영향을 미친다. 또한 공정상 최종단계의 작업으로 공기단축의 목표공정이 되며 시공부분이 모두 노출되므로 양질의 재료를 사용하여 시공해야 한다. 특히 실내건축공사에서는 미장공사가 최종 마무리공사가 되는 경우가 많으므로 주의해야 한다.

그림 2.5-1 옥미장재

2.5.2 엷은 마무리용 벽 바름재

시멘트, 합성수지 등의 결합제와 골재, 무기질계 분체 및 섬유재료를 주원료로 하여 건축물의 내외벽을 뿜칠, 롤러칠, 흙손질 등으로 시공하는 재료로 원칙적으로 한 겹(두께 3㎜이하)이고 표면을 요철모양으로 마무리하는 재료를 말한다.

2.5.3 시멘트계 바탕 바름재

시멘트 및 무기질계 잔골재를 주원료로 하여 건축물의 내외장 마무리 공사의 바탕고름에 사용하는 것으로 흙손, 주걱 등으로 두께 1~3㎜정도로 시공하는 재료를 말한다.

그림 2.5-2 Lime계 컬러 모르타르

2.5.4 시멘트 모르타르(cement mortar)

시멘트를 고결재(固結材)로 하고 모래를 골재로 하여 물을 가한 후 반죽하여 사용하는 미장재료로 내구성 및 강도가 크고 작업성이 좋아 가장 일반적으로 사용하는 미장재료이다.

그림 2.5-3 규조토 미장 바름재

표. 2.5-1 시멘트 모르타르의 종류

구분		특징 및 용도
일반 시멘트 모르타르	보통 모르타르	시멘트와 모래로 구성된 것으로 가장 일반적으로 사용한다.
	백색 시멘트 모르타르	치장줄눈용으로 주로 사용하며 백색 포틀랜드 시멘트, 색소, 돌가루, 모래로 구성된다.
방수 모르타르	액체방수 모르타르	방수용으로 사용하는 모르타르로 시멘트에 염화칼슘 또는 물유리를 혼합하여 만든다.
	발수제 모르타르	간이방수용 모르타르로 시멘트에 지방산비누나 아스팔트를 혼합하여 만든다. 포틀랜드 시멘트, 색소, 돌가루, 모래로 구성된다.
바라이트 모르타르 (barite mortar)		중원소(重元素)인 바리움(barium)분말재와 모래, 시멘트를 혼합하여 사용하며 방사선 차단재료로 사용한다.
아스팔트 모르타르 (asphalt mortar)		아스팔트에 모래, 돌가루, 시멘트 등을 혼입 가열하여 만든 것으로 바닥방수용으로 사용한다. 아스팔트 매스틱(asphalt mastic)이라고도 한다.
질석 모르타르 (vermiculite mortar)		운모질 원석을 1000℃정도로 소성하여 유공질로 만들어 비중이 낮아진 경량골재를 질석이라 하며, 이에 시멘트를 가하여만든 모르타르로 단열이나 보온을 요하는 곳에 사용한다.
석면 모르타르 (asbestos mortar)		시멘트에 석면을 섞은 모르타르로 열차단을 요하는 배관부위에 사용한다.

그림 2.5-4 규조토 고결재

2.5.4 인조석(人造石) 및 테라조 현장바름재

대리석, 사문암, 화강암 등의 쇄석을 종석(種石)으로 하여 보통 포틀랜드시멘트 또는 백색 포틀랜드시멘트에 안료를 가하여 물로 반죽한 것으로 종석의 종류에 따라 인조석 및 테라조로 구분한다.

(1) 인조석(人造石)바름(artificial stone finish)재

보통 포틀랜드시멘트 또는 백색 포틀랜드시멘트에 종석과 안료, 석분(石粉) 등을 배합하여 반죽한 것을 모르타르 바름 바탕 위에 바르는 것으로 다른 미장재료로 마감한 면보다 수밀하고 내구성이 있으며 외관이 미려하고, 시공성이 좋아 바닥, 벽, 계단 등에 널리 사용한다.

(2) 테라조 현장 바름재

인조석 바름과는 달리 보통 포틀랜드시멘트는 사용하지 않고 백색 포틀랜드시멘트만을 사용한다. 인조석 바름보다는 고급 바름으로 시공방법 및 용도는 인조석 바름과 같다.

2.5.5 기타 바름재

(1) 흙 바름재

진흙, 새벽흙, 모래, 짚여물 등을 물로 반죽한 것으로 주로 외바탕에 바름 하는 재래식 재료이다. 일반적으로 초벌 및 재벌바름에 사용하며 정벌은 회반죽이나, 회사벽으로 마무리 하지만 근래에 들어 재래식 분위기를 내기 위해 정벌용으로 사용하는 경우도 있다. 진흙은 불순물이 혼입되지 않은 부드럽고 차진 것으로 15㎜체를 통과하는 정도의 것을 사용한다. 균열을 방지하기 위해 사용하는 여물은 볏짚을 약 6㎝ 정도의 길이로 썰어 넣는다.

그림 2.5-5 흙 바름재

(2) 합성수지(合成樹脂) 에멀젼 플라스터

합성수지 에멀젼에 탄산칼슘, 충진제, 골재, 안료 등을 주재료로 하여 공장 생산한 제품으로 경량콘크리트 패널 등의 내장공사에 사용된다. 쇠흙손 및 주걱을 사용하여 마감하며 마감두께는 3㎜ 정도로 한다.

(3) 에멀젼형 용제 및 고무 라텍스형 합성수지

합성수지에멀젼, 고무 라텍스 및 용제형 합성수지 또는 합성고무에 무기질 분말, 세사(細沙) 및 안료를 혼입한 합성수지 페이스트 또는 합성수지 모르타르를 사용하여 흙손바름, 로울러 바름, 뿜기 등의 방법으로 바닥마무리를 할 때 사용하는 재료이다.

그림 2.5-6 합성수지 바름재

2.6 유리(琉璃 : Glass)

2.6.1 개요(槪要)

그림 2.6-1 보통 판유리

그림 2.6-2 무늬유리

그림 2.6-3 마판 강화유리

유리는 광선을 투과시키는 불연재료로서 품질이 균일한 제품의 대량생산이 가능하고 내구성이 우수한 반영구적인 재료이나 충격강도가 약한 취성재료로 파손되기 쉽고 열에 약한 것이 결점이다.

실내건축 및 건축용으로 사용되는 유리는 대부분이 소다석회유리이고 판유리와 유리블록으로 구분한다. 일반적으로 판유리가 사용되며 창호용 판유리의 두께는 2㎜, 3㎜, 5㎜가 주로 쓰이고, 두께 3㎜ 이하의 유리를 薄板유리(얇은 판유리), 그 이상을 厚板유리(두꺼운 판유리)라고 한다.

표. 2.6-1 용도에 의한 유리의 분류

구 분	유리의 종류
일반적 용도	보통판유리, 마판(磨板)유리, 형판유리, 망입(網入)유리
특 수 용 도	자외선투과 및 자외선흡수유리, 적외선차단유리, 투명착색유리, 불투명착색유리
유리 가공품	거울, 안전유리, 접합유리, 강화유리, 복층유리

2.6.2 판유리(sheet glass)

보통 판유리는 실내건축공사의 창호용으로 주로 사용되는 두께 2~5㎜ 정도의 유리로 맑은 판유리(clear glass)와 서리 판유리로 구분한다. 맑은 판유리는 그 표면이 제조된 그대로의의 평활한 면을 가진 유리이고, 서리 판유리(반투명유리 : obscured glass)는 표면의 광택을 없애 외부로부터의 시선차단을 겸하도록 만든 유리이다.

판유리를 가공하여 채광 및 조망이외의 기능을 부가한 유리로는 다음과 같은 종류가 있다.

표. 2.6-2 판유리가공품의 종류

종 류	내 용
마판유리(磨板琉璃 : polished plate glass)	후판유리의 한 면 또는 양면을 연마가공 한 고급유리로 고급 건축물의 유리창이나 거울의 원판으로 사용한다. 거울은 두께 5㎜의 마판유리를 사용, 한 면을 은도금 한 후 보호막으로 동도금을 하여 만든다.
결상유리(hipped glass)	젤라틴 수용액을 유리 면에 발라 40℃정도로 온도 처리하여 유리 면에 결상(結霜)형의 모양이 생기도록 한 유리로 실내장식용으로 사용한다.
색유리 (coloured glass)	유리를 제조시 유리의 원료에 산화금속류의 착색제를 넣어 각종 색채를 띠게 한 유리로서 실내장식용으로 사용한다.
무늬유리 (embossed glass)	투명유리의 한 면에 주름, 다이아몬드, 구름 등의 무늬를 만든 것으로 실내장식용 및 투시방지용으로 사용한다. 형판유리라고도 한다.
강화유리(强化琉璃 : tempered glass)	판유리를 약 600℃정도로 가열, 냉각공기로 급냉시켜 파괴강도를 증가시킨 유리로 내충격, 내압, 휨강도가 크고 깨지더라도 파편이 둥근 입상이 되므로 파편에 의한 부상의 우려가 적어 안전유리로 분류된다. 고층건물의 창유리, 진열 창유리, 현관 무테문, 자동차 및 항공기용 유리로 사용한다.
망입유리 (網入琉璃 : wire glass)	유리액을 로울러로 제판하여 그 내부에 금속망(金屬網)을 삽입하고 압착성형한 유리로 깨져도 파편이 비산되지 않고 균열만 생겨 안전유리로 분류된다. 유리의 파손방지, 도난 및 화재방지, 위험한 천장, 진동에 의해 파손되기 쉬운 곳에 사용한다.
접합유리(接合琉璃 : laminated safe glass)	2장 또는 3장의 유리를 일정한 간격을 두고 둘레에는 틀을 끼워서 내부를 기밀하게 하고 건조공기를 넣은 유리로 방서, 방음, 결로방지를 필요로 하는 창호용 유리로 사용한다.
에칭유리 (etching glass)	유리가 불화수소에 부식되는 성질을 이용하여 후판유리의 면에 그림이나 무늬, 글자 등을 화학적으로 조각한 유리로 실내장식용으로 사용한다.
샌드블라스트유리 (sand blast glass)	유리 면에 오려낸 모양판을 붙이고 모래를 고압증기로 뿜어 오려낸 부분을 마모시켜 유리 면에 그림이나 무늬, 글자 등의 모양을 만든 것으로 장식용 창이나 스크린에 사용한다.
매직유리(magic glass)	판유리의 표면에 은 등의 반사성 금속피막을 입힌 유리로 밝은 쪽에서는 광선을 반사하여 거울로 보이고 어두운 쪽에서는 밝은 쪽을 투시할 수 있다. 반사유리라고도 한다.

무늬유리

반사유리

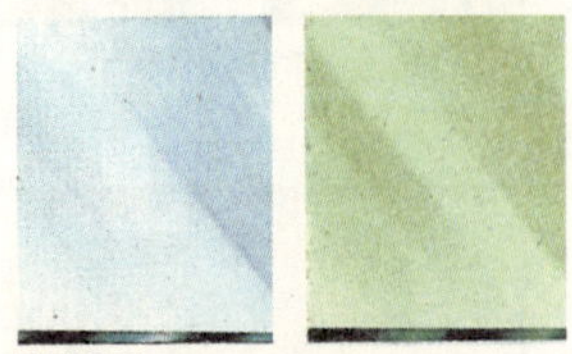
컬러유리

망입유리

에칭유리

그림 2.6-4 판유리 가공품

그림 2.6-5 스테인드 판유리

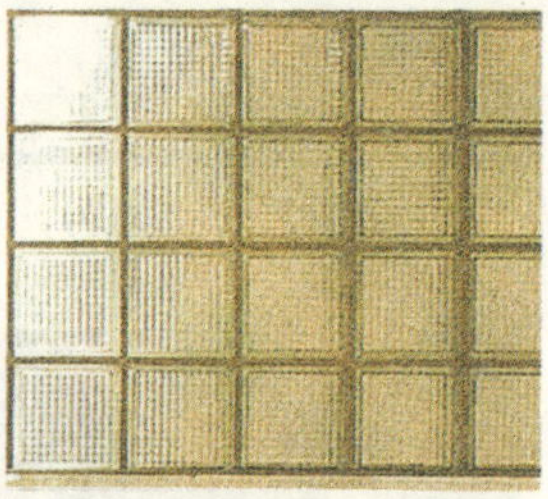

그림 2.6-6 유리블록

그림 2.6-7 기포유리

2.6.2 특수유리(特殊琉璃)

표. 2.6-2 특수유리의 종류

종 류	내용
스테인드유리 (stained glass)	여러 가지 색을 넣은 장식용 특수유리로 각종 색유리의 작은 조각 을 도안에 맞게 절단해서 H자형 단면의 납제(鉛製)틀에끼워 모양을 낸 것으로 장식용 창이나 천창에 사용한다.
프리즘유리 (Prism glass)	판유리의 한쪽 면이 톱날모양으로 된 것으로, 입사광선이 굴절 분산되어 실내조도를 증대시키고 균일하게 한다. 천창이나 지하실창의 채광용으로 사용하며, 데크유리(deck glass),톱라이트 유리(top light glass), 포도(鋪道)유리라고도 한다.
유리블록 (glass block)	속이 빈 두 쪽의 상자모양의 유리에 건조된 저압공기를 넣고 녹여 붙인 것으로 열전도율이 벽돌의 1/4정도로 작고 보통 유리창보다 균일한 확산광을 얻을 수 있다. 실내의 냉난방 효과를 겸한 채광 및 장식용으로 사용한다.
유리벽돌 (glass block)	벽돌모양의 유리 성형품으로 채광용이 아닌 내외 벽의 장식용으로 사용한다.
유리타일 (glass tile)	색유리를 작은 조각으로 잘라 타일형상으로 만든 것으로 색채가 다양하고 비흡수성이다. 절단 및 가공이 자유로우며 장식용으로 사용한다.
기포유리 (氣泡琉璃: foam glass)	유리를 가는 입자의 분말로 만들어 카본(carbon)발포제를 섞어 가열 발포시킨 후 서냉시켜 고체로 만든 것으로 단열성,흡음성이 우수하여 단열재, 보온재, 방음재로 사용한다.

그림 2.6-8 각종 실내장식용 유리 제품

2.7 합성수지제품(合成樹脂製品)

2.7.1 개요(概要)

합성수지(合成樹脂 : synthetic resins)는 석유, 석탄, 천연가스 등을 원료로 하여 화학반응으로서 고분자화 한 플라스틱 성형품을 만드는 원료를 말하며 일반적으로 플라스틱(plastic : 임의의 온도범위에서 가소성(可塑性)을 유지하는 물질이란 뜻)이라 부른다.

합성수지는 화열에 약하고 경도 및 내마모성이 작은 단점은 있으나 가공성이 우수하고, 색채가 미려하며, 착색이 자유롭고 내수성, 내식성, 내화학성 등이 우수하여 건축물의 내외장재의 원료로 많이 사용되고 있고, 또한 새로운 제품의 개발속도가 빨라 상품의 다양성으로 인한 소비자 선택의 폭이 넓으며 이에 따라 그 사용량이 증가하는 추세이다.

2.7.1 합성수지제품(合成樹脂製品)의 분류

표. 2.7-1 플라스틱 제품의 용도에 의한 분류

구 분	플 라 스 틱 제 품
지 붕 재	폴리에스테르 경화파형판(硬化波形板), 아크릴 및 염화비닐 파형판 등
외 벽 재	폴리에스테르 경화평판, 염화비닐 평판, 페놀수지 합판 등
내 벽 재	염화비닐 치장판, 멜라민 치장판, 폴리에스테르 치장판 등
채 광 재	아크릴 투명판, 염화비닐 투명판, 셀룰로오스 투명판 등
천 장 재	폴리에스테르 강화판, 염화비닐 적층판 등
바 닥 재	염화비닐 타일, 비닐시트, 아스팔트 타일 등
설 비 재	염화비닐 파이프, 페놀수지 파이프, 폴리에스테르 욕조 및 세면기 등
단 열 재	폴리에스테르 발포제, 합성고무 스폰지, 염화비닐 스폰지 등
기 밀 재	염화비닐 방수판, 폴리에틸렌 패킹, 합성고무 제품 등
도 장 재	페놀 및 비닐계수지 도료, 에폭시수지 및 합성수지에멀젼 페인트 등
기타	비닐레저, 염화비닐 창호바퀴, 튜브, 폴리에스테르 필름 등

멜라민 치장판

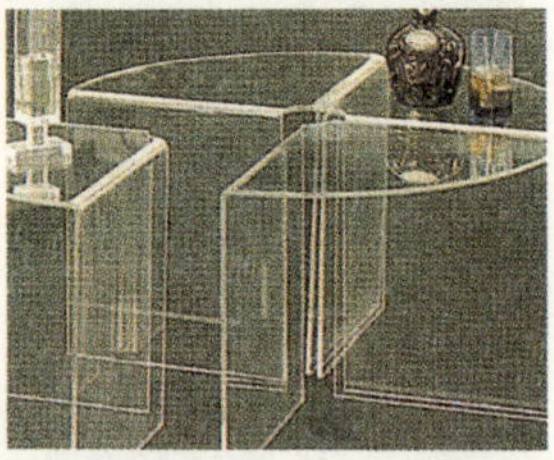
아크릴 투명판

FRP 제품

비닐 필름 제품

그림 2.7-1 합성수지 제품

그림 2.7-2 비닐 레저

그림 2.7-3 비닐 필름

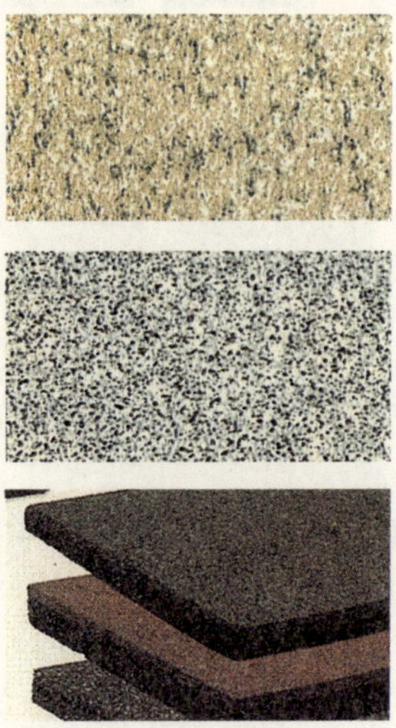

그림 2.7-4 염화비닐타일 &
합성고무 바닥재

2.7.2 합성수지제품(合成樹脂製品)

1) 판상제품(板狀製品)

표. 2.7-2 플라스틱 판상제품의 종류

구 분	특 징 및 용 도
폴리에스테르 강화판(polyester hard board)	유리섬유를 불규칙하게 혼입하여 상온에서 가압성형한 판으로 알칼리 이외의 화학약품에는 저항성이 있어 설비재 및 실내외의 수장재로 사용된다.
폴리에스테르 치장판(polyester decorated board)	합판, 하드보드, 텍스 등의 표면에 0.5~1㎜ 두께의 수지피막을 입힌 판으로 바탕색채, 무늬 등을 투영시켜 의장효과가 우수하다. 천장재, 내벽재, 가구재 등에 사용된다.
폴리스티렌 투명판(透明板)	무색투명하며 투광율이 90% 이상으로 채광판에 이용된다. 내후성이 부족하며 착색판은 장식용으로 사용된다.
멜라민 치장판(melamine board)	페놀수지를 침투시켜 부착시킨 두꺼운 종이바탕에 색종이나 나무무늬판 등을 붙인 다음, 멜라민수지를 침투시킨 종이를 씌우고 가열, 가압성형한 판으로 내마모성과 내약품성이 크고 내열성도 있어 내장재 및 가구재로 사용한다.
아크릴 투명판(acrylate board)	입상아크릴 원료를 열압하여 성형한 얇은 판으로 무색투명판과 착색반투명판이 있으며 유리대용으로 사용한다.
염화비닐 수장판(polyvinyl chloride board)	합판, 경질섬유판 등의 바탕에 무늬가 있는 종이나 색종이 등을 붙이고 염화비닐 투명막을 씌워 만든 판으로 아름다운 무늬와 색채가 있어 실내장식재 및 가구재로 사용한다.
페놀수지 경화판(phenol - formaldehyde hard board)	종이에 페놀수지를 침투시켜 가열가압하여 판상으로 제조한 베크라이트판(bakelite board)과 목재박판에 페놀수지액을 침투시켜 수매씩 겹쳐 가열가압하여 만든 강화목재 적층판(强化木材　積層板)이 있다.
페놀수지 화장판(化粧板)	합판의 표면에 페놀수지를 침투시킨 종이를 한층만 붙이고 가열가압하여 판상으로 제조한 제품으로 내장재로 사용한다.

2) 바닥재

주로 염화비닐을 원료로 하여 만들며 두루말이형과 타일형으로 생산판매된다. 두께 및 원료에 따라 중보행용 바닥재와 경보행용 바닥재로 구분되므로 주의해서 선택해야 한다. 가장 일반적이며 광범위하게 사용되는 바닥재료이다.

표. 2.7-3 플라스틱 바닥제품의 종류

구 분	특 징 및 용 도
염화비닐 타일 (polyvinyl chloride tile)	염화비닐에 가소제와 진충제(석면, 석분, 코르크분말)를 혼합하고 안료를 넣어 타일형상으로 열압성형한 제품으로 실내바닥재로 흔하게 사용된다.
아스팔트 타일 (asphalt tile)	아스팔트와 쿠마론인덴수지를 혼합하여 진충제, 안료를 섞어 타일형상으로 열압성형한 제품으로 내화학성, 내마모성 등이 우수하다.
비닐 시트 (polyvinyl sheet)	염화비닐과 초산비닐의 공중합체를 원료로 하여 석면, 펠트 등을 진충제로 사용하고 안료로 착색하여 열압성형한 두루마리형의 제품으로 주거공간에 가장 많이 사용한다.
비닐 코르크시트 (vinyl cork sheet)	코르크판 위에 두께 1㎜ 정도의 비닐막을 씌워 만든 제품과 비닐원료에 코르크분말을 진충제로 사용하여 열압성형한 제품이 있으며, 탄성이 있고 마모가 적으며 흡음과 보온의 효과가 있다.
리놀륨(linoleum), 리놀륨 타일 (linoleum tile)	아마인유의 산화물인 리녹신에 수지, 코르크 분말, 안료 등을 섞어 열압성형한 것으로 리놀륨은 시트 형태로 리놀륨 타일은 타일형상으로 판매된다.
스폰지 시트 (sponge sheet)	염화비닐수지를 원료로 하고 가소제, 충진제, 발포제 등을 혼입하여 스폰지 층 위에 염화비닐의 착색막을 붙여 만든 것으로 단열성 방음성이 우수하여 바닥재 및 내벽재로 사용한다.

그림 2.7-5 염화비닐 바닥재

2.8 도장재료(塗裝材料)

2.8.1 개요(概要)

도장재료란 물체의 표면에 유동상태(流動狀態)의 물질을 발라 표면에 부착한 상태로 물리적 또는 화학적으로 변화되어 고화(固化)되는 물질을 말하며 연속적인 얇은 피막을 형성한다. 도장재료는 물체의 보호(방청, 방습, 내유, 내약품성 등), 외관이나 형상의 변화(색 및 광택의 변화, 미관의 변화, 표면의 평활화 등), 열 및 전기 등의 전도성 조절, 생물의 부착 방지, 살균, 음파의 반사 등의 성능 부여나 그 목적을 위하여 사용하며 실내건축 및 건축공사에서 최종 마무리에 속하는 중요한 공사이다. 도장재료에는 페인트, 바니시와 같이 불투명 또는 투명피막을 형성하는 것과 스테인, 실리콘 방수액과 같이 피막을 형성하지 않는 것이 있으며, 일반적으로 불투명피막을 형성하는 도장재료를 페인트, 광택이 있는 투명한 피막을 형성하는 도장재료를 바니시라 한다.

그림 2.8-1 컬러 래커

표. 2.8-1 도장재료의 분류

도료의분류			종 류
페인트	보통 페인트	유성 페인트	된반죽 페인트, 중반죽 페인트, 조합 페인트
		수성 페인트	카세인, 카세인 텍스, 에멀젼 페인트
		수지성 페인트	합성수지계 페인트
	특수 페인트	방청 페인트	광명단, 산화철 녹막이 도료, 아연분말 도료 등
		내산 페인트	아스팔트, 페놀수지계 도료
		내알칼리 페인트	염화비닐 도료, 아크릴수지 도료
		에나멜 페인트	바니시에 안료를 혼합한 도료
바니시	휘발성 바니시		락크, 래커
	오일 바니시		단유성 바니시, 중유성 바니시, 장유성 바니시
기타	방화도료		요소수지, 비닐수지, 염화파라핀
	방부도료		코울타르, 크레오소트 오일, 아스팔트, 유성페인트

그림 2.8-2 유성페인트

2.8.1 페인트(paint)

(1) 유성페인트(oil paint)

비교적 두꺼운 도막을 만들며 값이 저렴한 장점은 있으나 건조가 늦고 내후성, 내약품성 등이 나쁜 결점이 있어 합성수지도료로 대체되고 있는 실정이다.

(2) 수성페인트(water paint)

용제로 물을 사용하는 페인트로 취급이 간단하고 건조가 빠르며 작업성과 내수성이 우수하다. 또한 칠 면은 광택이 없어 부드러운 느낌이 나고 가격이 저렴한 장점은 있으나 교착제를 사용한 것은 곰팡이가 날 우려가 있고, 장시일 경과 후 분해 및 탈락의 우려가 있는 것이 단점이다. 교착제(카세인)의 종류에 따라 실내용으로 사용되는 유기질 수성페인트, 실외용으로 사용되는 무기질 수성페인트로 분류되고, 수성페인트에 소량의 오일을 가한 에멀젼 페인트가 있다.

그림 2.8-3 수성페인트

2.8.2 에나멜페인트(enamel paint)

유성바니시에 안료를 혼합하여 만든 것으로 유성페인트와 유성바니시의 중간성질을 갖고 있는 페인트이다. 건조는 중간정도이고 광택이 우수하며 내수성, 내유성, 내약품성이 우수하다. 종류로는 무광택 에나멜페인트, 은색(銀色) 에나멜페인트, 알루미늄 페인트(aluminium paint)가 있으며 주로 금속 면의 도장에 사용한다.

2.8.3 바니시(varnish)

속칭 니스라고도 하며 광택, 작업성, 점착성은 우수하나 내약품성 및 내후성이 약해 실내 목부에 주로 사용하며 용제에 따라 유성바니시, 휘발성바니시, 물바니시로 대별한다.

유성바니시(oil varnish)는 담갈색(淡褐色)의 투명피막으로 광택이 있고 강인하나 내후성이 약해 주로 실내의 목부에 사용하며 휘발성바니시(alcohol varnish)는 주정(酒精)바니시라고도 하며 피막은 유성바니시보다 약하나 칠의 질은 우수하다.

표. 2.8-2 대표적인 휘발성 바니시

구 분	특 징 및 용 도
투명래커 (clear lacquer)	섬유소계수지를 용제로 녹인 것으로 투명한 피막을 형성하며 내수성, 내산성, 내알칼리성이다. 광택이 풍부하고 내구성이 크며 건조가 빨라 뿜칠 시공한다. 유성바니시에 비해 도막은 얇으나 견고하다. 주로 목재면의 투명도장에 이용한다.
래커 에나멜 (lacquer enamel)	투명래커에 안료를 가한 것으로 속건성(速乾性)이며 도막이 단단하고 광택이 우수하며 내유, 내수성이다. 내후성에 따라 실내용, 실외용으로 나누어진다.

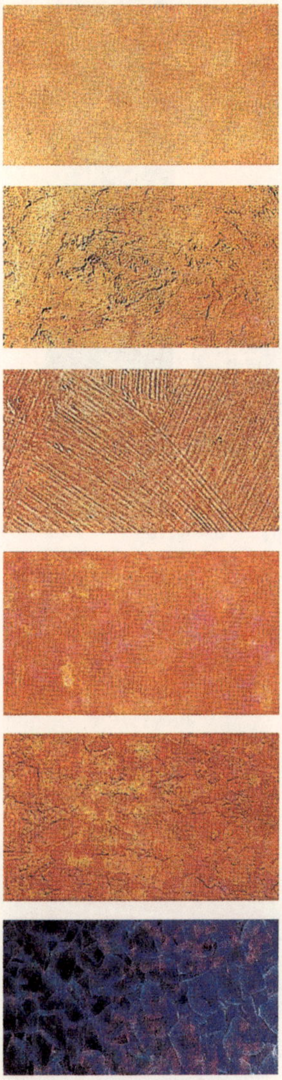

그림 2.8-4 크림타입 도장재

2.8.4 합성수지도료(合成樹脂塗料)

합성수지를 주체로 하여 만든 도료로 유성페인트와 바니시에 비해 건조시간이 빠르고 도막이 단단하며, 방화성이 있고 내산, 내알칼리성이 있어 콘크리트나 플라스터 바탕에 직접 칠할 수 있는 장점이 있다.

표. 2.8-3 합성수지도료의 종류

구 분		특 징 및 용 도
페놀수지도료 (phenol resin paint)		석탄산수지(石炭酸樹脂)도료라고도 하며 내수성, 내유성, 내후성, 내산성이 우수하며 속건성이고 내알칼리성도 있다.
비 닐 수지계 도 료	초산비닐 도료	물이 thinner 역할을 하여 칠 작업 중에 화재의 염려가 적다. 광택이 있고 가격은 저렴하나 내구성이 약하고 선명한 색상을 만들기 어려우며 금속을 녹슬게 하는 결점이 있으며, 유성페인트와 겹쳐 바를 수 없다.
	염화비닐 도료	내수성 및 내약품성, 내산성 등이 우수하며 방청을 위한 초벌용으로 사용하기도 한다.
에폭시수지도료 (epoxy resin paint)		내약품성이 우수하고 경도 및 인성(靭性)이 가장 큰 도료 중의 한 가지로 경금속에 대한 부착력이 우수하며 칠막은 충격에 강하며 내마멸성도 좋다.
멜라민수지도료 (melamin resin paint)		도막이 단단하고 색상은 선명하나 내수성과 내구성에 결점이 있어 알키드수지계와 혼합하여 사용하거나 달굼칠 도료(소부도료)로 사용한다.

2.8.5 다채(多彩)무늬 및 복층무늬 도료(뿜칠용 도료)

다채무늬 도료와 복층무늬 도료(뿜칠용 도료)는 도장 면의 외관을 여러 가지 색으로 변화를 주어 입체감을 지닌 무늬를 형성시켜 도장의 효과를 향상시킬 목적으로 사용하는 도료로 주로 내장용으로 사용한다.

표. 2.8-4 복층무늬 도료의 종류

구 분	특 징 및 용 도
수성용 본타일	콘크리트, 모르타르, 석고보드 등의 바탕에 사용하며 입체감을지닌 무늬를 형성하는 도료로 주로 실내용으로 사용한다. 내수성, 은폐력, 내후성, 내오염성, 작업성, 내알칼리성이 우수하다.
아크릴 본타일	실내외부 모두 사용할 수 있으며 내수성, 내알칼리성, 내오염성, 광택, 색상 보유력 등이 우수한 도료이다.
에폭시 본타일	실내외부용으로 사용하며 부착성, 내수성, 고내후성, 강도, 광택, 색상 보유력 및 내오염성 등이 우수한 에폭시수지를 주원료로 한 것으로 입체감이 있는 무늬를 형성한다.

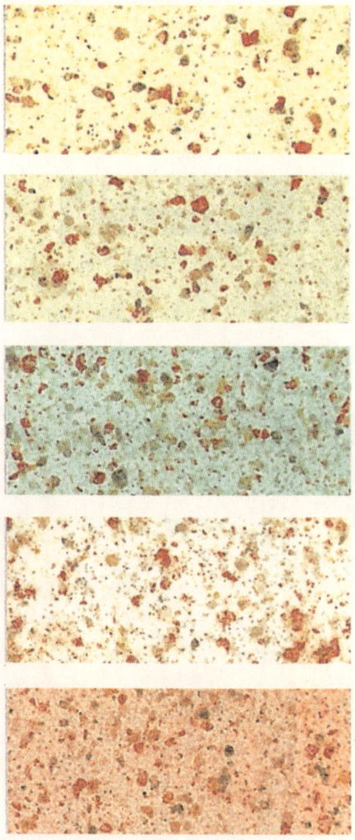

그림 2.8-5 다채무늬 도료

2.8.6 특수도료(特殊塗料)

표. 2.8-5 특수도료의 종류

구 분	특 징 및 용 도
방청도료 (防?塗料)	금속(주로 철재)에 녹이 슬지 않게 할 목적으로 사용하는 도료로 녹막이도료라고도 하며 광명단, 산화철 녹막이도료, 징크로메이트도료, 아연분말도료, 연분(鉛粉)도료, 역청질도료 등이 있다.
방화도료 (防火塗料)	가연성물질에 도장하여 인화(引火) 및 연소를 방지 또는 지연시킬 목적으로 사용하는 도료이다. 전색제에 염화 파라핀, 산화안티몬 등 소화성 가스 발생제를 가한 것이 주로 사용된다.
발광도료 (發光塗料)	전색제에 형광체(螢光體) 또는 인광체(燐光體)의 안료를 가한 것으로 선전 또는 광고용이나 어두운 곳에서의 식별에 필요한 계기류의 눈금, 지시판, 스위치 등의 표시에 사용한다.
소부도료 (燒付塗料)	가열건조도료라고도 하며 상온에서는 건조되지 않아 도포한 후 가열해야지만 도막이 형성되는 도료이다. 특징은 바탕과의 밀착성 및 내마멸성이 증가되고 도막이 견고해지며, 광택, 내후성, 내수성, 내약품성, 내열성이 좋아진다. 유성, 멜라민계, 에폭시계 소부도료 등이 있으며, 가구, 차량, 철물 등의 도장에 사용한다.
바탕용 도료	목재나 금속도장시 도료와 바탕과의 부착을 좋게 하고 표면을 보호하는 역할을 하는 도료로 락카샌딩 실러, 락카 프라이머, 우드 실러, 오일 프라이머, 오일 퍼티 등이 있다.

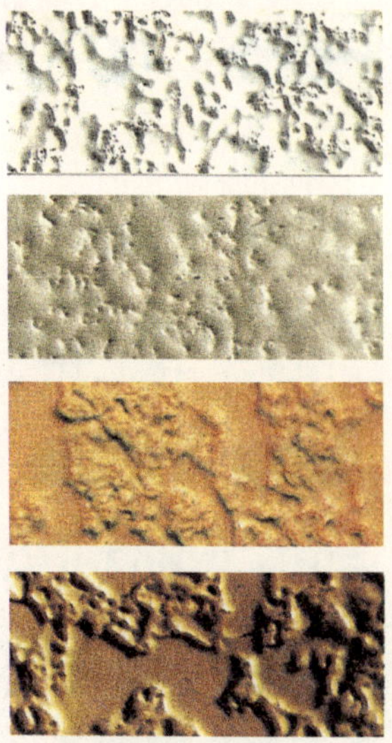

그림 2.8-6 복층무늬 도료

2.9 창호재(窓戸材)

2.9.1 개요(槪要)

창과 문을 총칭하여 창호(窓戸 : fitting)라 하며 실내의 마무리 치장과 외관을 구성하는 주요부로서 울거미 재료에 따라 금속제 창호, 목제 창호, 플라스틱제 창호로 분류한다. 창호는 실내의 마무리 치장과 외관을 구성하는 주요부로서 채광, 환기, 출입을 목적으로 개구부에 설치하는 것이므로 사용빈도가 많아 고장 또는 파손의 우려가 크기 때문에 우수한 재료를 사용하여 제작해야 한다. 또한 창호는 실내에서 차지하는 면적이 크므로 창호를 선택할 때에는 실내의 분위기와 어울리는 마감재료 또는 마감방법을 고려해야 한다.

그림 2.9-1 쌍여닫이문

2.9.2 목제문(木製 門) 및 문틀

(1) 목제문(wooden door)의 종류

그림 2.9-2 접문

표. 2.9-1 목제문(wooden door)의 종류

구 분	종 류
여닫이문, 자재문 (hinged door, swing door)	정첩, 돌쩌귀, 자유정첩 등으로 문선틀에 달고 또는 문장부, 바닥 지도리 등을 문의 한쪽 상하부에 장치하여 여닫는 문으로 개폐방향에 따라 안여닫이와 밖여닫이로 구별한다. 자재문(自在門)은 자유정첩이나 플로어 힌지를 사용하여 안팎으로 자유롭게 열리고 저절로 닫히게 된 문이다.
접문 (folding door)	여러 장의 문짝을 정첩으로 연결하고 윗 틀에 도어행거 및 레일을 설치하여 한 쪽 옆벽으로 접혀서 열어붙이게 만든 문이다. 이것은 간막이를 겸하여 2개의 실을 1개의 실로 크게 사용할 때 유용하다.
회 전 문 (revolving door)	기밀하게 한 원통형의 중심 축에 서로 직교하는 4짝문을 달아 회전시켜 사용하는 문으로 은행이나 호텔 등의 출입구에 통풍 및 기류를 방지하고 출입인원을 조절하는데 이용한다.
미닫이문 (sliding door)	문짝을 상하문틀에 홈을 파서 끼우거나 또는 밑 틀에 레일을 대고, 옆벽에 밀어서 붙이거나 벽 중간에 밀어 넣는 식의 문으로 1짝 또는 2짝 달이로 한다.
미서기문(double sliding door)	미닫이문과 거의 유사한 구조로 두 줄의 홈을 파서 문 한 짝을 다른 한 짝 옆에 밀어서 붙이게 된 것이다. 2짝 또는 4짝 달이가 일반적이다.

(2) 문의 구조

표. 2.9-2 문의 구조에 따른 분류

구 분	종 류
플러시문 (flush door)	플러시문은 울거미를 짜고 중간 살을 배치하거나 목재격자를 대고 양면을 합판으로 고착한 문으로 뒤틀림 및 변형이 적은 장점이 있다. 합판코어, 나무각재 코어, 나무격자 코어, 경질심재 코어 플러시문 등으로 세분하여 구분한다.
양 판 문 (panelled door)	양판문은 울거미를 짜고 그 사이에 넓은 판을 끼워 넣은 널 양판문과 징두리에는 양판을 대고 그 위에는 유리를 끼워 넣은 유리 양판문으로 구분한다. 널 양판은 넓은 한 장의 널이나 내수합판을 사용한다.
살 문(箭門)	울거미를 짜고 중간에 세 살(가는살)을 짜 넣고 유리를 끼운 유리 살문과 창호지를 바른 창호지 살문으로 구분한다. 창호지 살문은 살의 형상에 따라 세살문, 교살문, 완자문, 아자문 등으로 구분한다.
비늘살 문 (louver door)	울거미를 짜고 얇고 넓은 살을 45°, 간격 약 3㎝ 정도로 떼어 빗대어 채양 및 통풍이 될 수 있도록 한 문이다. 갤러리(gallery)라고도 한다.

그림 2.9-3 양판문(Panelled Door)

그림 2.9-4 유리 양판문

그림 2.9-5 플러시 문

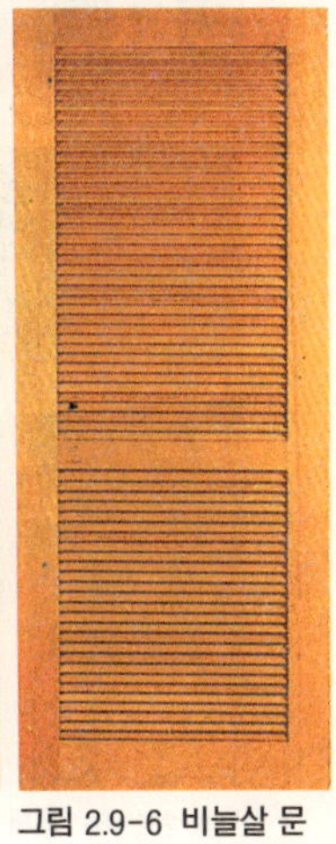

그림 2.9-6 비늘살 문

2.9.3 목제창(木製窓)

표. 2.9-3 목제창의 종류

구 분	종 류
여닫이창 (casemen t window)	정첩으로 창 짝을 문틀에 달은 것으로 외여닫이와 쌍여닫이가 있고, 개폐방향에 따라 안 여닫이와 밖 여닫이로 구별한다.
오르내리창(double hung window)	창에 추를 달아 문틀상부에 댄 도르래에 걸어내려 창이 상하로 오르내릴 수 있도록 만든 창으로 설치 및 수리가 곤란하여 특별한 경우 이외에는 사용하지 않는다.
회 전 창 (pivot window)	좌우선틀 중간에 회전지도리(pivot)를 대고 창의 위는 안으로, 밑은 밖으로 돌려 여는 창으로 주로 고창(高窓)에 사용한다.
미닫이창 (sliding window)	창짝을 상하문틀에 홈을 파서 끼우거나 또는 밑틀에 레일을 대고, 옆벽에 밀어붙이거나 벽의 중간에 밀어 넣는 식의 창이다.
미서기창(double sliding window)	미닫이창과 거의 유사한 구조로 두줄의 홈을 파서 창 한짝을 다른 한 짝 옆에 밀어붙이게 된 것이다.

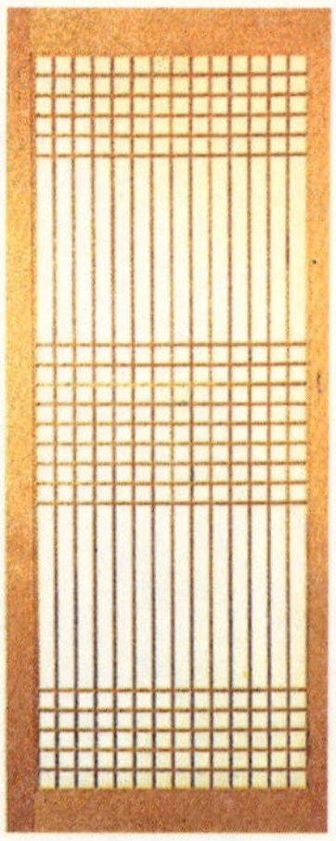

그림 2.9-7 살문

그림 2.9-8 미서기문

그림 2.9-9 미서기창

2.9.4 강제(鋼製) 및 스테인리스 스틸 창호(窓戶)

강제창호는 고급건축물이나 실용적인 건축물에 모두 사용하는 것으로서 개폐방식, 형상 및 구조는 보통의 목제문과 거의 같다. 스테인리스 강제 창호는 일반 강제 창호에 비해 강도 및 내부식성이 크고 외관이 미려하여 창호용으로는 우수한 재료이지만 가격이 비싼 것이 단점이다. 구조형식 및 창호철물 등은 일반 강제창호와 같다. 재료는 일반 강제창호와 같이 새시 바(sash bar)로 만든 것과 강판을 가공하여 사용한다.

그림 2.9-10 강제 창호

2.9.5 특수창호(特殊窓戶)

표. 2.9-4 특수창호(特殊窓戶)의 종류

구 분	종 류
주 름 문 (folding gate)	주로 방도용으로 사용하는 금속성 창살형의 문으로 세로살은 마름모형의 레버(lever)로 연결하여 세로살의 위에 설치된 문바퀴를 줄였다 늘였다 하여 여닫을 수 있도록 한 문이다. 자동차 차고, 승강기 등에도 사용한다.
무 테 문 (frameless door)	투명 판유리 또는 투명 아크릴판 등을 문짝으로 하고 여기에 접착제 또는 나사못 등으로 정첩, 지도리 등을 대어 여닫게 하는 문이다. 일반적으로 문짝 판의 상 · 하부에 보강용 철판을 대고 플로어 힌지를 대어 개폐한다. 문짝을 강화유리로 하고 유리판의 상 · 하부에는 보강테를 댄 유리 무테문과 강화유리 대신 두께 12~20㎜ 정도의 투명아크릴판을 사용한 무테 아크릴문이 있다.

구 분	종 류
아코디언 도어 (accordion door)	넓은 방을 필요에 따라 나누어 막기 위하여 만들어진 커튼이나 병풍모양의 문으로 신축이 자유로운 accordion의 주름처럼 생겨서 아코디언 도어라고 한다. +자형으로 된 철제 뼈대에 비닐레저(vinyl leather), 가죽, 천 등을 붙이고 상부는 홈대형의 행거 레일에 행거 롤러를 매달아 접어 여닫게 되는 구조이다.
자동개폐문 (自動開閉門 : automatic door)	센서(sensor) 및 전동장치에 의해 문이 자동으로 개폐되는 문으로 오토 도어(auto door)라고도 한다. 문의 개폐는 센서에의하며 센서에서 발사하는 전파를 통행자가 차단하면 문이자동으로 열리게 된다.

그림 2.9-11 아코디언 도어

그림 2.9-12 주름문

그림 2.9-13 무테문

2.9.6 셔터(shutter)

폭이 좁고 긴 얇은 강판을 수평으로 대고 서로 물려 커튼처럼 면을 구성하고 문꼴 상부에 있는 축(shaft)에 두루마리형으로 감아 올리고 닫을 때는 문꼴 양쪽에 댄 홈에 끼워 미끌어 내리게 한 것으로 사용목적에 따라 방화(防火)셔터, 방연(防煙)셔터, 차음(遮音)셔터, 방범(防犯)셔터, 방폭(防暴)셔터로 분류하고 조작방식에 따라 수동식 셔터, 전동식 셔터, 퓨즈 장치식 셔터로 구분하며 커튼의 구성, 개폐방식 등에 따라서 분류하기도 한다.

2.9.7 알루미늄제 창호(aluminum fittings)

알루미늄 창호는 가장 일반적으로 사용되는 창호재로 경량(비중이 철의 1/3)이며 가공이 용이하고 녹이 슬지 않아 사용년한이 길고 외관이 아름다운 재료이다. 또한 기밀성 및 수밀성이 좋으며 개폐조작이 경쾌한 장점이 있으나 강제창호에 비해 내화도가 낮고 알칼리에 침식되는 단점이 있다. 알루미늄 창호는 강도가 약하므로 큰 창문에는 통유리를 끼우는 것은 가급적 피해야 하며, 부득이한 경우에는 중간 살로 울거미를 보강해야 한다.

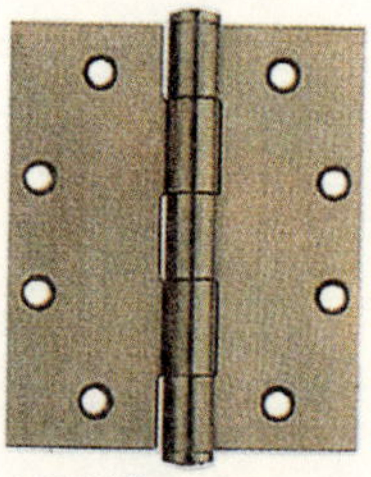

보통 정첩

2.9.8 창호철물(窓戶鐵物 : hardware)

창호철물은 창문짝을 창문틀에 달고 잠그며 개폐하거나 창문의 보호 및 보강용으로 사용하는 일체의 것을 말하며 강도, 내구력 및 형상이 아름다워야 한다. 창호철물은 용도, 구조, 모양, 재료 품질 등에 따라 수많은 종류가 있으나 일반적으로 목제 창호용과 철제 창호용으로 대별한다.

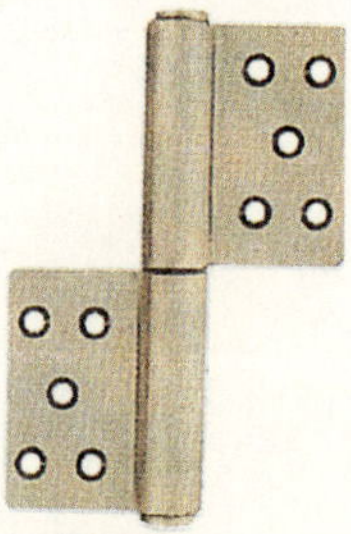

돌쩌귀 정첩

(1) 여닫이 창호의 철물

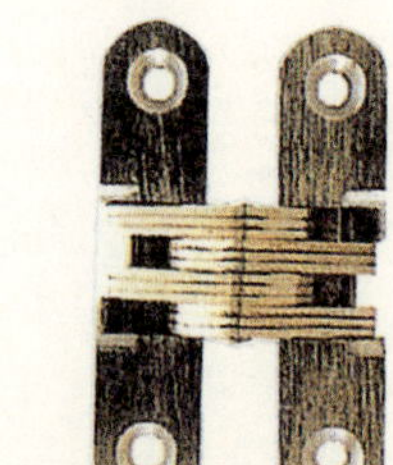

숨은 정첩

표. 2.9-5 여닫이 창호철물의 종류

구 분	종 류
보통정첩 (hinge, butt)	여닫이 문짝을 문틀에 달아 여닫는 축이 되는 창호철물로 정첩의 재료로는 강철, 주철, 황동 및 청동이 있으며, 일반적으로 황동을 사용한 주물제가 많이 쓰인다.
레버터리 힌지 (lavatory hinge)	자유정첩의 일종으로 공중 화장실 및 공중전화실의 출입문에 사용한다. 저절로 닫혀지나 15㎝ 정도가 항상 열려 있어 표시기가 없어도 실이 비어있는 것을 알 수 있고 사용시에는 안에서 잠글 수 있다.
자유정첩 (spring hinge)	축받이 관속에 스프링을 장치하여 안팎으로 자유롭게 여닫게 된 정첩으로 종류에는 외자유정첩과 양자유정첩이 있다.
플로어 힌지 (floor hinge)	금속제 스프링과 완충유와의 조합작용으로 열린 문이 자동으로 닫혀지도록 바닥 밑에 설치하는 철물로 보통정첩으로는 유지할 수 없는 무거운 중량문에 사용한다.
피벗 힌지 (pivot hinge)	창문을 상하에서 지도리(pivot)을 달아 회전되도록 하는 돌쩌귀의 일종으로 주로 철제 등의 중량문을 다는데 사용한다.

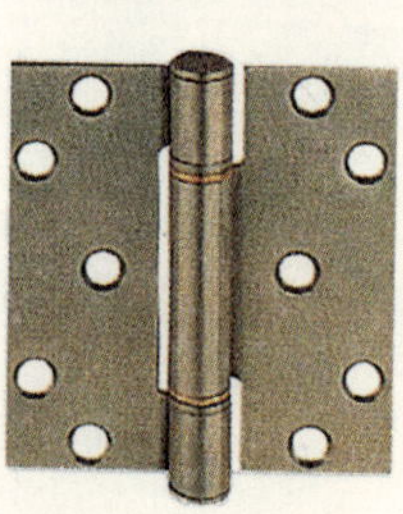

자유 정첩

그림 2.9-14 각종 정첩

(2) 자물쇠(lock) 및 열쇠(key)

자물쇠는 창문 등을 닫아 잠그는 창호철물로 자물통과 열쇠, 볼트 등의 3부분으로 구성된다.

표. 2.9-6 자물쇠 및 열쇠의 종류

구 분	종 류
함자물쇠 (bit key lock)	자물쇠를 작은 상자에 장치하여 출입문 등의 울거미 표면에 붙여 대는 자물쇠로 빗장자물쇠라고도 한다.
핀 텀블러 자물쇠 (pin tumbler lock)	자물쇠 장치를 원통형의 실린더 속에 장치한 것으로 함자물쇠의 일종이며, 실린더 자물쇠(cylinder lock)라고도 한다.
헛자물쇠 (thumb latch)	문을 닫으면 잠가지는 걸쇠정도의 자물쇠로 열쇠를 쓰지 않고 문을 걸어 잠글 수 있다.
본자물쇠 (dead latch)	데드 보울트(dead bolt : 자물대)만이 있고 열쇠로 잠그고 열쇠로 열게 만든 자물쇠로서 주로 실의 외부에서 열쇠를 사용할 수 있으나 실내에서 손으로 돌려서 열게 된 것도 있다.
나이트 래치 (night latch)	실내에서는 열쇠 없이 열고 실외에서는 열쇠가 있어야만 열 수 있는 자물쇠로 함자물쇠와 거의 같은 장치이다.

Door Chain

(3) 걸쇠(latch) 및 꽂이쇠(lock bolt)

걸쇠는 문이나 창이 열리지 않도록 돌리거나 꽂아서 거는 창호철물로 열쇠를 사용하지 않고 손으로 조작하며, 꽂이쇠는 미서기나 미닫이 창호의 안팎 여밈대에 꽂아서 밖에서는 열 수 없게 된 문걸쇠로길게 된 것과 중간을 꺾어 구부러지게 된 것이 있다.

Door Knocker

표. 2.9-7 걸쇠의 종류

구 분	종 류
넓적걸쇠(hasp)	넓적하게 만든 걸쇠의 일종으로 넓적한 판에 구멍을 뚫어 돌리면 걸리게 되는 것으로서 맹꽁이 자물쇠를 걸 때 사용한다. 넓적 가막쇠, 넓적 걸쇠고리라고도 한다.
도래걸쇠 (swing latch)	넓적걸쇠의 걸이쇠가 돌게된 창호철물로 통자물쇠를 채우는데 주로 사용한다.
갈고리걸쇠 (hooked latch)	철선을 사용하여 갈고리 모양으로 만들어 걸게된 것이다.
크레센트(crecent) (dead latch)	초생달 모양으로 미서기 창문이나 오르내리창을 걸어 잠글 때 사용한다.

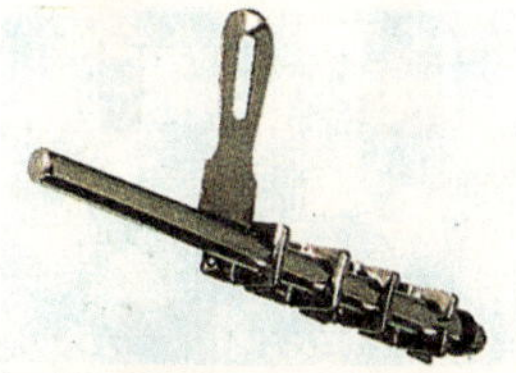

Locking Bar

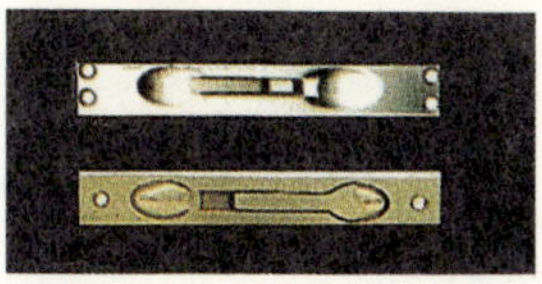

Flush Bolt

그림 2.9-15 걸쇠 및 꽂이쇠

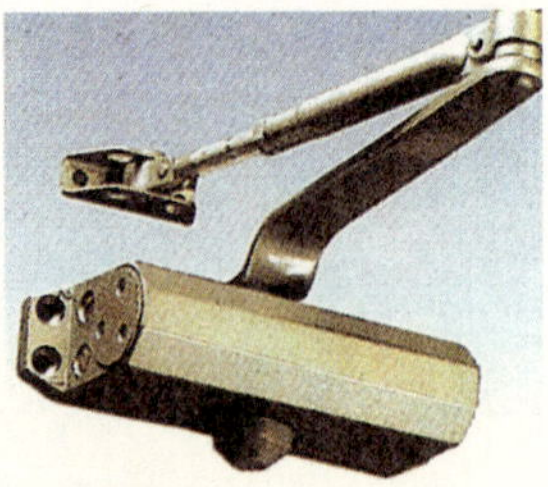

Door Closer

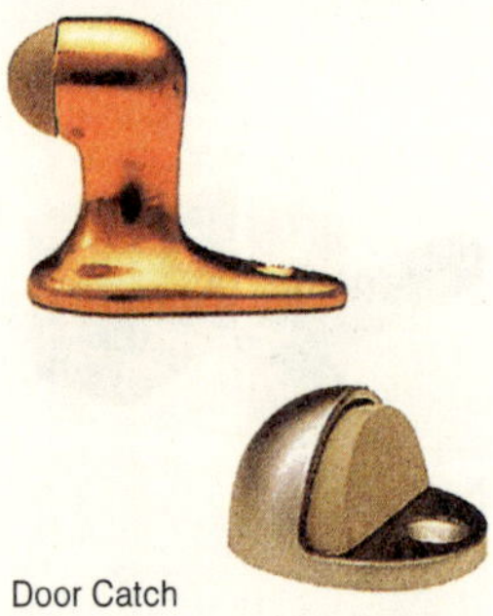

Door Catch

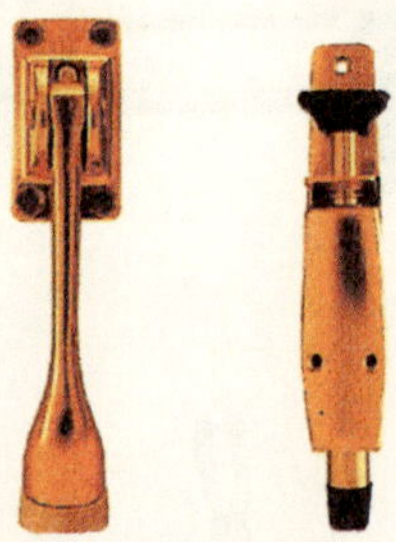

Door Staty

Door Holder

그림 2.9-16 각종 개폐조정기

(4) 창호 개폐조정기(開閉調整器)

열려진 창호가 닫아지지 않게 하거나 저절로 닫아지게 하는 철물로 도어 클로저(door closer), 도어스톱(door stop), 문 버팀쇠(door stay) 등이 있다.

표. 2.9-8 창호 개폐조정기의 종류

구 분	종 류
도어 클로저 (door closer, door check)	여닫이문의 윗막이대와 문틀 상부에 설치하여 문을 열면 저절로 닫히는 장치가 되어 있는 철물로 피스톤 장치가 있어 개폐속도를 조절할 수 있으며 유압식과 스프링식이 있다. 도어체크라고도 한다.
도어 캐치 (door catch, door stop)	문을 열어 제자리에 머물러 있게 하거나 벽 하부에 대어 문짝이 벽에 부딪히지 않게 하는 철물로 여닫이문에 사용하며 도움형 도어 케치와 바닥붙이식 도어캐치가 있다.
도어 홀더 (door holder)	열려진 문을 버티어 고정시키거나 갈고리로 걸어 제자리에 머물게 하는 철물로 여닫이문에 사용하며, 벽 붙이식 갈고리 도어홀더와 바닥붙이식 갈고리 도어홀더가 있다.
문 버팀쇠 (door stay)	도어스톱을 겸한 것으로 문의 하부에 달아 임의로 버틸 수있게 하는 철물로 마찰식과 도어 붙이식이 있다.
창개폐조정기 (sash adjuster)	여닫이창의 창짝 하부와 밑틀에 달아 창짝이 바람에 여닫히는 것을 방지하기 위하여 창을 열어 고정시키는 철물이다.

(5) 미서기, 미닫이용 및 기타 창호용 철물

표. 2.9-9 창호 개폐조정기의 종류

구 분	종 류
손잡이(handle) 및 손걸이(sash lift)	창호를 개폐할 때 손이나 손가락으로 잡을 수 있도록 창호에 장치한 철물로 알 손잡이, 레버핸들, 파이프 손잡이, 돌림 손잡이, 오목 손걸이 등이 있다.
문바퀴(floor roller)	미서기, 미닫이 등의 창문 밑막이에 대어 문이 레일 위를 미끄러지게 하는 철물로 호차라고도 한다. 볼 베어링(ballbearing)이 들어 있는 주철제 바퀴가 일반적으로 사용된다.
레일(rail)	호차가 쉽게 미끄러질 수 있도록 창호의 밑틀에 고정시키는 철물로 재료(강철제, 황동제, 철심 PVC제) 및 모양(원호꼴, 네모꼴, 둥근꼴, 네모꼴 T형 등), 치수(7㎜, 8㎜, 9㎜, 11㎜)에 따라 분류한다.
도어 행거	(door hanger)접문의 이동을 위해 문의 상부에서 달아매는 철물로 매달기용 문바퀴라고도 하며, 문짝의 크기에 따라 2개나 4개의 바퀴가 있는 것을 사용한다.

2.10 벽지(壁紙 : wall paper)

2.10.1 개요(槪要)

벽지란 종이제, 섬유제, 플라스틱제 및 금속박제 등의 것으로 가요성이 있고 접착제로 붙이는 것을 의미하며, 미리 접착제나 점착제를 도포한 것도 포함한다. 벽, 천장, 바닥의 장식 및 보호를 위하여 바르는 벽지는 소재에 따라 종이벽지, 직물벽지, 비닐벽지, 목질계 벽지 및 무기질 벽지로 구분한다. 벽지는 실내의 표면마감재 중 가장 일반적으로 사용되며 또한 그 붙이는 면적이 넓으므로 실내분위기에 미치는 영향이 큰 재료이다. 따라서 벽지를 선정할 때는 상당한 주의를 요하며 다음과 같은 조건을 고려하여 벽지를 선정하면 무리가 없다.

표. 2.10-1 벽지의 선정조건

구 분	성 능
재질적 성능	① 내구성, 내후성이 우수할 것. ② 내마모성, 내충격성이 있을 것. ③ 흡음 및 단열의 효과가 있을 것.
기능성	① 벽면 및 천장 면의 보호. ② 장식적인 효과. ③ 빛에 의한 변화가 없을 것. ④ 쉽게 오염되지 않을 것.

그림 2.10-1 실크벽지

그림 2.10-2 직물벽지

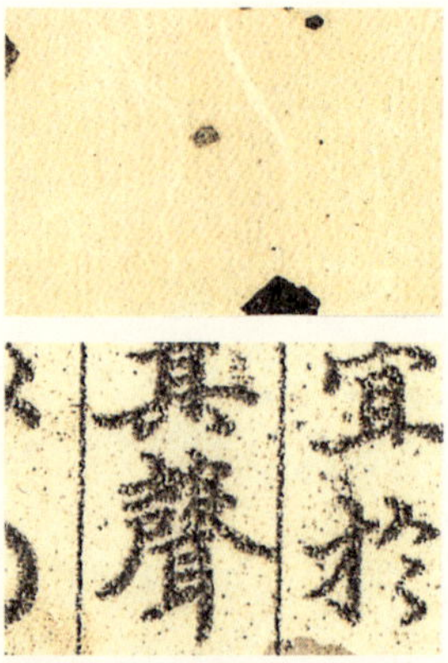

그림 2.10-3 한지벽지

2.10.2 벽지의 분류

표. 2.10-2 벽지의 분류

구 분	종 류
종이벽지	① 일반 종이벽지　② 가공 종이벽지
직물벽지 (섬유벽지)	① 천연섬유벽지 : 견직물, 모직물 ② 합성섬유벽지 : 레이온, 나일론, 아크릴
비닐벽지	① 일반 비닐벽지　② 발포 비닐벽지　③ 비닐 레저벽지
목질계 벽지	① 수지가공 벽지　② 코르크 벽지
무기질계 벽지	① 질석벽지　② 금속박벽지
기타	갈포벽지, 지사벽지 등

2.10.3 종이벽지(wall paper)

원지 2매를 종, 횡으로 붙인 후 그 표면에 프린트 가공을 하거나 엠보스 가공한 것으로 일반 종이벽지와 가공 종이벽지로 구분한다. 종이벽지는 디자인과 색조가 풍부하며 가격이 저렴한 장점은 있으나 종이가 얇아서 찢어지기 쉽다. 가장 일반적으로 사용한다.

그림 2.10-4 천연재료(숯) 벽지

2.10.4 직물벽지(織物壁紙 : 섬유벽지)

직물만이 갖는 부드러운 질감과 호화로운 느낌이 들며 흡음과 단열효과가 우수하다. 종이나 비닐벽지에 비해 먼지를 많이 흡수하고 퇴색하기 쉬운 것이 결점이다. 소재로는 견직, 모직, 마직물 등의 천연섬유와 레이온, 나일론, 아크릴 등의 합성섬유가 사용된다.

표. 2.10-3 직물벽지의 분류

구 분		특징 및 용도
천연섬유벽지	견직물	최고급 벽지로 광택과 온화한 느낌이 든다. 화려한 실내장식에 많이 사용된다.
	모직물	질감이 가장 우수하며, 튼튼하고 흡음 및 단열효과가 좋다
합성섬유벽지	레이온	셀룰로오스계의 재생섬유로 염색성이 좋고 광택이 있으며, 가격이 저렴하다. 다른 섬유와 혼방하여 널리 사용된다.
	나일론	탄력성 및 내구성이 우수하며, 염색이 자유롭다.
	아크릴	가벼운 천으로 보존성이 우수하고 색의 발색이 선명하다. 오염되기 쉽고 불에 타기 쉬운 결점이 있다.

그림 2.10-5 목질계 벽지

2.10.5 목질계(木質系) 벽지

수지가공 단판벽지와 코르크 벽지가 대표적이다. 수지가공 단판벽지는 나무의 결이 자연스럽게 나타나는 벽지로 티크, 월넛, 오크 등의 무늬 및 색이 아름다운 목재의 단판에 염화비닐 시트 등으로 안대기하고 단판의 표면은 투명 플라스틱으로 코팅을 하여 만든다. 코르크(cork) 벽지는 안대기 종이 위에 얇게 자른 코르크 조각을 접착한 것으로 흡음효과가 우수하다.

2.10.6 비닐벽지(vinyl wall covering)

비닐벽지는 염화비닐 필름에 종이를 안대기 하고 표면에 프린트 가공이나 엠보스 가공을 한 것으로 종이벽지와 같이 일반적으로 사용하는 벽지이다. 비닐벽지는 내오염성이 커서 오염이 되더라도 젖은 천으로 간단히 닦아낼 수 있다. 일반적으로 통기성이 부족해서 결로의 우려가 있고, 곰팡이가 생기기 쉬운 결점이 있다.

그림 2.10-6 비닐벽지

표. 2.10-4 비닐벽지의 분류

구 분	특징 및 용도
일반 비닐벽지	염화비닐 필름의 표면에 색무늬 모양을 프린트 가공한 프린트 비닐벽지와 약간의 엠보스 가공을 한 벽지가 있다.
발포 비닐벽지	비닐벽지 특유의 차가운 느낌을 없애기 위해 발포비닐을 사용하여 표면에 부드러움을 준 벽지로 프린트 잉크에 발포제를 넣어 염화비닐 필름 위의 프린트 부분을 발포시킨 프린트 발포벽지와 발포시킨 염화비닐 필름에 깊은 오목형 누름의 엠보스(emboss)를 만든 고발포 비닐벽지 등이 있다.
비닐 라미네이트벽지	종이의 표면에 모양을 프린트하고 그 위에 투명 염화비닐 필름을 압착한 벽지이다.
비닐 레저벽지	염화비닐필름의 표면에 레자터치 모양이 엠보스 가공된 것으로 안대기에는 종이, 천, 부직포 등이 사용된다.

2.10.7 무기질계(無機質系) 벽지

질석(蛭石)벽지, 아스베스트(asbestos)벽지, 금속박 벽지가 대표적이다. 질석벽지는 안대기 종이 위에 고운 질석가루를 뿌려 접착시킨 벽지로

그림 2.10-7 갈포벽지

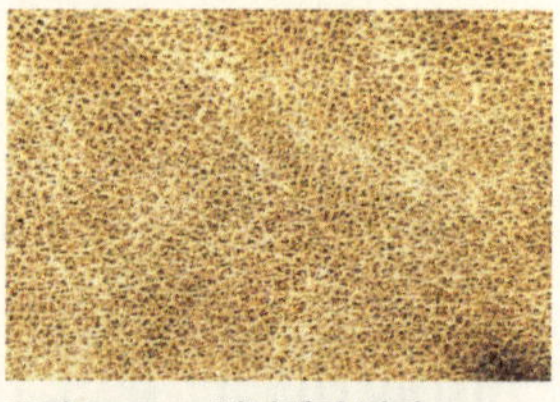

그림 2.10-7 비닐레저 벽지

그림 2.10-8 유리섬유 벽지

그림 2.10-9 장판지

내화성이 우수하여 주로 천장용으로 사용하고 아스베스트 벽지는 석면에 펄프를 혼입한 아스베스트 시트에 염화비닐 필름을 라미네이트 하여 가공한 벽지로 방화성능이 우수하다. 금속박 벽지는 안대기 종이에 알루미늄 박을 붙인 것으로 표면은 프린트 또는 엠보스 가공을 하여 만든다.

2.10.8 갈포벽지(葛布壁紙)

갈사(葛絲)와 면사로 직조한 것을 원지에 접착하여 만든 것으로 인공재료에서는 느낄 수 없는 거칠고 자연스런 느낌이 돋보이는 벽지이다. 대량생산이 어렵고 수명이 짧은 것이 결점이다.

2.10.9 장판지(壯版紙 : floor paper)

저피섬유와 목재펄프를 혼합하여 만든 크고 두꺼운 장지에다 식물성 기름을 침투시킨 종이로 온돌바닥에 붙일 때 사용한다.

2.11 카펫(carpet) 및 깔기재료

그림 2.11-1 카펫의 사용 예

2.11.1 개요(概要)

양털, 레이온, 아크릴 등으로 짠 바닥깔기 재료로 촉감이 좋고 흡음성능과, 보온효과도 우수하다. 색채와 무늬가 아름다워 바닥의 고급 마감재료로 사용한다. 카펫은 천연의 양모와 실크, 천연염료를 사용하여 손으로 짠 수직물(手織物)과 아크릴사, 나일론, 합성섬유, 화학염료를 사용하여 기계로 짠 기계직(機械織)으로 분류되며, 양탄자 또는 융단이라고 한다. 카펫은 소방법 시행령 제 11조 제 1항에 의한 방염처리 대상에 속하는 재료이므로 관련법규(제 3 장 소방법 마감재료 제한)를 필히 검토한 후 사용해야 한다.

표. 2.11-1 카펫의 분류

구 분		특징 및 용도
제조 방법에 따른 분류	수직(手織)	손으로 짠 카펫으로 융단, 양탄자, 단통(緞通)이라고도 한다. 산지에 따라 페르시아 융단, 터키 융단, 중국 융단, 스페인 융단 등이 있다.
	기계직(機械織)	윌튼 카펫, 액스민스터 카펫
	자수(刺繡)	① 기계자수 : 터프테드 카펫 ② 수자수 : 훅 드러그
	기계편물	니테드 카펫
	부직펠트상	① 니들 펀치 카펫 ② 코드 카펫
크기에 따른 분류	카펫(carpet)	바닥전체에 사용하는 카펫
	타일 카펫 (tile carpet)	타일형상으로 생긴 타일로 500×500㎜의 크기로 생산된다.
	러그(rug)	1매 미만으로 사용하는 중형카펫으로 방의 일부분에만 사용하는 카펫이다. 침실의 침대, 거실의 소파, 벽난로 부분 등에 사용한다.
	매트(mat)	소형 1매의 것으로 현관이나 욕실의 매트로 사용한다.

2.11.2 카펫의 분류

표. 2.11-2 카펫의 종류

구 분	특 징 및 용 도
수직(手織) 카펫	단통(緞通)은 카펫 중에서 가장 호화롭고 품위가 있으며, 감촉이 부드러우며 품질도 최상급이다. 단통의 패턴은 산지별로 특징이있으나 일반적으로 꽃 모양과 생산지의 문화를 표현하는 디자인이 주를 이룬다. 페르시아산, 터키산 등이 유명하다.

구 분	특징 및 용도
윌튼(wilton) 카펫	18세기 말 영국의 윌튼이란 마을에서 처음 만들어진 카펫으로 기계직 중에서 가장 튼튼하고 내구성이 우수하다. 현재는 윌튼이란 말 자체가 고급카펫을 대표하는 용어로 사용되고 있다.
액스민스터 (axminster)	윌튼 카펫과 같이 액스민스터 카펫도 영국지방의 액스민스터라는 지명에서 유래한 명칭이다. 19세기 후반 미국의 하르시온 스키너라는 사람이 수십색의 색실을 사용하여 자유로이 모양을 만드는 기계를 발명하는데, 이 직기를 도입한 액스민스터는 다색모양의 카펫이라는 특색 있는 카펫을 만들어 현재에 이르고 있다.
카펫 터프테드 카펫	바탕천에 미싱바늘로 파일사를 자수하여 만든 것으로 제조법이 간단하여 대량생산이 가능하므로 가격이 저렴하다. 가장 일반적으로 사용되고 있는 대표적인 카펫이다.
타일(tile) 카펫	500㎜×500㎜ 크기의 정방형으로 재단하여 타일형상으로 만든것으로 일반카펫의 장점인 탄력성, 내구성, 방염성, 흡음성 등은 그대로 유지하고, 단점인 유지관리 및 보수의 어려움을 보완한 것으로 레이 아웃의 변경이나 부분적으로 오염이 됐을 경우 카펫을 떼어 내거나 다시 까는 작업이 용이한 장점이 있다.
니들(needle) 펀치(punch)	카펫펠트상의 부직 카펫으로 가격이 아주 저렴하다. 바탕천에 펠트섬유를 바늘에 꿰어, 바탕천에 감아 펠트상으로 압축성형하여 만든다. 탄력성은 없으나 마찰에 강하다.

2.11.3 카펫의 종류

그림 2.11-4 각종 카펫

그림 2.11-2 카펫

그림 2.11-3 러그

2.11.4 기타 깔기 재료

(1) 돗자리(rush mat)

삿자리(bulrush mat : 갈대 등을 펴서 엮어 만든 자리)와 짚자리(짚으로 만든 자리), 왕골로 만든 화문석 등이 있다.

(2) 다다미(straw mat)

일본에서 전래된 것으로 바탕 30㎜ 정도 두께의 볏짚 밑자리 위에 돗자리를 씌우고, 옆을 천으로 선을 둘러 댄 바닥 깔기용 재료로 크기는 900×1800㎜에 두께 40~60㎜ 정도이다. 탄력성, 보온성, 촉감은 우수하나 내구성이 부족하고 흡습성 및 오염성이 크며 먼지를 포함하기 쉽다.

그림 2.11-5 다다미

그림 2.11-6 타일 카펫

그림 2.11-7 각종 깔개

2.12 일광(日光)조절장치(調節裝置)

2.12.1 개요(概要)

일광 조절장치란, 외부로부터의 시선차단 및 빛과 열을 융통성 있게 조절하며, 실내에 풍부한 표정을 부여하는 기능을 갖는 것으로 종류에는 커튼(curtain), 블라인드(blind), 셰이드(shade) 가 있다.

2.12.2 커튼(curtain)

커튼은 실내장식 및 연출에 있어서 아주 중요한 요소이며, 외부로부터의 시선차단, 빛과 열의 조절, 보온과 흡음의 효과를 얻을 수 있다.

직물류의 커튼은 카펫과 같이 소방법 시행령에 의한 방염처리 대상에 속하는 재료이므로 관련법규(제3장 소방법 마감재료 제한)를 필히 검토해야 하며, 커튼은 세탁 후에도 커튼의 형이 무너지지 않거나 변색 또는 치수의 변화가 없는 것으로 시각적인 효과(주름)와 탈색여부, 실내배색에 어울릴 수 있는 색상인지를 충분히 고려하여 선택해야 한다.

그림 2.12-1
레이스커튼과 드레이프 커튼

(1) 커튼의 소재

표. 2.12-1 커튼소재의 분류

구 분	특징 및 용도
면(綿 : cotton)	천연섬유로 질기며 가격이 저렴하지만 물세탁과 염소표백은 불가능하다. 주로 프린트 커튼용으로 사용.
마(麻)	질기고 심이 강하지만 구겨지기 쉽다. 주로 케이스먼트 커튼용으로 사용한다.
레이온	드레이프 커튼용으로 사용하며 천연섬유와 비슷하고 가격이 저렴하다. 물세탁과 염색표백은 불가능하다.
폴리에스테르	레이스 커튼지로 적합하며 질기고 치수의 안정성이 있다. 물세탁이나 드라이 크리닝이 가능하다.
아크릴	가볍고 보온성이 좋다. 주로 케이스먼트 커튼이나 프린트 커튼용으로 사용한다.

그림 2.12-2 버티칼 블라인드

(2) 커튼의 구성 재료

커튼은 커튼 본체, 밸런스, 부속품 및 액세서리로 구성되며, 실내공간의 용도 및 기능에 적합한 것을 선택해야 한다. 각 구성재료의 종류및 특징은 다음 표와 같다.

그림 2.12-3 커튼 악세사리

표. 2.12-2 커튼 구성재의 분류

구 분	특징 및 용도
커튼 본체	커튼 자체를 의미하며 한겹 달기와 두겹 달기로 구분한다. 한겹 달기는 레이스 커튼과 프린트 커튼 또는 기타 커튼을 단독으로다는 경우로 차광을 필요로 하지 않는 곳에 사용한다. 두겹 달기는 레이스 커튼을 실내측에 병용하여 다는 경우로 차광과 채광을 겸할 수 있는 장점이 있다.
밸런스 (balance)	커튼레일을 가리고 커튼의 장식성을 더욱 풍부하게 하는 것으로 밸런스의 디자인에는 커튼과 동일한 주름을 잡은 주름 밸런스, 바탕 천을 평평하게 두고 하단에 요철을 주거나 장식을 다는 플랫 밸런스, 궁전풍의 드레이프 밸런스 등 3가지 종류가 있다.
커튼 레일 및 부속품	① 기능레일 : 일반적으로 보급되어 널리 사용되고 있는 레일로 단면모양에 따라 I식, C식, D식, L식으로 구분하며 각 형식에 맞는 러너(레일을 미끄러지는 바퀴), 스토퍼(레일의 양단을막거나 러너를 멈추게 하는 장치), 브라켓(레일을 벽에 고정하는 부속품), 후크(커튼을 달 때 커튼지에 부착하는 고리)로 구성된다. ② 장식레일 : 클래식 타입이 주를 이루며 1개의 봉으로 된 것이 많다. 종류로는 목재 환봉, 알루미늄 환봉, 알루미늄 각봉 등이 있다. 1겹 달기일 때는 장식레일 1개를 사용하지만 두겹 달기 일때는 기능레일을 바깥쪽에, 장식레일을 실내측에 사용한다.
커튼 액세서리 (accessory)	① 터셀(tassel) 및 홀더(holder) : 커튼을 좌우로 끌어 모아 술걸이에 고정하기 위한 것으로 커튼과 같은 천으로 만들거나 기성품을 사용한다. ② 술걸이 : 터셀과 홀더를 고정하기 위한 것으로 세로창틀에 고정시킨다. ③ 트림(trim) : 커튼 및 밸런스 등에 악센트를 주기 위한 테두리 및 끝단의 장식으로 방울이 달린 것, 술을 붙인 것 등 종류가 다양하다.

그림 2.12-4 드레이프 커튼

로만 셰이드

수직 브라인드

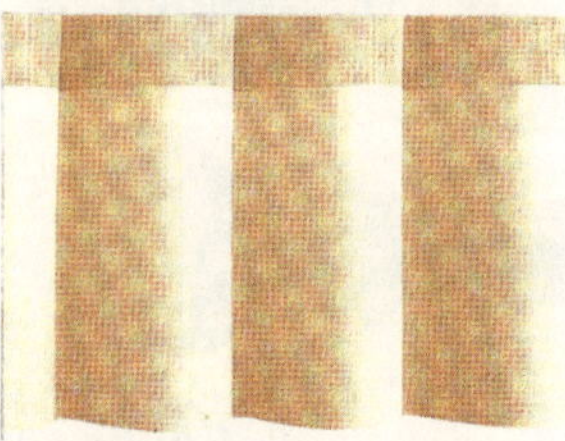

루미넷 프라이버시 쉬어

수평 블라인드(우드)

수평 블라인트

그림 2.12-5 각종 블라인드

(3) 커튼(curtain)의 종류

커튼의 종류 및 특징, 용도는 표. 2.13-3과 같으며 커튼은 실내공간에 악센트를 주는 역할을 하므로 그 선택에 신중을 기해야 한다.

표. 2.12-3 커튼의 종류

종류	특징 및 용도
드레이프 커튼 (drape)	두껍고 중량감이 있는 커튼을 드레이프 커튼이라고 한다. 천이 지닌 광택이나 느낌이 특색이 있으며 짜임새가 치밀하다. 통기성은 작으나 차광, 방음, 보온성이 우수하다.
레이스(lace) 커튼	가는 합섬사(合成纖維絲)를 이용하여 얇게 짠것으로 커튼 중에서 가장 통기성이 크고, 빛을 확산시키며, 외부로부터의 시선의 차단 효과도 크다. 다른 커튼과 함께 다는 경우가 많다.
케이스먼트 (casement) 커튼	드레이프와 레이스의 중간형으로 일반적으로 한 겹으로 달며, 장식성이 풍부하고 약간의 투시성이 있으면서 실내의 프라이버시도 확보할 수 있다. 4계절을 구분 없이 사용할 수 있으며 현대 감각이 요구되는 공간에 잘 어울린다.
프린트(print) 커튼	면, 아크릴계 및 레이온 등의 바탕천에 추상무늬, 나뭇잎 등을 프린트한 것으로 보통커튼과 롤(roll)스크린용으로 사용한다.
선염(先染) 커튼	직조하기 전에 원모 또는 실의 단계에서 염색한 후 직조한 커튼으로 주로 드레이프 커튼용으로 사용한다.
후염(後染) 커튼	무지 또는 무늬 직물을 염색한 것으로 캘리코(calico :흰 무명), 포플린(poplin)과 같은 얇은 천을 비롯하여 도비(dobby), 자카드(jacquard) 등 거의 모든 직물에 사용된다.
차광(遮光) 커튼	침실이나 영사실 등의 빛을 차단하기 위한 커튼으로 보통의 드레이프 커튼에 검은 천을 대거나 천 안쪽에 폴리우레탄 또는 아크릴수지를 코팅하여 만든다.

2.12.3 블라인드(blind)

슬랫(slat : 날개)의 각도를 조절하여 빛의 양 및 조망, 시선차단 정도를 조절할 수 있는 창 가리개로 수평, 수직 블라인드가 있다.

(1) 수평 블라인드(horizontal blind)

실내에 수평적 요소를 부여함으로 안정감을 주지만 날개에 먼지가 쌓일 우려가 크다. 슬랫은 열반사율이 높은 알루미늄 합금이 주로 사용되며 베니션 블라인드(venetian blind)라고도 한다.

(2) 수직 블라인드(vertical blind)

슬랫이 세로로 늘어선 것으로 틸트기어(tilt gear)의 체인에 연결되어 있어 180° 회전이 가능하다. 좌우로 개폐되므로 출입구에도 설치할 수 있다.

2.12.4 롤 블라인드(roll blind, roll screen)

(1) 롤 블라인드(roll blind)

롤 셰이드(roll shade) 또는 롤 스크린(roll screen)이라고도 하며 회전구동기구를 작동시켜 직물전체가 감기거나 풀리면서 개폐된다. 회전구동 기구에는 수동식과 전동식이 있다.

(2) 로만 블라인드(roman blind)

로만 셰이드(roman shade)라고도 하며, 천의 내부에 설치된 풀 코드나 체인에 의해 당겨져 아래가 접히면서 올려진다.

그림 2.12-6
로만 블라인드 & 호리젠탈 블라인드

제 3 편

실내건축색채계획

제 1 장
실내건축과 색채의 기본(基本)

1.1 개요(槪要)

처음 계획하고 구상한 실내건축디자인을 성공적인 결과물로 완성시키는 핵심적인 요소 중에 색채가 차지하는 비중이 크다는 것은 분명한 사실이다.

사람의 감각 중에서 정보를 가장 먼저 인지하고 받아들이는 것은 시각(視覺)이며 그 비중은 80% 이상이 된다고 한다. 실내를 구성하는 요소 중에 사람의 감각적인 면에 영향을 미치는 요소에는 질감, 조형물의 음영, 색채, 조명 등이 있으며 그 가운데 시각에 가장 큰 호소력을 주면서 가장 먼저 지각되는 것은 질감과 조형물의 형이 아니라 색채이며 따라서 색채계획은 실내건축의 목적 중에 정서적 조건을 충족시키기 위한 필수적인 계획요소 중의 하나가 되는 것이다.

그러므로 실내공간을 구성하는 요소들이 기능적, 환경적, 조형적으로 적절히 조화가 되어 이상적인 형태의 공간으로 연출되었다 하더라도 정서적인 조건을 만족시키는 요소 중의 한가지인 색채표현이 그 공간에 어울리지 않는다면 그 공간의 목적에 맞는 실내건축물이 완성되었다고는 볼 수 없는 것이다.

따라서 목적에 맞는 색채를 계획하고 표현하려면 최소한의 색채 표현력과 색채이론을 숙지해야 하며 이는 실내건축업무에 관계하는 기술자들에게 필수적으로 필요한 요건이 된다.

그림 1-1 색채의 사용예

1.2 색채의 기본

1.2.1 색채의 분류

색(色)이란 시지각 대상으로서의 물리적 대상인 빛과 그 빛의 지각현상

그림 1-2 무채색의 기본색명

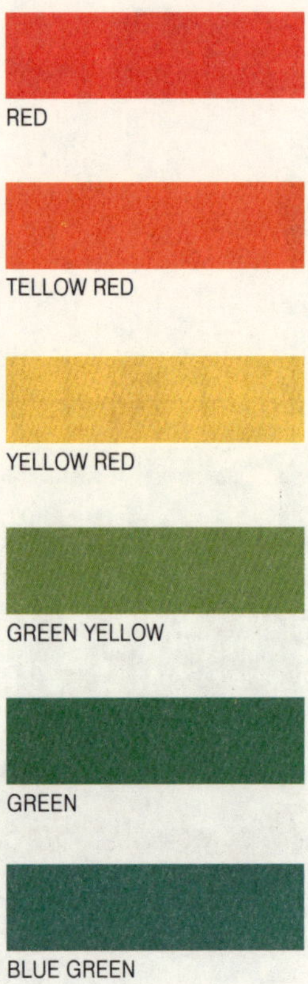

그림 1-3 일부분

을, 색채는 물리적 현상으로서의 색이 감각기관인 눈을 통해서 지각되었거나 생리적 또는 심리적으로 지각하는 시감각(視感覺)을 의미하지만 구분해서 사용하지 않더라도 그 의미를 전달하는 데는 무리가 없으며 실제로도 같은 의미로 사용되고 있다. 색채는 무채색과 유채색으로 대별한다. 흰색, 회색, 검정색 등 색기(色氣)가 없는 것을 무채색이라 하고 무채색 이외의 색을 유채색이라 한다. 유채색에 무채색을 혼합하여도 색기가 있는 한 유채색으로 분류하며, 무채색과 유채색의 기본 색명은 다음 표와 같다.

표.1.1 무채색의 기본색명(KSA 0011)

기본색명	영어
흰 색	White
밝은 회색	Light Gray
회 색	Gray
어두운 회색	Dark Gray
검 정	Black

표.1.2 유채색의 기본색명(먼셀의 10색상환 : KSA 0011)

기본색명	영어
빨 강(적)	Red
주 황	Yellow Red
노 랑(황)	Yellow
연 두	Green Yellow
녹 색	Green
청 록	Blue Green
파 랑(청)	Blue
남 색	Blue Purple
보 라(자)	Purple
자 주(적자)	Red Purple

1.2.2 색채의 3속성

인간이 볼 수 있는 색과 느낄 수 있는 색채는 다양하지만 그 성질들을 정리하면 색상, 명도, 채도의 3가지로 구분할 수 있으며 이를 색채의 3속성이라 한다.

(1) 색상(Hue)

시각으로 빨강, 파랑, 노랑을 구별하듯이 유채색들끼리 서로 비교하는 데 기준이 되는 것을 의미한다. 즉, 감각에 의하여 식별되는 색의종류를 구별하기 위하여 필요한 명칭을 색상이라고 한다.

현재 우리 나라에서 사용하고 있는 색상의 명칭은 먼셀의 색상환에 근거를 둔 10색상환과 20색상환을 기본으로 한 것이다.

색상의 명칭은 한국산업규격에서 규정한 것(먼셀의 10색상환)과 교육인적자원부(과거 문교부)에서 지정한 것(먼셀의 20색상환)이 사용되고 있는데 그 기본 색상의 색 이름을 비교한 것을 표로 나타내면 다음과 같다.

그림 1-3 유채색의 기본색명

표.1.3 교육인적자원부의 교육용 20색 이름

순서	색 이름	먼셀기호	영문표기
1	빨 강	R	Red
2	다 홍	yR	Pale Yellow Red
3	주 황	YR	Yellow Red
4	귤 색	rY	Pale Red Yellow
5	노 랑	Y	Yellow
6	노랑연두	gY	Pale Green Yellow
7	연 두	GY	Green Yellow
8	풀 색	yG	Pale Yellow Green
9	녹 색	G	Green
10	초 록	bG	Pale Blue Green
11	청 록	BG	Blue Green
12	바다색	gB	Pale Green Blue
13	파 랑	B	Blue
14	감 청	pB	Pale Purple Blue
15	남 색	PB	Purple Blue
16	남보라	bP	Pale Blue Purple
17	보 라	P	Purple
18	붉은보라	rP	Pale Red Purple
19	자 주	RP	Red Purple
20	연 지	pR	Pale Purple Red

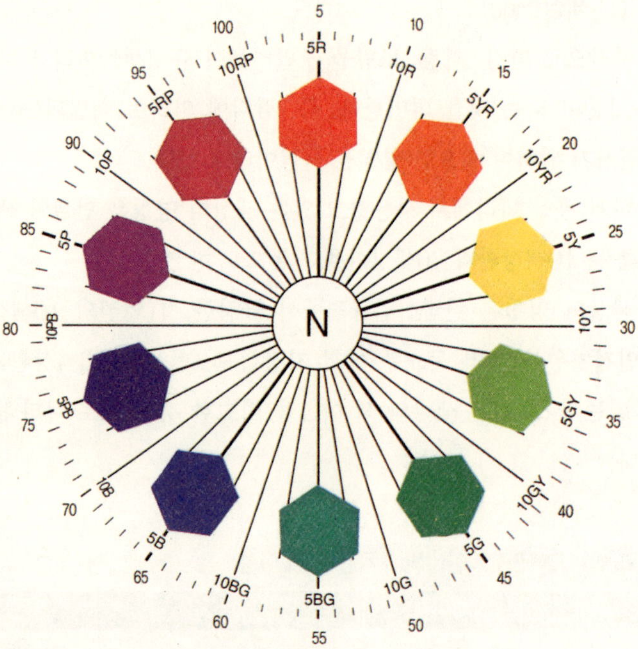

그림 1-4 먼셀의 10색 상환

표.1.4 교육인적자원부와 산업규격의 색 이름 비교

교육인적자원부	KSA0011	한자표기	먼셀 색 이름
빨 강	빨 강(적)	赤	Red
주 황	주 황	朱黃	Yellow Red
노 랑	노 랑(황)	黃	Yellow
연 두	연 두	黃綠	Green Yellow
녹 색	녹 색	綠	Green
청 록	청 록	靑綠	Blue Green
파 랑	파 랑(청)	靑	Blue
남 색	남 색	靑紫	Purple Blue
보 라	보 라(자)	紫	Purple
자 주	자 주(적자)	紫朱	Red Purple

(2) 명도(Value)

물체의 표면이 다른 것에 비하여 얼마나 밝은지를 나타낸, 즉 시지각 또는 감각적인 색채의 속성을 척도화 한 밝기의 정도를 말한다.

무채색과 유채색의 공통점으로는 밝음과 어두움을 갖고 있다는 점인데 여기서 밝음의 정도를 나타내는 척도가 명도가 된다. 밝음의 정도는 무채색을 11단계로 구분하여 비교 측정하며 명도는 다음과 같이 고명도, 중명도, 저명도로 구분하기도 한다.

① 고명도(light color) : 10도~7도(4단계)

② 중명도(middle color) : 6도~4도(3단계)

③ 저명도(dark color) : 3도~0도(4단계)

그림 1-5 명도단계

(3) 채도(Chroma)

색의 순도(純度) 또는 포화도(飽和度)라고 하며, 색채의 선명도(鮮明度)를 의미한다. 수많은 색 중에서 순도가 가장 높은 색을 청색(靑色: clear color), 탁한 색을 탁색(濁色 : dull color)이라 하며, 동색상의 청색 중에서도 가장 채도가 높은 색을 순색(pure color)이라고 한다. 채도는 가장 낮은 단계의 채도를 1로 하고 가장 높은 채도를 14로 하여 14단계로 분류한다.

1.3 색의 혼합(混合)

1.3.1 가산혼합(加算混合 : Additive color mixture)

가산혼합은 가법혼합, 색광혼합이라고도 한다. 색광의 3원색인 빨강(Red), 녹색(Green), 청자(Blue)는 혼합할수록 더욱 밝고 맑아지며, 인접한 두 색을 혼합하면 그 중간에 해당하는 새로운 색이 만들어진다. 이 3가지 색광을 모두 혼합하면 백색광(하양)이 된다.

- 청자(Blue) + 녹색(Green) = 파랑(Cyan)
- 녹색(Green) + 빨강(Red) = 노랑(Yellow)
- 청자(Blue) + 빨강(Red) = 자주(Magenta)

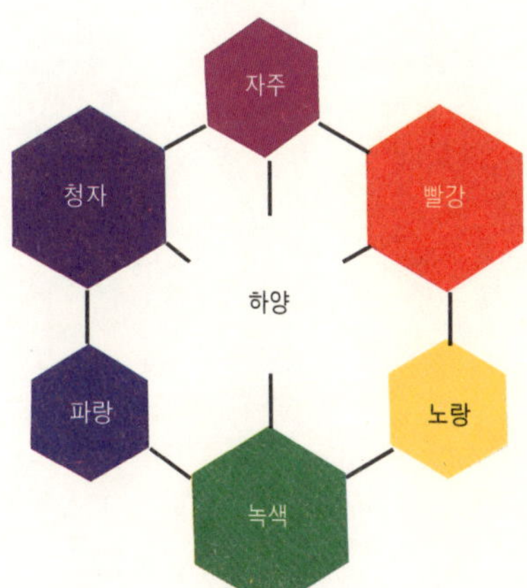

그림 1-6 가산혼합

■ 청자(Blue) + 녹색(Green) + 빨강(Red) = 하양(White)

1.3.2 감산혼합(減算混合 : Subtractive color mixture)

감산혼합은 감법혼합, 색료혼합이라고도 한다. 색료의 3원색인 노랑(Yellow),자주(Magenta), 파랑(Cyan)은 혼합할수록 명도와 채도가 낮아지고 색상환에서 인접하는 색들간을 혼합하면 중간색이 만들어진다. 또한 원거리의 색들을 혼합하면 명도와 채도가 극히 저하되어 회색에 가까워지며 색료의 3원색을 모두 혼합하면 검정색이 된다.

- ■ 자주(Magenta) + 노랑(Yellow) = 빨강(Red)
- ■ 노랑(Yellow) + 파랑(Cyan) = 녹색(Green)
- ■ 파랑(Cyan) + 자주(Magenta) = 청자(Blue)
- ■ 자주(Magenta) + 노랑(Yellow) + 파랑(Cyan) = 검정(Black)

그림 1-7 감산혼합

1.4 색채의 이미지

우리가 볼 수 있는 모든 색에는 연상과 상징 등 심리적인 의미가 포함되어 있으며 이러한 의미가 인간의 행동에 많은 영향을 준다는 것은 확인된 사실이다. 따라서 색채를 사용할 때는 이러한 점을 충분히 고려해야 하며, 그 중에서 가장 일반적이면서도 기본적으로 사용하는 색료의 3원색과 3원색의 이차색 그리고 무채색의 이미지는 다음과 같다.

(1) 빨강(Red)

빨강은 정열, 흥분, 힘 등의 강한 의미를 포함하고 있으며, 불과 피를 상징하는 색으로 방화, 멈춤, 금지 등의 의미를 전달하기 위한 안전색채로도 사용한다. 빨강은 사용되는 부위의 면적이나 명도, 채도에 따라 다른 의미로 변화를 줄 수 있는데, 예를 들어 넓은 면적에 사용된 높은 채도의 빨강은 아주 적극적이며 자극적인 색이 되지만 작은 면적에 사용되면 흥미를 유발시키는 강조색이 된다.

또한 빨강계열의 분홍색을 밝게 사용하면 강렬한 이미지가 없어지고 여성스럽고 온화한 분위기의 이미지를 연출할 수 있으며, 명도와 채도를 낮게 하여 어둡게 사용하면 따뜻하고 중후한 갈색의 이미지를 연출할 수 있다.

그림 1-8 빨강이 강조된 실내

(2) 파랑(Blue)

파랑은 차가운 느낌을 주는 한색으로 순수함, 진실, 조심, 단순함, 엄숙함 등의 이미지를 포함하고 있으며 조심의 의미를 전달하기 위한 안전색채로도 사용한다.

파랑은 지적인 활동을 하는 공간이나 청결을 요하는 공간, 관료적이고 권위적인 이미지를 나타내고자 하는 공간에 적합한 색으로 대상공간의 목적이나 용도에 따라서 밝게 사용하면 청결하고 신선한 분위기를, 어둡게 사용하면 엄숙하고 권위 있는 분위기를 효과적으로 연출할 수 있다. 또한 파랑은 바다를 연상시키는 색으로 개방감과 확대된 공간감을 표현할 때 효과적이다.

그림 1-9 파랑이 강조된 실내

그림 1-10 노랑이 강조된 실내

(3) 노랑(Yellow)

노랑은 따뜻함, 포근함, 명랑함 등 부드러운 의미를 포함하고 있으며, 색의 이미지와는 다르나 주의를 요하는 장소의 안전색채로도 사용한다.

넓은 면적에 사용해도 무난한 색이지만 단색상만 사용하는 경우에는 지루하고 진부한 이미지를 줄 우려가 있으므로 다양한 톤(색조)으로 변화시켜 사용하는 것이 바람직하다. 또한 노랑은 생동감과 활동적인 이미지를 갖고 있으므로 활기찬 공간을 연출하는데 효과적이다.

(4) 주황(Yellow Red, Orange)

주황은 빨강과 노랑을 혼합하여 만든 이차색으로 빨강의 강렬한 이미지와 노랑의 부드러운 이미지를 동시에 포함하고 있으며 위험을 표시하는 대상의 안전색채로도 사용한다.

주황을 밝은 색조로 변화시킨 살구색은 자연스런 분위기를 강조하는 주거공간이나 상업공간의 배경색으로 효과적으로 사용할 수 있으며 어둡게 하면 갈색이 되어 아늑하고 편안한 이미지의 실내공간을 효과적으로 연출할 수 있다.

그림 1-11 주황이 강조된 실내

(5) 녹색(Green)

녹색은 파랑과 노랑을 혼합하여 만든 이차색으로 파랑의 차갑고 차분한 이미지와 노랑의 부드러운 이미지를 동시에 포함하고 있으며 안전, 진행을 표시하는 안전색채로도 사용한다.

녹색은 다른 색들을 강조하는데 가장 효과적이어서 그 사용이 지나친 감이 없지는 않지만 자연을 연상시키는 장소에는 이상적인 색이며 또한 편안한 휴식의 이미지를 갖고 있으므로 그 사용처가 넓은 색이다.

그림 1-12 녹색이 강조된 실내

(6) 보라(Purple, Violet)

보라는 빨강과 파랑을 혼합하여 만든 이차색으로 파랑의 차갑고 차분한 이미지와 빨강의 정렬적인 이미지를 동시에 포함하고 있는 색이다. 색이 갖는 모호성과 긴장감 때문에 환경적인 색채로 선호되는 색은 아니지만 섬세하고 감각적인 이미지를 상반되게 갖고 있으므로 예술적인 표현에 적합한 색채이다. 이와 같은 이유로 보라색만을 실내공간의 넓은 부위에 사용하기에는 위험이 따르며 작은 부위의 면적에는 강조를 위하여 효과적으로 사용할 수 있다.

그림 1-13 보라가 강조된 실내

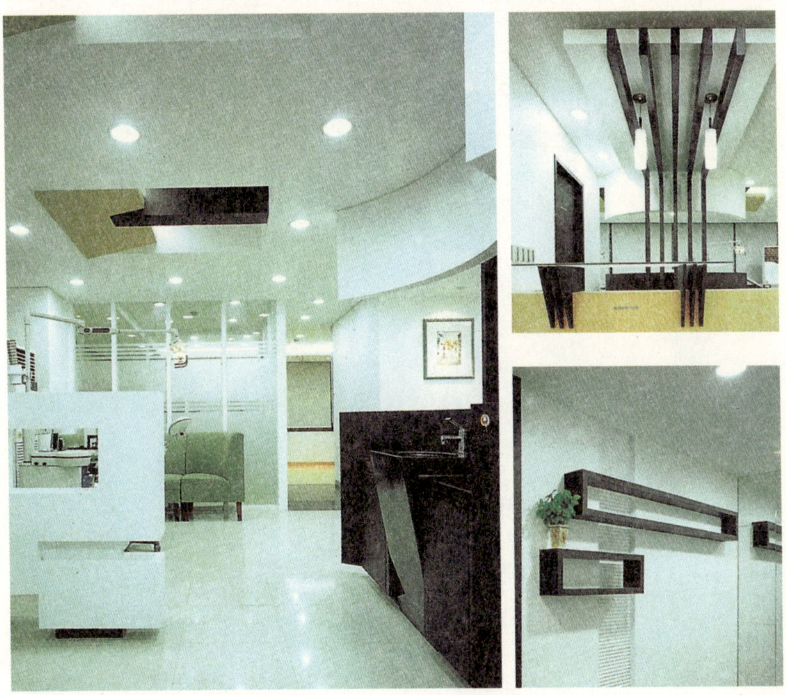

그림 1-14 하양과 검정이 조화된 실내

(7) 하양(White)

하양은 무채색 중에서 명도가 가장 높은 색으로 채도가 없기 때문에 순수함, 깨끗함, 단순함의 이미지가 강조되는 색이지만, 비어 있는 듯한 공허함과 지루함 등의 이미지를 동시에 포함하고 있는 색이기도 하다.

하양은 넓은 면적에 사용해도 무리가 없는 색이나 자칫 단조로움과 지루함을 줄 우려가 있기 때문에 약간의 유채색을 혼합하여 사용하는 것이 바람직하며 실제로 이러한 색들이 배경색으로 가장 많이 사용되고 있으며 또한 선호되는 색이기도 한다.

(8) 검정(Black)

검정은 무채색 중에서 명도가 가장 낮은 색으로 하양과는 상반된 이미지를 갖고 있다. 무거움, 엄숙함, 강력함 등을 나타내며 좌절, 두려움, 죽음 등의 부정적인 이미지와도 깊은 관계에 있는 색이다. 하양과 마찬가지로 비어 있는 듯한 느낌도 주지만 하양보다는 그 정도가 약하며, 색이 갖고 있는 이미지로 인해 넓은 부위에의 사용은 가급적 피하는 것이 바람직하다.

하양과 대비시키거나 유채색과 대비시켜 강하면서 현대적인 공간을 연출할 때 사용하면 효과적이다.

제 2 장
색채의 감각(感覺)

2.1 색채의 감정(感情)

색채가 심리학적으로 작용하여 인간의 감정에 큰 영향을 줄 수 있다는 것은 이미 검증된 사실이며 일상생활에서 흔하게 경험하고 있다. 인간이 색에서 받는 인상은 색마다 다르게 나타나며 그에 따른 감정도 다양하게 나타나게 되는데, 색에서 받는 느낌은 아름답다, 좋아한다. 품위가 있다. 따뜻하다. 차갑다. 등의 정서적인 느낌과, 가볍다. 무겁다. 부드럽다 등의 기능적인 느낌으로 크게 대별할 수 있다.

그림 2-1 난색(따뜻한 색)

이상에서와 같이 색채에서 받는 심리적인 효과를 충분히 고려하면 실내건축의 목적인 기능적인 측면을 더 효과적으로 보완할 수 있으며 정서적인 측면도 충분히 만족시킬 수 있을 것이다.

이 때 주의할 점은 색채에서 느끼는 심리적 영향이 개개인마다 다를 수 있기 때문에 남녀별, 연령별, 생활환경 등에 따른 변수가 반영되어 있는 검증된 색채를 선택해야 한다는 것이다.

2.1.1 난색(暖色)과 한색(寒色), 중성색(中性色)

빨강, 주황, 노랑과 같은 색들은 따뜻하게 느껴지고 파랑, 남색, 청록 등의 색은 차갑게 느껴진다. 이와 같이 대부분의 색들은 따뜻하거나 차가움을 연관시킬 수 있는 두 부류로 구분할 수 있다.

이는 인간의 심리적인 면에 기인하는 것으로 색채의 체계가 물리적인 것이 아니라 감각으로서의 색채라는 것을 반증하는 것이라 볼 수 있다.

그림 2-2 한색(차가운 색)

어떤 색이 차가움과 따뜻함 즉, 온도감에 미치는 효과는 색채의 감정 중에서 가장 기본적인 것이라 볼 수 있으며 따라서 이들 두 부류의 색채 구분은 연상적인 것에 연관 지우게 된다.

색의 온도감(溫度感)은 가시광선에 있어서 빨강, 주황, 노랑, 연두, 초록, 파랑, 하양 등의 순서로 파장이 긴 쪽이 따뜻하게 느껴지고 파장이 짧은 쪽이 차갑게 느껴지는 것이 보통이다.

그러나 연두, 초록, 보라, 자주 등의 색은 때로는 차갑게, 때로는 따뜻하게 느껴질 때도 있으나 어떤 경우에는 별다른 온도감을 느끼지 못하는 경우도 있는데 이와 같이 중간온도의 느낌을 주는 색을 중성색(中性色)이라 한다.

그림 2-3 중성색

색채의 온도감은 실제의 경험과 관련되어 있는 것이기는 하지만, 실제의 색과 온도가 반드시 일치하여 색채의 온도감을 유발하는 것은 아니다. 색채의 온도감은 색의 색상으로부터 강하게 일어나는 것이 보통이지만 명도에 의해서도 유발되며, 대부분 낮은 명도의 색은 높은 명도의 색보다 따뜻하게 느껴지며 이러한 명도에 의한 온도감은 유채색 보다는 무채색에서 주로 느껴진다. 또한 색상과 명도를 동시에 고려하더라도 명도가 낮은 쪽이 따뜻하게 느껴진다. 즉, 일반적인 색의 표현성과 한난의 온도효과 등은 색상에 의해서 뿐만이 아니라 명도와 채도에 의해서도 영향을 받게 되는 것이다.

2.1.2 진출색(進出色)과 후퇴색(後退色)

그림 2-4 진출색

같은 위치에 있더라도 더 가깝게 있는 것으로 느껴지는 색을 진출색(Advancing color)이라 하고, 멀리 있는 것으로 느껴지는 색을 후퇴색(Receding color)이라 한다.

일반적으로 따뜻한 색이 차가운 색 보다, 밝은 색이 어두운 색보다, 채도가 높은 색이 채도가 낮은 색보다 유채색이 무채색보다 더 진출하여 보이는 성질이 있다.

그림 2-5 후퇴색

색의 진출과 후퇴의 효과는 실내배색 등에도 이용할 수 있다. 같은 크기의 방에서도 어두운 한색계의 색을 벽과 천장에 칠하면 방의 안 길이와 천장이 후퇴하여 결과적으로 방이 넓게 보이며 난색계의 색을 벽과 천장에 칠하면 벽과 천장이 진출하여 방이 좁게 보인다.

이러한 진출색과 후퇴색의 구분 현상은 색채의 팽창색과 수축성과도 관계가 있다.

색에 따라서 실제보다 커 보이는 색과 작아 보이는 색이 있는데 어떤 색의 면적이 실제의 면적보다 넓게 느껴질 때의 색을 팽창색(Expansive color)이라 하고, 그 반대의 경우를 수축색(Contractive color)이라 한다.

팽창색은 진출색과 거의 같은 색상에 해당되며 난색계의 색은 외부로 확산하려는 성격을 갖고 있어 커 보이게 된다. 또한 수축색은 후퇴색과 유사하며 한색계의 색이나 어두운 색은 내부로 위축하려는 성격으로 인해 작아 보이게 된다.

특히, 색의 팽창과 수축은 명도에 크게 영향을 받는다. 한색이라도 밝은 색은 난색계의 어두운 색보다 커 보이며 따라서 순색에서는 노랑색이 가장 커 보이고 주황, 녹색, 빨강, 파랑, 보라색의 순으로 그 효과가 줄어들게 된다. 이는 명도의 순서와 같다.

또한 색의 팽창과 수축은 바탕색에 따라 영향을 받으며 주위의 색이 밝을수록 그 속의 특정색은 작아 보이게 된다.

2.1.3 무거운 색과 가벼운 색

색에는 무거운 느낌이 드는 색과 가벼운 느낌이 드는 색이 있으며, 색에서 느끼는 무게의 감정은 주로 명도에 의해 좌우된다.

일본의 색채연구가인 기무라 도시오(木村俊夫)는 채색된 작은 상자의 무게 비교를 통하여 이의 순서를 정한 예가 있다. 그는 검정색이 칠해진 상자가 가장 무겁게 보이고 하양이 칠해진 것이 가장 가볍게 보인다는 것을 입증함으로써, 무게의 감정에 명도가 큰 영향을 미친다는 것을 밝혔다. 일반적으로 파랑이나 빨강이 주황이나 초록보다 가볍게 느껴지는데, 이는 유채색에 있어서도 명도의 차이가 무게감의 차이에 관련됨을 입증하는 것이다.

실생활에서도 밝은 색은 가볍게 느껴지고 어두운 색은 무거운 느낌을 준다. 이러한 색채의 무게감의 원리는 실내의 배색조절이나 의복, 생활용품의 배색에 실제 적용되고 있다.

그림 2-6 색채의 무게감

표. 2.1 색채의 무게감(기무라 도시오의 조사결과)

조사방법	무게감의 정도
카드 배열법	검정-파랑-빨강-보라-주황-초록-노랑-하양
카드 비교법	검정-파랑-보라-빨강-주황-초록-노랑-하양
채색상자 비교법	검정-빨강-파랑-보라-초록-주황-노랑-하양
종 합	검정-파랑-빨강-보라-주황-초록-노랑-하양

2.1.4 강한 색과 약한 색

색채의 무게감이 명도와 깊은 관련이 있는데 비하여 색에서 받는 강한 느낌이나 약한 느낌은 채도에 의해 영향을 받는다. 일반적으로 채도가 높은 색은 강한 느낌을 주고, 채도가 낮은 색은 약한 느낌을 준다. 이와 같은 색채의 강약감(强弱感)은 색이 그 자신의 순수함을 내 보일 때는 강한 느낌을 주지만 순수함을 잃을 때는 약한 느낌을 준다는 것을 의미한다.

그림 2-7 부드러운 색

2.1.5 부드러운 색과 딱딱한 색

색채에서 받는 부드러운 느낌과 딱딱한 느낌은 명도에 의한 무게감과 채도에 의한 강약감이 복합적으로 작용할 때 생긴다.

즉, 어떤 물체에서 딱딱한 느낌을 받았다든지, 또는 부드러운 느낌을 받았다는 것은 명도와 채도가 동시에 작용했다는 의미로 해석할 수 있다. 즉 물체에서 받는 경연감(硬軟感)은 색채의 톤에 좌우되는 것이다. 물론 색상도 경연감에 영향을 미치지 않는 것은 아니지만 대채로 톤에서 받는 영향에는 미치지 못하는 편이다. 연한(pail~light)톤은 부드러운 느낌을 주고 짙은(deep~dark)톤은 딱딱하게 느껴진다.

색상에서는 난색계열은 부드럽게, 한색계열은 딱딱하게 느껴지지만, 색상보다는 톤이 더 경연감과 관련이 있다.

그림 2-8 딱딱한 색

2.1.6 흥분색과 침정색

난색계열의 채도가 높은 색은 인간의 감정을 자극하여 흥분감을 주며, 한색계열의 채도가 낮은 색은 인간의 감정을 가라앉혀 침착감을 준다. 일반적으로 빨강, 주황, 노랑을 흥분색 또는 적극적인 색이라 하고,

청록, 파랑, 남색은 침착한 느낌을 줌으로써 침정색 또는 소극적인 색이라 한다.

2.1.7 색채의 시간성 및 속도감

색채는 시간성과 속도감에의 지각에도 영향을 주는데 이러한 시간성과 속도감의 색채지각에는 색상과 채도가 주로 관계하며 명도는 보조적인 역할을 하게 된다. 따라서 무채색보다는 유채색이 중시되는데 일반적으로 파장이 긴 빨강계열은 시간이 길게 느껴지고 속도감은 반대로 빨리 움직이는 것 같이 지각된다. 반대로 파장이 짧은 파랑계열은 시간이 짧게 느껴지고 속도감은 느리게 움직이는 것 같이 지각된다. 채도에 있어서는 높은 채도의 맑은 색은 속도감은 빠르나 낮은 채도의 탁한 색은 느리게 느껴지며, 명도에 있어서는 높은 명도의 색이 빠르게 느껴진다.

이러한 현상을 적용시킬 수 있는 예를 들면, 손님의 빠른 순환을 필요로 하는 공간의 경우에는 시간이 오래 지난 것처럼 느껴지도록 빨강계열의 색을 선택하여 지루한 감을 높여야 하며, 반대로 무료하게 사람을 기다려야 하는 역이나 병원 등의 대기실 등에는 파랑계열의 색을 선택하여 지루한 감을 줄여야 한다.

2.2 색채의 대비효과(對比效果)

2.2.1 색상, 명도, 채도의 대비

색채대비의 현상은 색의 3속성 가운데 어떤 속성에서 그 현상이 뚜렸하게 지각되는지에 따라서 색상대비, 명도대비, 채도대비로 나누어진다.

(1) 색상대비(色相對比)

색상대비는 명도와 채도를 일치시키는 조건에서 두 색 사이의 색상차이가 크게 나타나는 현상을 가리킨다. 색상환에서 인접하는 두 색을 동시에 대비시키면 그 두 색은 서로 반대방향 쪽으로 색상의 차이가 크게 변화하는데 이를 색상대비라 한다. 예를 들어, 빨강과 주황을 서로 대비시

그림 2-9 색상대비

킬 때, 주황은 노랑의 방향으로 강하게 느껴지면서 빨강보다는 노랑이 더 많이 혼합된 것처럼 느껴지는 것이 색상대비 현상이다. 그러나 이런 현상도 두 색 사이의 거리가 멀어질수록 명확하게 나타나지 않는다. 따라서 색상대비는 두 색 사이의 거리가 가까울 때에만 일어나는 현상이 된다.

색상대비의 가장 전형적인 예는 1차색간의 대비이며, 그들 중 대표적인 것은 3원색의 색상대비이다. 〔노랑, 빨강, 파랑〕, 〔빨강, 파랑, 초록〕, 〔파랑, 노랑, 보라〕, 〔노랑, 초록, 보라, 빨강〕 등이 배열되었을 때 이러한 색상대비의 효과가 확실하게 나타나므로 가장 단순한 색채의 대비라 할 수 있을 것이다. 이러한 색상대비의 예는 우리나라의 전통적인 자수나 의복 등에서 쉽게 찾아 볼수 있으며, 서양의 스테인드 글래스의 장식에서도 그 사용 예를 볼 수 있다.

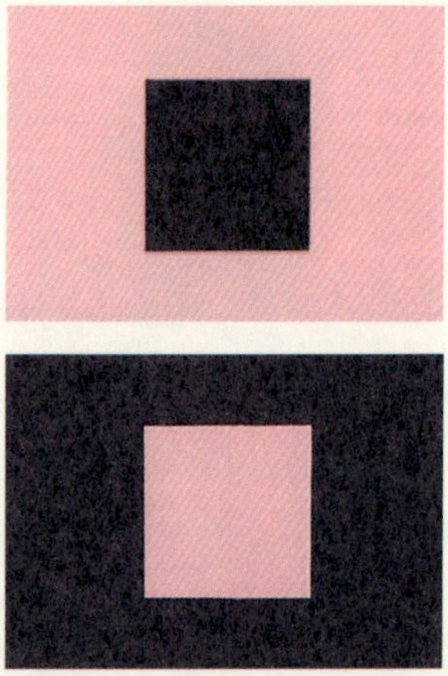

그림 2-10 명도 대비

(2) 명도대비(明度對比)

명도대비는 어두운 색 가운데서 대비되어진 밝은 색이 더 밝게 느껴지고, 밝은 색 가운데 있는 어두운 색이 더욱 어둡게 느껴지는 현상을 가리킨다.

명도에 대한 반응은 색상이나 채도보다도 더 민감하게 일어나는데 이는 우리 인간의 눈이 색의 3속성 가운데서 명도에 대하여 가장 잘 판별할 수 있도록 진화되어 왔기 때문이다. 예들 들어 빨강의 색종이 위에 노랑의 색종이를 두면, 색상의 대비를 느끼기보다는 노랑의 명도가 처음보다 더 밝아졌다고 판별하게 되는 것이 명도 대비현상이다.

(3) 채도대비(彩度對比)

채도대비는 채도가 높은 색 가운데다 채도가 낮은 색을 둘 경우 채도가 더욱 낮아 보이거나 반대로 낮은 채도 가운데 있는 높은 채도의 색이 더욱 높아 보이는 현상을 가리킨다. 또한 무채색 위에 위치한 유채색은 훨씬 맑은 색으로 채도가 높아 보이며, 어떤 중간색을 그 색과 같은 색상의 밝은 색 위에 위치시키면 원래의 색보다 훨씬 탁하게 보이는데 이러한 것도 채도대비현상이다.

그림 2-11 채도 대비

따라서 채도대비는 색상대비와 밀접한 관계가 있다. 예를 들어 빨강과 보라색을 대비시켰을 경우, 빨강은 더욱 선명하게 보라는 더욱 탁하게 보이며, 이 때 보라는 낮은 채도이기 때문에 색상대비가 일어나는 동시에 채도대비도 일어나게 된다.

2.2.2 보색대비(補色對比)

두 색을 혼합하여 어두운 회색이나 검정색이 만들어질 경우, 이 두 색을 보색이라고 한다. 이러한 보색은 주로 두 가지 색들의 쌍으로 설명될 수 있는데, 예를 들어 색상환에서 서로 마주보고 있는 두 색을 반대색이라 부르는 경우이다. 그렇다고 해서 보색을 반대색의 개념으로 이해해서는 곤란하며, 이는 색상환에서의 반대색이 보색이 되도록 요구되기 때문에 반대색이 보색이 되는 것일 뿐이다.

그림 2-12 보색대비

특히 보색끼리의 색상을 대비시키면 두 색 사이의 성질이 한층 강하게 지각되는 현상이 되어서 색상의 대비는 명확하게 나타나지 않게 되는데, 이와 같이 서로 보색인 색을 대비시켰을 때는 채도만 더욱 높아 보일 뿐 색상이 다른 색상으로 변해 보이지 않게 되어서 색상대비라 하지 않고 보색대비라고 부른다. 또한 어떤 무채색 옆에 유채색을 놓으면 그 무채색 옆에 있는 유채색의 보색기미가 있는 듯이 보이는 경우도 있는데 이도 보색대비라 할 수 있다. 서로 대립하면서 동시에 서로를 보완해 주는 보색대비는 모든 색채조형에 있어서 기본이 되는 중요한 요소이다.

2.2.3 면적대비(面積對比)

면적대비란, 색 면적의 크고 작음에 따라 색이 다르게 보이는 현상을 말한다. 즉, 면적이 커지면 명도와 채도가 증대되어 실제의 색 보다 더 밝고 선명하게 보이거나 또는 면적이 작아지면 명도와 채도가 감소되어 실제보다 더 어둡고 탁하게 보이는 현상이다.

그림 2-13 면적대비

그러나 순색의 경우는 큰 면적의 경우보다 작은 면적 쪽이 대비효과가 강하게 나타나는데 이 것은 넓은 면적보다 작은 면적이 흥분감을 높게 일으켜 눈을 쉽게 피로하게 하기 때문이다.

일반적으로 색 면적이 극도로 작을 경우에는 색상보다는 명도관계가 중요하고 색 면적이 클 경우에는 색상의 중요성이 증가하게 되는데, 이는 명도와 색 면의 넓이가 매우 밀접한 관계가 있음을 알려준다. 즉, 명도의 차이가 크면 면적의 차이도 크게 느껴지며 따라서 면적대비는 명도차의 대비가 되는 것이다.

2.3 색채의 연상(聯想) 및 상징(象徵)

2.3.1 색채의 연상

색채에 대한 이미지의 연상은 남녀별, 연령별, 민족별, 계절, 환경 등에 따라서 다르게 나타나며, 이는 생활양식이나 문화적인 배경, 지역과 민족성 등에 따라서 개인차가 크다는 것을 의미한다. 일반적으로 어린 시절에는 어떤 색을 구체적 사물이나 자연현상에 관련지어 연상하는 경우가 많지만 성인이 되어가면서 추상적인 문화, 사회, 정치적인 것에까지 그 연상의 범위가 넓어지게 된다. 또한 여성의 경우 자신의 복장이나 아끼는 물건 또는 추상적 이미지에 색을 연관시키는데 비하여, 남성의 경우에는 자신의 소지품이나 여성에 관련된 것에다 색을 연관 지우려는 경향이 강하다.

표. 2.2 색의 연상(조사자 - 오근재, 1975년 조사)

구분 / 색명	대학생 성인남자		대학생 성인여자	
	추상적 연상	구체적 연상	추상적 연상	구체적 연상
R	정열, 애정(사랑), 공포, 흥분	피, 불, 태양, 사과, 여자입술	정열, 사랑(애정), 공포(불안), 위험, 흥분	태양, 불, 피, 사과, 장미
YR	온화, 애정(사랑), 청순, 식욕	귤, 오렌지, 노을	온화, 사랑, 애정, 포근, 따뜻함, 화사, 명상	귤, 오렌지, 감, 노을, 봄
Y	청순, 명랑, 온화, 화려	개나리, 병아리, 여자어린이 옷, 봄, 꽃, 나비	청순, 질투, 포근(따뜻), 명랑, 화려, 환희	병아리, 개나리, 봄, 나비, 해바라기, 참외
GY	청순, 안정, 평화, 생동	초원, 새싹, 나뭇 잎	순진, 청순, 평온	초원, 새싹, 봄, 나뭇잎
G	청순, 상쾌, 안정, 평화	초원, 숲, 여름, 산, 바다	청결, 안정, 상쾌, 평화, 희망	숲, 초원, 바다
BG	상쾌, 안정	바다, 초원, 나뭇잎	청순, 순진, 상쾌, 나뭇잎	바다, 나뭇잎, 숲, 잔디
B	냉혹, 상쾌, 청결, 젊음	바다	청순, 냉혹, 시원	바다, 하늘

표. 2.2 색의 연상(조사자 - 오근재, 1975년 조사)

구분 / 색명	대학생 성인남자		대학생 성인여자	
	추상적 연상	구체적 연상	추상적 연상	구체적 연상
BP	공포(불안), 침울, 고독, 무거움	깊은 바다	냉정, 공포, 시원, 청결	깊은 바다
P	공포, 추함	포도, 가지, 보석, 멍	공포, 고독, 추함, 화려, 고귀	포도, 귀부인, 병자, 가지
PR	사랑, 화려, 흥분, 불안, 슬픔	입술연지, 자두	사랑, 화려, 추함, 아름다움	자두, 드레스, 피, 한복
흰색	청결, 순결, 순박, 순수	눈, 웨딩 드레스,	청결, 순결	눈, 간호원, 백합, 상복, 병실
검정	불안, 암흑, 죽음, 악(惡)	밤, 학생복, 상복	암흑, 공포, 안정, 죽음	밤, 학생복, 카톨릭 신부
회색 (N5)	우울, 답답함, 추함, 노숙	노인, 구름, 바위, 안개, 그늘	노숙, 세련, 우울, 추함	노인, 구름, 안개, 비, 흐린날

예를 들어 빨강의 경우, 여성들은 피, 정열, 또는 위험을 연상하는데 반해서 남성들은 입술, 처녀, 월경 등을 연상한다는 조사결과도 있다. 이와 같이 색에 대한 연상은 개인의 기호와 경험에 따라 다르게 나타나게 된다.

색채의 연상은 구체적 연상과 추상적 연상으로 대별할 수 있으나 그 연상의 내용은 너무나 주관적이기 때문에 통계를 통한 체계화는 어렵다. 그러나 통계학적인 조사를 통하여 어떤 집단의 색채연상을 조사하는 것은 그 대상 집단에 대한 공통적인 성격을 규명할 자료로서의 활용가치는 높다.

2.3.2 색채의 상징

색의 연상이 많은 사람들에게서 공통성을 갖고 전통과 결합되어 일반화되면 하나의 색은 특정한 대상을 표현하는 상징성을 갖게 된다.

색채의 연상성이 경험적인 구체성을 불러일으키는 것은 사실이지만 그 모든 것이 경험적인 탐구를 통하여 쉽게 해명 될 수 있는 성질의 것은 아니며, 이는 오히려 문화적인 뿌리에서부터 성장해온 우리 인류의 상징적인 가치를 지닌 어떤 요인들이 깊게 관여하고 있음을 보여준다. 이러한 사실들은 색채가 개인적인 심미성보다는 사회적 보편성을 지닌 상징적인 것으로 취급되어 왔음을 의미한다.

그러므로 색의 상징성은 세계적으로 공통되는 것들이 있고, 또한 각 민족의 문화에 따라 다르게 나타나는 것도 많다.

색의 상징은 인간의 감정을 움직이는 정서적인 반응과 사회적 규범으로서의 약속언어의 기능을 가진다. 특히, 색채의 사회적인 상징의 기능은 신분이나 계급의 구분, 방위의 표시, 지역의 구분, 학문의 구분, 수치의 시각화, 기구 또는 건물의 식별, 주의표지, 국가나, 기업, 단체 등의 상징으로 다양하게 적용된다.

제 3 장
배색(配色)과 색채조화(色彩調和)

3.1 배색(配色)

두 가지 이상의 색을 서로 어울리게 하여 한가지의 색만으로는 얻을 수 없는 효과를 일으키게 하는 것을 배색이라 하며, 색채가 갖고 있는 기능과 성질을 이용, 조화로운 배색을 만들어 인간생활환경을 보다 아름답게 미화하는데 그 목적이 있다. 즉, 배색이란 두 가지 이상의 색을 어떤 목적이나 특별한 효과에 알맞게 조화되도록 만드는 것을 의미한다.

배색은 추상적으로 사용되는 것이 아니라 구체물(具體物)에 사용되는 것으로 추상적인 배색은 그 구체물의 기능과 성격을 효과적으로 나타내기가 어렵다. 따라서 배색은 사용하고자 하는 대상물의 기능과 성격에 적합해야 하며 구체적인 배색이 되어야 한다.

그림 3-1
배색이 잘 조화된 상업공간

3.1.1 배색의 기초

그림 3-2 난색계열의 조합

배색의 조화에서는 색상, 명도, 채도의 차이를 이용하는 것이 그 기초가 되며 이 가운데서도 색상대비, 명도대비, 채도대비를 배색의 기초로 한다.

색채의 대비가 배색의 기초가 된다는 것은 색과 색의 대립관계를 가장 먼저 염두에 두어야 한다는 것을 의미하며, 보색관계인 두 색을 나란히 배치할 때에 대립관계가 심하게 느껴지지만 그러한 대립감 또한 조화의 한 원리가 되기도 하는데, 이러한 현상도 색채조화를 위한 배색의 기초를 생각할 때 2색의 배색을 기초로 해야함을 의미하는 것이기도 하다. 색채의 대립 관계에서 색상의 차이가 크다는 것은 20색상환의 경우, 두 색상의 차이가 7단계 이상, 색상의 차이가 보통이라는 것은 3~5단계정도, 색상차이가 작다는 것은 2단계 이내를 의미하며, 명도의 차이가 크다는 것은 명도단계에서 5이상, 채도차이가 크다는 것도 채도단계에서 5이상 차이가 날 때를 의미한다.

그림 3-3 한색계열의 조합

배색은 색상, 명도, 채도라는 색의 3속성에 의하여 조합되어 조화되지만 그 가운데서 색상에 중점을 두어 조화시키려는 경향이 강하다. 이 경우 색상의 차이를 작게 하든지 아니면 색상의 차이를 크게 하든지 두 가지 특성 중 한가지를 고려하여 이루어진다. 색채조화는 대립의 원리를 적용시키는 것이 일반적이지만 사용 목적에 따라 유사의 원리를 적용시키는 경우도 많다. 유사의 원리에 적용되는 유사색은 색상환에서 서로 인접한 색으로 혼색에서 무채색이 되지 않는 색을 말한다.

그림 3-4 난색과 한색의 조합

표. 3.1 색채의 3속성 차이에 따른 색채의 표현감

구분		내용	
색상차이	동등색상 또는 유사색상	따뜻한 색 계열의 조합	동적, 따뜻함
		차가운 색 계열의 조합	정적, 차가움
	대립색상	따뜻한 색과 차가운 색의 조합	쾌적함
		보색의 조합	강함, 원초적
명도차이	명도차이 적음	높은 명도끼리의 조합	가벼움, 밝음
		낮은 명도끼리의 조합	무거움, 어두움
	명도차이 큼	높은 명도와 낮은 명도의 조합	강함, 명쾌함
채도차이	채도차이 적음	높은 채도끼리의 조합	젊음, 활기, 뜨거움
		낮은 채도끼리의 조합	차가움, 은근함
	채도차이 큼	높은 채도와 낮은 채도의 조합	긴장, 화려함

그림 3-5 보색의 조합

이와 같이 유사의 원리는 색상, 명도, 채도의 차이가 작을 경우의 범위 내에서 일어나게 되며 물론 이 경우에도 명도와 채도의 차이는 있다.

3.1.2 배색의 조건

합리적인 배색은 한 색에서는 일어나지 않는 효과를 두 색 이상의 조합 시키는 데서 찾는 것을 목적으로 하기 때문에 실제로 색이 적용되는 대상물의 목적이나 기능에 맞도록 색의 수를 제한하는 것이 바람직하며 배색에 앞서서 다음의 문제들을 충분히 고려해 볼 필요가 있을 것이다.

그림 3-6 높은 명도의 조합

① 대상물의 성질을 나타낼 수 있도록 하거나 대상물의 기능이나 용도에 부합되는 배색을 하도록 한다.

② 배색의 효과가 심리적인 효과를 불러일으킨다는 점을 고려하여 배색하도록 한다.

③ 배색되는 대상공간 또는 대상물에 접하는 사람의 성별, 연령층,생활수준, 공통되는 기호 등을 충분히 고려하여 선호하는 색을 선택해야한다.

④ 유행을 이끌 수 있거나 현시점에서 유행하는 색을 고려한다.

⑤ 색채조화의 이론에 충실한 배색보다는 대상물의 현실을 우선적으로 고려한다.

그림 3-7 낮은 명도의 조합

⑥ 색채환경에 접하는 사람에게 즐거움을 주는 배색이 되도록 한다.

⑦ 개별적인 이미지를 담고 있는 색의 배색은 그 색의 연상성이나 상징성을 적절히 고려한다.

⑧ 색채의 이미지를 통하여 전달하려는 목적이나 기능을 염두에 둔 배색의 경우에는 자신의 개성이 반영된 주관적인 배색은 여러 사람에게 불쾌감을 줄 수 있는 우려가 있으므로 가급적 피하도록한다.

그림 3-8 높은 명도와 낮은 명도의 조합

⑨ 색이 칠해지는 바탕(콘크리트면, 건축판면 등)과 인접되는 재질과의 관계를 충분히 고려한다.

⑩ 색료의 광학적 특성과 광원의 연색성을 고려한다.

⑪ 색이 칠해지는 면적의 효과를 고려한다.

이상의 배색조건들을 색채조형의 기능적 계획을 위한 원리적인 면에서 요약해 보면 다음의 여섯 가지 요인으로 함축시킬 수 있으며,

① 목적(telesis)에 따른 요인

② 요구(need)에 따른 요인

③ 용도(use)에 따른 요인

④ 방법(method)에 따른 요인

⑤ 연상(association)에 따른 요인

⑥ 미적(aesthetic) 요인

이들을 다시 세 가지 요인으로 압축시키면

① 목적 또는 요구에 따른 요인

② 인간적인 요인

③ 환경적인 요인으로 크게 대별할 수 있다.

3.1.3 배색의 유형

배색을 하는데 있어서 우선적으로 생각해야 할 것은 배색 후 전체에서 받을 수 있는 느낌이다. 이는 배색의 조화를 의미하는 것으로 배색대상에 따라 그 내용이 달라지게 된다. 따라서 배색 후 전체에서 받는 느낌이 온화한 배색인지, 활기찬 배색인지, 따뜻한 배색인지 등을 먼저 고려해야 한다.

이러한 느낌은 배색된 색조에서 받는 것으로 배색 상호간의 색상차이, 명도, 채도의 관계와 배색 면적 등이 복합적으로 연관되어 생기게 되며, 가장 일반적인 배색의 방법으로는 다음과 같은 것들을 들 수 있다.

① 색상이나 명도를 같게 하거나 유사한 색상을 사용하면 온화한 느낌이 되고 반대로 하면 활기찬 배색이 된다.

② 난색계의 배색은 따뜻한 느낌을 주고, 한색계의 배색은 차가운 느낌을 준다.

③ 명도가 높은 색의 배색은 밝고 경쾌한 느낌을, 명도가 낮은 색의 배색은 어둡고 무거운 느낌을 준다.

④ 채도가 높은 색의 배색은 화려하고 자극적인 느낌을, 채도가 낮은 색의 배색은 수수하고 침착한 느낌을 준다

(1) 개성적인 배색

개성적이란 것은 개인만이 갖고 있는 기호 또는 성격 등이 다른 사람과 확실히 구별되는 특징을 갖는 것을 의미하며 따라서 개성적인 배색은 개인의 특정 기호와 성격 즉, 주관이 적극적으로 반영되며 주위에서는 흔히 볼 수 없는 배색이 된다. 이 경우의 배색은 유사배색이기보다는 대비를 강조한 배색의 경우가 많다.

그림 3-9 개성적인 배색의 예

그림 3-10 지성적인 배색의 예

(2) 지성적인 배색

지성적이란 것은 살아온 인생이 묻어나는 것으로 인간애와 인생이 함축된 이미지를 의미한다. 따라서 배색에는 중후함, 냉철함, 인간애 등이 복합적으로 표현되어야 하며 한색계를 주로 하고 난색계를 적절히 조화시킨다면 지성적인 느낌의 배색이 될 것이다.

(3) 명쾌한 배색

명랑하고 쾌활한 배색을 위해서는 고명도의 색을 주조색으로 선택하는 것이 바람직하며 강조색으로는 중명도로 하는 것이 이상적이다.

그림 3-11 명쾌한 배색의 예

(4) 온화한 배색

자극적인 색은 피하고 난색계통의 색을 사용하되, 자극적인 빨강계통은 피하는 것이 바람직하며 중성색을 활용하면 무난하게 배색할 수 있다. 온화한 느낌이 드는 배색은 유사색의 배색이 일반적이다.

(5) 정열적인 배색

색채의 연상에서 정열을 의미하는 빨강색이 정열적인 배색의 주조색이 되는 것이 일반적이다. 따라서 이런 느낌의 배색에는 유사배색이아닌 대

그림 3-12 온화한 배색의 예

비배색의 원리를 적용시켜야 한다.

3.1.4 배색의 방법

전술한바와 같이 배색의 방법에는 동일색상의 배색, 동일채도의 배색, 유사색조의 배색 등 여러 가지 방법이 있지만 배색의 조화나 통일감은 색과 색 사이에 공통점이나 유사성이 있을 때 얻어지게 되며, 이러한 공통성이나 유사성은 색상, 명도, 채도와 색조(tone)등의 조합에 의해서 이루어지는 것이므로 이들 요소가 적절히 조화되고 또한 통합되었을 때에만 원하는 배색의 결과를 얻을 수 있는 것이다. 그러나 이런 통합만으로는 단조로운 배색이 되기 쉬우며, 따라서 변화를 줄 수 있는 방법을 모색해야만 한다.

색상이 유사한 경우에는 색조에 변화를 주거나, 색조가 유사한 경우에는 색상에 변화를 줌으로써 이를 어느 정도 해결할 수 있다. 이를 유사조화라 하며 통일감을 주는 동시에 온화하고 편안한 느낌을 줄 수 있는 배색이 된다. 또한 이와 대비되는 것으로 성격이 다른 색을 배색시켜 서로의 색을 강조하는 것을 대비조화라 한다. 대비조화의 경우에도 변화를 줄 필요가 있을 경우에는 유사조화와 같은 방법을 취하게 되며 이러한 방법들을 충분히 숙지해야만 원하는 배색의 효과를 기대할 수 있다.

1) 색조의 배색

색조란, 명도와 채도를 일체화하여 느끼는 색의 분류방식으로 다음과 같이 표현하며, 밝은 회색을 띤(light greyish), 어두운 회색을 띤(dark greyish) 등으로 표현하기도 한다.

표. 3. 2 유채색의 명도와 채도에 관한 색 이름(톤에 의한 색 이름)

영 어	한 글
pail	해맑은, 엷은, 약한, 희미한
light	연한, 묽은
bright	밝은, 투명한
greyish	회색을 띤
dull	우중충한, 둔한
dark	어두운, 검은
deep	짙은, 진한
strong	강한, 강렬한
vivid	산뜻한, 발랄한

(1) 동일색조의 배색

pail과 pail, dark와 dark 등의 같은 색조끼리 배색하는 방법이다. 색조가 같은 색의 조합에서도 채도는 같아도 명도는 색상에 따라 약간의 차이가 나기 때문에 여러 가지의 색상을 사용해도 조화로운 배색이 가능하다.

그림 3-13 동일색조의 배색

(2) 유사색조의 배색

상하좌우에 인접한 색조에서 고른 색의 맞춤에 의한 배색을 유사색조의 배색이라 한다. 유사색조의 배색도 동일색조의 배색과 같이 채도가 동일하거나 유사하기 때문에 통일감 있게 조화되기 쉬운 배색이다.

그림 3-14 유사색조의 배색

(3) 대비색조의 배색

대비색조의 배색은 명도에서 대비가 되는 색조의 배색과 채도에서 대비가 되는 배색으로 구분할 수 있으며, 확실하고 명쾌한 느낌을 표현하거나 배색 전체를 긴장시키는데 유용하다.

2) 색상의 배색

색상의 배색은 동일색상의 배색, 유사색상의 배색, 대비색상의 배색으로 구분할 수 있으며 일반적인 배색의 예는 다음과 같다.

(1) 동일색상의 배색

동일색상의 배색이란, 파랑이라면 파랑에 흰색, 검정색, 회색 등을 혼합하여 구성되는 것으로 등색상(等色相)에서 골라낸 색의 배색이다.

색상이 같다는 공통점으로 인해 통일감은 있지만 명도나 채도에 의한 변화를 고려해야 하는 경우가 많다.

(2) 유사색상의 배색

인접색상의 배색이라고도 하며 같은 계열의 색상 차가 적은 배색을말 한다.

(3) 대비색상의 배색

반대색의 배색이라고도 하며 보통 보색의 배색을 말한다.

그림 3-15 동일색상의 배색

그림 3-16 대비색상의 배색

3) 명도의 배색

무채색을 포함한 모든 색에는 명도라는 밝기의 차이가 있으며 가벼운 느낌, 무거운 느낌 등의 효과를 기대할 수 있다. 고명도간의 배색과 동일 명도의 배색방법이 주로 사용된다.

4) 채도의 배색

화려하고 수수한 느낌 등의 효과를 기대할 수 있는 배색이다. 고채도간의 배색, 중채도간의 배색, 저채도간의 배색방법이 주로 사용된다.

3.2 색채조화(色彩調和)

3.1.1 색채조화(色彩調和)를 위한 배색

배색에 의한 색채효과의 성공여부는 여러 가지 색을 어떻게 어울리게 하는지의 문제와 직결된다. 즉, 배색은 색채의 조화라고 해도 그 의미의 차이는 없을 것이라 판단되며, 실제로 색채연구가들도 배색에 의한 색채의 조화를 그 목적으로 하고 있다. 디자인측면에서의 조화(調和 : harmony)는 두 개 이상의 조형요소 또는 부분과 부분, 부분과 전체사이에서 공통점과 이질성을 느낄 수 있으며, 이들 요소의 상호작용으로 새로운 성격을 창조하며 아름다움이 성립되는 것을 의미한다. 이 원리를 색채의 배색에 그대로 적용하여도 같은 효과를 얻을 수 있다.

색채조화를 위한 배색은 개인차이가 클 수밖에 없는데 이는 사람들마다 색을 볼 때의 기분이나, 환경, 연상작용이 서로 다를 수 있기 때문이다. 따라서 많은 색채전문가에 의하여 어느 정도 검증된 색채조화의 방법들도 개인에게 적용시키기에는 무리가 따르며, 결국 색채조화를 위한 배색은 개인적인 미적 감성을 계발하여 키워진 구성적인 감각에 따라서 결정할 수밖에 없는 것이다. 그러나 오늘날의 인간의 심리적인 측면을 고려한 심리학적인 배색은 색의 효과에서 행동의 용이함이나 쾌적함을 이끌어내는 색채조절이나 색채관리에 큰 역할을 하고 있는 것과, 인간의 생활환경에 기능적이고 정서적인 색을 도입 적용하려는 색채조절이나 색채관리 등에서의 심리학적인 배색의 중요성 또한 나날이 커져가고 있는 것을 부인할 수는 없다.

3.1.2 색채조화(色彩調和)의 공통원리

이상적이고 효율적인 색채의 조화를 위한 연구는 예로부터 현재까지 색채연구가 들의 공통된 과제였고 목표가 되고 있다. 전술한바와 같이 색채에서 느끼는 감정은 개인차가 크기 때문에 각각의 개인을 만족시킬 수 있는 배색은 존재하지 않는다고 볼 수 있다. 그러나 많은 사람들이 공감을 느낄 수 있는 공통점은 수많은 색채연구가들의 연구와 통계로 어느 정도 까지 범위를 한정할 수 있다는 것이 이미 검증되어 있다.

다음은 실제로 저명한 색채조화 연구가들인 오스트발트(ostwald), 문(moon), 스팬서(spencer), 비렌(birren) 등의 연구에서 취급된 색채조화론의 공통되는 원리이다.

1) 색채조화의 공통원리

(1) 질서의 원리(principle of order)

색채의 조화는 의식할 수 있고 효과적인 반응을 일으키는 질서 있는 계획에 따라 선택된 색채들에 의해서 생긴다.

(2) 비모호성의 원리(principle of unambiguity)

색채조화는 두 가지 색 이상의 배색에 있어서 모호한 점이 없는 명료한 배색일 때 얻어진다.

(3) 동류의 원리(principle of familiarity)

가장 가까운(인접한)색채끼리의 배색은 보는 사람에게 친근감을 주며 조화를 느끼게 한다.

(4) 유사의 원리(principle of similarity)

배색된 색채들이 서로 공통되는 상태와 속성을 가질 때 그 색채군은 조화된다.

(5) 대비의 원리(principle of contrast)

배색된 색채들의 상태와 속성이 서로 반대되면서 모호한 점이 없을때 조화된다.

2) 색채조화시 고려사항

이상과 같은 공통되는 원리에 대하여 수많은 조화론이 발표되었지만 배색에 있어서 일률적으로 적용시키기 어려운 것은 다음과 같은 문제가 내재되어 있기 때문이다.

① 색에 대하여 느끼는 것은 개인의 문제이며 따라서 색에 대한 반응은 사람에 따라 다를 수밖에 없고 같은 사람도 그 당시의 상황에 따라 다르게 나타나는 경우도 있다. 또한 낡은 배색보다 새로운 배색을 좋아하는 경우가 많고 그 전에는 무관심 했던 배색도 자주 대하면 좋아지는 등의 변수가 많다.

② 디자인이나 색 자체와 함께 그 절대적인 시각의 크기에 따라 반응이 다르게 나타난다. 예를 들어 작고 아름다운 색도 크게 확대하여 보면 처음과 다르게 느껴지는 경우가 있다.

③ 색 자체와 함께 채색된 면적의 상대적 크기에 따라 색이 다르게 보인다.

④ 색 자체와 함께 디자인의 여러 가지 요소나 형태에 따라서도 좌우된다. 같은 배색이라도 디자인한 부위에 따라 그 질서성을 잃게되는 경우가 있다.

⑤ 색 자체와 함께 디자인의 의미나 해석 여하에 따라 좌우된다.

⑥ 색채조화에 억지로 규칙을 부여하여 배색하는 경우는 실패하기 쉬운데 이는 사회적, 문화적, 정치적인 요소 등의 시대적인 상황이 반영되는 경우도 있기 때문이다.

제 4 장 실내건축색채계획(室內建築色彩計劃)

4.1 개요(槪要)

실내건축디자인이 인간생활의 쾌적성(快適性)을 추구하는 계획과 실행과정 및 그 결과까지의 행위라는 것에 색채계획을 적용시키면 색채계획 또한 어떤 목적을 위하여 구상한 색채가 현실로 나타날 수 있도록 하는 계획과 실행과정 및 그 결과를 포함하는 행위라 할 수 있다. 따라서 어떤 대상이 되든 색채계획의 과정은 유사할 수밖에 없으며, 일반적으로 다음과 같은 계획과정을 갖는다.

(1) 환경조사와 현상의 분석

색채설계대상물과 유사한 대상에 사용된 색채와 대상공간의 이미지 및 기능을 조사하고 분석한다.

(2) 정보분석

사용하고자 하는 색채에 대한 생리적, 물리적, 심리적 요인과의 관계를 조사하고 COLOR CONDITIONING의 기본원리를 활용하여 색채조절의 기본조건에 따른 색채조절의 효과와 조명방법을 고려한다.

(3) 이상적인 색채환경의 설정

대상물의 기능과 이미지에 적합한 이상적인 색채환경을 설정한다.

(4) CHECK LIST에 의한 배색계획

대상물 또는 대상물을 구성하는 요소들의 색목록을 정리하고 각 요소들에 적합한 배색계획을 한다.

(5) 여러 가지 경우의 배색 SAMPLE

모의 실험이 가능한 배색의 샘플을 몇 가지 작성한다.

(6) COLOR MODEL에 의한 조사분석

배색된 샘플을 사용하여 모의실험을 한다.

(7) 모의실험의 정보분석

모의실험자료를 분석하여 색채계획 대상물에 적합한 모델을 몇 가지 선정한다.

(8) 최적안의 결정

최종 검토를 통하여 최적안을 결정한다.

(9) 색채관리

결정된 색채모델이 현실화 될 수 있도록 모든 과정을 관리한다.

(10) 효과측정 및 검토

완성 후 실제 사용자들의 반응과 효과를 측정하고 자료화 한다.

4.2 실내건축색채계획(室內建築色彩計劃)

4.2.1 실내건축색채계획시 고려사항

실내건축색채계획에 영향을 주는 요인은 적용대상의 특성에 따라 약간의 차이는 있으나 공통적으로 다음의 3가지 요인으로 함축시킬 수 있으며 그 내용은 다음과 같다.

(1) 건축적인 요인

실내건축물의 용도, 규모, 형태, 사용재료, 공법 등

(2) 인간적인 요인

건축주의 의도와 실제 이용자들의 특성, 관찰자들의 특성, 이용자들의 시간성, 계절성 등

(3) 환경적인 요인

지형, 지역, 기후 등의 자연조건과 주변의 건축물, 도시미관의 고유성, 지역의 특색 및 전통

4.2.2 실내건축색채계획의 전개

실내건축색채계획은 우선 실내계획의 이미지와 내용 그리고 기획단계에서 파악된 계획대상에 대한 의뢰인의 요구사항을 포함하여 건축에 의해 주어지는 내부공간에 영향을 미치는 외부적 조건과 계획대상 공간이 수용해야 할 내부적 조건을 파악하여 다음과 같은 방법으로 기본색채를 선택한다.

(1) 색목록의 정리

바닥, 벽, 천장, 가구, 악세서리 등 실내를 구성하는 요소들의 색목록을 정리한다.

(2) 색채표본의 작성

각 요소들의 위치에 색의 견본을 배치한다. 비율에 따라 큰 면적을 점유하는 색의 표본은 크게 작은 면적을 점유하는 색의 표본은 비율에 맞게 적게 만든다. 이때 주의할 점은 완성된 공간의 조명과 비슷한 조건에서 이루어져야 한다는 점이다. 이는 광원의 연색성에 따라색보임이 다르기 때문이다.

(3) 주조색의 선택

넓은 면적을 차지하는 색 또는 지배적인 색을 주조색 또는 기조색이라 하며 다음과 같은 내용을 고려하여 선택한다.

① 주어진 색 또는 지정된 색으로 고객의 요구에 의해 지정된 색과 건

그림 4-1 주조색

축적요소로 주어진 마감재료 또는 가구, 바닥 등의 색은 주조색에 반영한다.

② 계획중인 공간의 방위에 맞게 주조색 선택의 범위를 좁힌다.

③ 공간의 목적(정서적인 측면)에 맞게 주조색을 고려한다.

④ 계획대상의 이미지에 맞는 색을 고려한다.

그림 4-2 보조색과 강조색

(4) 보조색과 강조색의 선택

가구, 블라인드 등 일정면적을 차지하는 색을 보조색, 액서서리와 같이 작은 면적 또는 작은 공간을 차지하는 색을 강조색이라 하며 공간연출을 극대화 할 수 있는 색으로 선택한다.

(5) 유행색의 선택

주조색에 그 시대의 상징적인 색이 가해진 것을 유행색이라 하며 상업공간의 색채계획시 민감하게 작용하므로 색채조절을 통하여 공간의 이미지에 맞는 색을 선택한다.

4.2.3 실내건축색채계획의 PROCESS

(1) 실내공간의 색채 이미지 절정

대상공간의 사용목적 및 용도 등을 분석하여 그 기능에 적합한 색채이미지를 설정한다. 실내공간의 색채 이미지는 밝다, 따뜻하다. 부드럽다. 아늑하다 등으로 나타낼 수 있으며 클라이언트의 요구사항에 따라 결정되는 것이 일반적이다.

(2) 실내건축구성요소들의 색채계획에 따른 조건파악

① 건축적 조건 : 실의 형태, 실의 규모, 개구부 위치, 채광조건 등의 건축적으로 이미 주어진 조건을 파악한다.

② 장식적 조건 : 마감재료, 가구, 악세사리, 조명 등 색채계획에 영향을 줄 수 있는 요소들을 파악한다.

(3) 주조색의 결정

계획하고자 하는 색채의 심리적, 생리적 요구 및 조명조건과 빛의 반사율을 고려하여 주조색을 결정한다.

(4) 배경색의 결정

주조색을 기본으로 하여 목적성이 있는 부분(거실의 벽이나 바닥 등)의 바탕에 사용할 수 있는 색을 결정한다.

(5) 보조색의 결정

주조색, 배경색과 조화될 수 있는 커튼, 블라인드, 징두리 벽, 가구 등 일정면적을 차지하는 색을 결정한다.

(6) 강조색의 결정

액서서리와 같이 작은 면적 또는 공간을 차지하는 색으로 공간연출을 극대화할 수 있는 요소이므로 신중하게 결정한다.

(7) 검토와 조정

스케치나, 투시도, 색채모형, 컴퓨터 등을 활용하여 결정된 색채의 배색 및 조화여부를 3차원 적으로 확인검토하고 재조정한다.

4.3 실내의 색채조절(色彩調節 : Color conditioning)

색은 단순히 개인적인 기호에 의하여 대상물에 사용하는 것이 아니라 색 자체가 갖고 있는 심리적, 생리적 또는 물리적 성질을 이용하여 인간의 생활이나 작업장의 분위기 또는 생활환경을 쾌적하게 또는 능률적으로 만들기 위하여 색이 가지고 있는 특별한 기능이 발휘되도록 조절하는 것을 색채조절이라 한다.

실내의 색채조절에는 기본적으로 배색조화의 이론을 적용하는 것이 가장 이상적이나 실내공간구성의 특성상 실내구성요소로서의 재료 자체의 색, 가구 및 커튼의 색, 조명에 따른 색보임 관계 등을 충분히 고려하여 색채를 조절해야 한다.

일반적으로 공공적인 공간이나 많은 사람이 모이는 장소 등은 통일성이 큰 조건을 차지하게 되므로 동색상(同色相)의 배색이 가장 적당하며,

업무공간의 경우 권태감에 빠지는 것을 방지하기 위하여 2색 이상의 배색으로 변화를 주면 시각적, 심리적으로 쾌적한 공간을 연출할 수 있다.

4.3.1 색채조절의 효과

색채조절을 통해 얻을 수 있는 효과로는 다음과 같은 것들이 있다.

① 기분의 전환

② 눈의 긴장과 피로의 감소

③ 일상 생활과 작업에 활기부여

④ 사고와 재해의 방지

⑤ 작업능률 향상으로 인한 생산력의 증가

⑥ 정리정돈 및 청결유지의 유도

⑦ 유지관리의 용이성 및 경제적 이득

4.3.2 색채조절시 고려사항

① 색채조절 대상물의 기능을 세밀히 파악한다.

② 대상물의 기능을 만족시키는데 필요한 시각상의 모든 요구를 확실하게 파악한다.

③ 기능을 추구하는데 있어서 대상물의 장소에서 어떤 사람이, 어떤 행위를, 무엇에 대하여 하는지를 면밀히 파악한다.

④ 조명 선택시 광원의 연색성을 고려한다.

⑤ 대상물 또는 대상공간의 생리적, 심리적 요구사항을 파악한다.

⑥ 마감재료 또는 색채의 반사율 또는 밝기를 고려한다.

⑦ 주조색의 색상 및 채도를 미리 고려한다.

4.3.3 색채조절의 일반적인 기준

1) 실내공간에 대한 색채조화론의 적용

(1) 색상(色相)

실내공간의 사용목적 및 용도에 따라 다르나 색조(色調)를 결정하는데 중요한 요소가 되며, 그 선택여하에 따라 실내의 분위기가 크게 좌우되므로 주의해야 한다.

색상은 배경색과의 대비나 반사광에 의한 영향을 받게되면 가라앉은 분위기가 되기 쉬우므로 보라, 자주, 빨강, 녹색 등의 색상은 피하는것이 바람직하며 일반적인 색상의 기준은 다음과 같은 정도로 한다.

① 천장면(명도 9 전후일 때) : 10YR~2.5Y,10B~2.5PB

② 벽 면(명도 7~8) : YR~GY, B~PB

③ 바닥면(명도 5이하일 때) : 반사광과 배경색의 영향을 가장 적게 받으므로 천장, 벽과 조화되는 색상을 선택한다.

(2) 명도(明度)

명도의 선택기준은 실내공간의 사용목적 및 용도에 따라 다르나 일반적으로 천장, 벽, 바닥의 순으로 하는 것이 실(室) 전체에 안정감을 줄 수 있으며, 일반적인 명도기준은 다음과 같다.

① 천장면 : 명도 9 이상

② 벽 면 : 명도 8 전후

③ 바닥면 : 명도 6 전후

(3) 채도(彩度)

고채도의 색은 작은 면적에 저채도의 색은 면적이 넓은 부위에 사용하는 것이 시각환경에 좋은 것이 일반적이나 실의 용도나 목적에 따라서 이를 적용하기가 어려운 경우가 있다. 특히, 주거공간이나 병원등의 넓은 면적을 차지하는 천장과 벽 등의 부분은 반사광에 의하여 채도가 높아지는 경향이 있으므로 낮은 채도로 계획하는 것이 바람직하며 명도와 색상에 의한 채도기준은 다음과 같은 정도로 한다.

① 명도 9 정도 : 채도 1이하

② 명도 7~8 전후 : 채도 1~2 정도

③ 명도 5~6 전후 : 채도 2~4 정도

2) 실의 기능과 환경을 고려한 색의 선택

사람들의 움직임이 많은 동적인 공간에는 비교적 자극이 강한 난색계열(R, YR, Y)의 색을, 사람들의 활동량이 적고 오랜 시간 머물러야 하는 교실, 사무실, 병실 등의 정적인 공간에는 자극이 약하고 지루한 느낌이 들지 않는 중성색(GY)이나 한색계열(B, PB)의 색을 사용하는 것이 좋다.

3) 실의 규모에 따른 색의 선택

욕실, 화장실 등 규모가 작은 실의 벽은 반사광이 심하여 채도가 높아 보이므로 낮은 채도의 색을 선택한다. 규모가 큰 실은 연한 난색계열의 색을 사용한다.

4.4 실내각부의 배색(配色)

(1) 벽(壁)

벽은 실내공간의 각 부위 중 사람의 시선이 가장 오래 머물며 또한 가장 넓은 면적을 차지하므로 실내공간의 분위기를 좌우하는 가장 큰 요소가 된다. 어두운 벽은 조도가 높더라도 어두워 보이며 난색계의 색은 쾌활한 기분을, 한색계의 색은 차가운 느낌을 주며, 중성색은 침착한 느낌을 준다. 일반적으로 천장보다 약간 어두운 중간색이 무난하며 백색은 피하는 것이 좋다.

그림 4-3 벽의 배색

(2) 징두리 벽

징두리 벽은 인체와의 접촉이 빈번한 부위이므로 더러움이 눈에 띠지 않도록 약간 낮은 명도의 색이 좋다.

징두리 벽의 높이는 1500㎜정도로 하는 것이 일반적이며 창틀의 하부를 기준으로 해도 무난하다.

그림 4-4 징두리벽의 배색

(3) 걸레받이

걸레받이는 벽과 동일한 계통의 색을 사용하는 것이 무리가 없으며 벽의 색보다 약간 낮은 명도의 것을 사용하는 것이 일반적이다.

(4) 바닥

접촉빈도가 가장 높은 실내의 바닥은 오염 및 오손의 우려가 가장 크므로 저명도, 저채도의 색을 사용하는 것이 바람직하다. 저명도, 저채도의 색은 무거운 느낌이 들므로 실내공간의 무게 중심을 잡아주는데도 효과적이다.

(5) 천장

천장은 실내의 조명효과를 최대한 높일 수 있는 백색이나 이에 가까운 색의 사용을 요한다. 벽과 같은 계열의 색을 사용할 경우에는 벽보다 명도가 높은 것이 좋다.

그림 4-5 바닥의 배색

(6) 창호

출입구 및 창틀의 색은 벽과 천장의 색과 대비가 크지 않은 색으로 밝게 하는 것이 일반적이다. 각 실을 통일된 분위기로 연출하고자 할 때에는 벽이나 천장의 어떠한 색과도 조화가 잘 되는 밝은 청회색 또는 연한

그림 4-6 창호의 배색

회색 등의 사용이 바람직하며, 문은 가급적 밝은 것이 좋으나 벽이 밝은 색인 경우에는 반대로 어둡게 하면 시각적으로 더욱 효과적일 수도 있다.

(7) 가구

가구의 기능은 인간과 건물사이에서 매개체 역할이지만 실내공간구성 요소 중 장식적인 면이 가장 큰 요소 중의 하나이다.

일반적으로 가구의 색은 벽과 바닥의 중간정도로 하는 것이 이상적이지만 면적을 넓게 차지하는 수납용 가구의 경우 벽과 같거나 조금 어두운 것이 좋으며 의자류나 크기가 작은 가구의 경우, 강한 색을 사용하면 실내에 활기를 부여할 수 있는 효과를 얻을 수 있다.

(8) 커튼

블라인드나 커튼은 실내에 강조의 효과를 주는 역할을 하므로 채도와 명도가 높은 선명한 색을 선택하는 것이 바람직하다.

4.5 공간별(空間別) 색채계획

4.5.1 주거공간(住居空間 : Residential space)

실내건축의 대상이 되는 모든 공간에 대하여 정해진 색이란 것은 없으나 대상물의 목적과 용도에 따라 어느 정도의 제한을 받는다는 것은 이미 기술한 바 있다. 주거공간의 경우에는 다른 공간에 비하여 색채의 선택범위가 넓고 색채의 표현에 제한이 없는 편이나, 색채계획시 공간사용자의 특성과 공간의 기능 및 용도를 잘 파악해서 색채설정의 방향이나 제한 등에 대한 충분한 이해를 해야 부적절한 색채선택을 피할 수 있으며 비교적 만족스러운 결과물을 만들어 낼 수 있다.

(1) 거실 및 식당

가족구성원 전체가 사용하고 그 사용 시간대가 다양하며 경우에 따라서는 방문객도 사용할 수 있는 공간이므로 거주인의 개성이 크게반영된 강한 색의 사용보다는 가족의 품위를 나타낼 수 있는 색채계획이 바람직하다.

주조색으로는 따뜻하고 편안한 느낌을 주는 밝고 부드러운 색상인 난색계열의 아이보리, 파스텔 톤의 색과 채도가 낮은 중성색 등이 일반적으로 사용되며, 경우에 따라 주조색을 한색계열로 계획했더라도 액센트 색을 따뜻한 색으로 사용하여 대비효과를 주면 효과적으로 연출할 수 있다. 거실이나 식당의 면적이 작을 때는 단색이나 유사색의 조합이 무난하며, 면적이 넓을 때에는 보색대비를 이용한 색채의 사용도 흥미를 유발시킬 수 있는 방법이 된다. 그러나 넓은 면의 바닥재료를 단색의 강한 채도나 큰 패턴을 사용하여 계획하는 것은 실내 전체의 조화를 깰 우려가 있으므로 바람직하지 못하다.

그림 4-7 거실의 색채

(2) 침실

거실이나 식당과는 달리 거주자의 사적인 공간이므로 일반적인 개념에서 벗어난 색채계획이 가능한 공간이다. 부분적으로 거주자의 기호에 맞는 강렬한 색을 사용해도 무리가 없으나 누워서 보게 되는 천장이나 벽의 전체에 강한 색을 사용하는 것은 눈에 많은 피로를 주므로 사용을 피하는 것이 좋다. 사용하는 색채의 수는 3가지 이내로 제한하는 것이 바람직하며 단일색상의 명도나 채도의 변화만으로도 원하는 분위기를 연출할 수 있다. 또한 침실은 침대의 커버나 커튼 등 비교적 넓은 면적을 차지하는 공간연출요소들에 따라서 색상의 선택방향이 결정되는데, 이 들 요소들은 주조색 보다 더 밝거나, 약간 어두운 톤으로 계획하면 무리가 없다.

그림 4-8 침실의 색채

(2) 어린이실

어린이실은 취침, 놀이, 학습의 기능을 동시에 요구하는 공간이므로 전체적으로는 밝고 깨끗한 느낌의 선택이 바람직하다. 어린이들이 선호하는 채도가 높은 원색을 큰 면적에 사용하는 것은 정서적으로 안정감을 주지 못하고 혼란스러운 결과를 초래할 우려가 있으므로 어린이실의 색채는 기본적으로 밝고 안정감이 느껴지는 중간색조나 무채색을 넓은 면적에 배색하고 어린이들이 선호하는 원색(파랑, 노랑,빨강 등의 순색)은 부분적으로 사용하는 것이 정서적인 면에서 바람직한 배색이다.

또한 호기심을 충족시키기 위한 방법으로 주기적으로 색상의 변화를 줄 수 있도록 일정 부분에 대한 색상교체가 용이하도록 융통성이 있는 계획도 고려해 볼 수 있다.

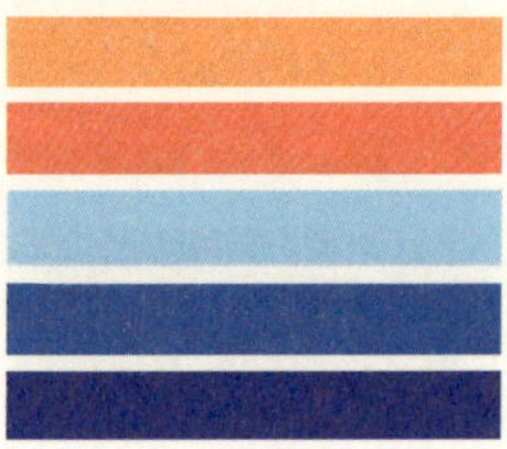

그림 4-9 어린이실의 색채

(3) 부엌

주부의 가사노동 공간이며 청결을 요하는 공간이므로 즐거운 기분으로 일할 수 있는 분위기와 청결한 느낌을 주는 다소 강한 색상의 사용도 무난하다. 작업대 상판의 색은 청결한 느낌의 밝은 색이 좋으며 스테인리스의 사용부위가 넓은 경우에는 차가운 느낌을 보완할 수 있는 단순한 색상이나 채도가 높은 색을 그 주변에 사용하는 것이 바람직하다. 벽면이 어두우면 수납가구의 색은 밝은 계통의 색을 반대로 벽면이 밝으면 약간 어두운 색을 선택하는 것이 좋다.

그림 4-10 부엌의 색채

(4) 화장실, 욕실

청결을 요하는 공간으로 깨끗하고 위생적으로 보이도록 계획해야 하며 특히, 공간의 크기가 작고 사용시간대가 짧다는 점에 유의해야 한다. 마감재료(주로 반사율이 높은 타일이 마감재료로 사용되므로 채도가 낮은 색상을 선택하는 것이 바람직하다.)의 주 색상은 단순한 것을 선택하고 다소 강한 색의 띠 타일을 사용하거나 한쪽 벽면을 아트 모자이크 타일로

그림 4-10 욕실의 색채

처리하면 단조로움을 보완할 수 있고 또한 흥미를 줄 수 있는 공간연출을 할 수 있다. 욕조나 세면기, 변기의 색상은 주색상과 유사한 것을 사용하거나 반대색을 사용하는 경우가 일반적이다.

4.5.2 상업공간(商業空間 : Commercial space)

상업공간이란, 판매서비스를 통한 경영주의 영리를 목적을 위하여 구성되는 공간의 총칭으로 식사에 관계되는 식음공간과 상품을 판매하는 판매공간으로 구분할 수 있다.

사람의 감각 중에서 정보를 가장 먼저 인지하고 받아들이는 것은 시각(視覺)이며 시각에 가장 큰 호소력을 주면서 가장 먼저 지각되는 것은 많은 디자인 요소 중 색채라는 것은 전술한바와 같다. 실제로 매장에서 구매자의 소비를 유발시키기 위하여 사용하는 다양한 판매방법 중 색채를 활용하는 것이 가장 큰 효과를 얻을 수 있다는 것은 이미 검증된 사실이며, 어떤 상업공간이든 조화로운 색채의 구성은 상품의 가치 및 그 공간의 이미지를 높여주고 편리한 구매를 위한 분위기를 조성하여 매출의 증대를 가져온다는 것 또한 부인할 수 없는 사실이다.

1) 식음공간

식음공간은 음식을 취급한다는 점과 기본적인 공간구성요소의 공통점을 제외하고는 각 공간마다의 특징이 있으므로 그 특징에 맞는 색채계획을 해야하며 일반적인 색채계획방법은 다음과 같다.

① 식음공간의 색채계획에서 가장 먼저 고려해야할 사항은 식욕을 돋울 수 있는 실내공간을 연출하는 것이다. 일반적으로 난색계열의 색이 식욕을 자극하며 쾌활한 분위기를 연출하지만 너무 강한 색은 지루한 느낌과 흥분을 유발시키므로 절제하여 사용하는 것이 좋으며 주조색에 대하여 유사한 색상이나 보색관계에 있는 색을 적절히 조화시키는 것이 공간연출에 효과적이다.

② 업종의 특성이나 입지조건, 대상층, 서비스 형태 등을 고려하여 그 공간의 이미지와 분위기에 어울릴 수 있는 색채구성을 계획하는

그림 4-12 식음공간의 색채

것이 중요하다. 예를 들어 전통적인 메뉴를 제공하는 정통 레스토랑의 경우에는 부드럽고 따뜻한 느낌이 드는 색채를, 젊은 층이 많이 이용하는 패스트푸드점의 경우에는 손님을 빨리 회전시키기 위하여 다소 흥분을 줄 수 있는 강렬한 색채를 사용하는 것이 그 공간의 목적에 부합되는 색채 계획이 된다.

2) 판매공간

판매공간은 상품을 사고 파는 곳으로 매출증대의 경영적인 측면과 판매를 위한 시각요소의 적절한 기준설정을 통해 계획되며, 판매공간은 상품의 종류에 따라 편의용품, 일용품, 선택 구매품, 특수상품(보석, 시계,

카메라 등)등을 취급하는 공간과 편의점, 백화점, 슈퍼마켓, 쇼핑센터 등 기능에 따른 공간으로 분류할 수 있으며 식음공간과 마찬가지로 각 매장별 특징을 파악하여 색채계획에 임해야 한다. 일반적인 판매공간의 색채계획은 다음과 같은 내용을 고려하여 이루어진다.

① 판매공간의 색채는 상품의 색채와 상품의 배경이 되는 배경색채로 크게 구분할 수 있으며, 이 두 색채는 상호보완관계에 있으므로 손님에게는 쾌적한 느낌과 매장의 강한 이미지를 심어주고 상품의 가치를 높일 수 있도록 색채계획을 해야 한다. 특히, 판매공간의 색채계획에서 우선적으로 고려해야 할 사항으로는 판매상품이 그 공간의 주가 되므로 상품의 색채를 돋보이도록 배려를 해야 한다는 점이다.

② 매장의 배경색으로는 상품의 색채보다 채도와 명도가 낮은 색을 선택하는 것이 무난하며, 경우에 따라서 특정상품의 색보다 더 강한 색을 사용하여 공간연출을 극대화 할 수도 있다.

③ 또한 매장에 사용하는 광원의 종류에 따라서 상품의 색 보임에 차이가 나므로 연색성이 우수한 광원을 사용해야 하는 점도 충분히 고려해야 한다.

그림 4-13 판매공간의 색채

4.5.3 업무공간(業務空間 : Office space)

업무능률의 향상을 목적으로 하는 사무실, 공장, 은행, 관공서 등의 공간으로 오랜 시간 일을 하며 한 장소에서 보내야하는 특징이 있다.

특히 업무공간의 특성상 인간공학적(인간과 기계, 환경의 시스템이 적용되는)인 측면이 강조되는 공간이므로 인간공학에서 다루는 색채와 기계, 색채와 인간, 색채와 환경시스템이 적절히 적용되어야 하며, 이때 고려해야할 사항으로는 다음과 같은 것들이 있다.

① 인간공학적인 색채의 조건으로는 쾌적한 느낌, 단조로움의 배제, 건강의 유지, 창조적인 자극, 커뮤니케이션의 촉진, 동일성의 강조 등이 있으며 이 가운데 각각의 업무공간의 특성에 맞는 요소들을 파악하여 적용시켜야 한다.

② 업무공간에 사용되는 인간공학적인 색채가 갖추어야할 필요조건으로는 기능적인 색채와 정서적인 색채로 대별 할 수 있으며, 기능적 색채의 조건은 주로 작업을 위한 시각환경의 조성에 적합한 색채를 의미하는 것으로 빛의 반사와 광택으로 인한 눈부심 방지와 눈의 피로를 감소시킬 수 있는 조건을 예로 들 수 있다. 또한 정

서적 색채의 조건은 공간사용자의 심리적인 측면을 고려한 것으로 쾌적한 느낌, 지루하지 않은 느낌 등의 기분에 관계되는 색채의 조건을 예로 들 수 있다.

이상의 내용은 모든 업무공간의 색채계획에 필히 포함되는 것이 바람직하며, 일반적인 업무공간의 색채사용 예는 다음과 같다.

① 규모가 작은 업무공간에서는 생동감 있는 색채를 사용하고, 큰 공간에서는 산만한 느낌이 배제된 안정감 있는 색채를 사용하는 것이 바람직하다.

그림 4-14 업무공간의 색채

② 개인용도의 사무실이나 중역실, 상담실 등 사용자나 목적이 확실한 공간의 경우에는 적극적인 색채의 구성도 생각해 볼 수 있으나, 거부감이 들지 않는 색채구성방법으로는 유사색의 배색방법이 무난하다.

③ 현대적인 분위기를 강조하고자 할 때는 강렬한 색을 부분적으로 사용하고 무채색을 배경색으로 대비시키는 배색방법을 사용한다.

④ 많은 사람이 사용하는 넓은 공간의 경우에는 부드러운 분위기를 조성하기 위해서는 난색계의 색을 사용하는 것이 좋으나 작업의 집중력을 저하시킬 우려가 있으므로 주의해야 한다.

⑤ 집중력을 필요로 하는 업무공간의 경우에는 긴장감을 불러일으키는 한색계열의 배색이 바람직하나 부분적으로 긴장을 풀어주기 위한 색채의 배려도 고려하는 것이 좋다.

4.5.4 의료공간(醫療空間 : Medical treatment space)

의료시설은 환자의 진료 및 간호와 일반인들의 건강과 위생관리를 주 목적으로 하는 공간이며, 의료업무에 종사하는 의사와 간호사 등의 전문 그룹의 교육훈련 및 임상의학의 교육시설의 기능과 국민의 건강을 책임지는 봉사의 행위가 이루어지는 복합적인 기능을 갖는 공간이다.

의료시설에 관계된 인적범위는 환자와 의료업무 종사자(특히, 의사와 간호사)로 대별되며 환자, 보호자, 의료시설 근무자, 의사와 간호사 등으로 세분할 수 있다. 의료시설에 관계하는 사람들 중 색채계획의 주 대상이 되는 사람들은 환자이며 특히, 환자의 심리상태 파악이 색채계획의 기본이 된다.

일반적으로 병원이라는 이미지는 불쾌하고 경직된 공간으로 인식되고 있는데, 이는 병원 고유의 규정과 의료진의 복장, 식단, 환자 및 보호자의 행동을 제한하는 규칙, 생소한 색채환경 등에서 받는 인상이 작용한 것이라 생각된다. 병 때문에 건강이 약해진 그리고 평상의 생활환경에서 벗어나게 된 환자는 병원에서 겪게되는 사소한 일조차 위협을 느낄 수 있으며 걱정스러운 일로 받아들일 수밖에 없다.

따라서 병원은 쾌적한 환경을 조성하여 환자가 받게되는 부담을 가능한 한 덜어주어야 하며, 병원의 경직된 이미지를 완화시킬 수 있도록 공간을 연출해야 한다.

또한 의료업무 종사자들에 대한 시각환경도 충분히 고려해야 한다. 매일매일 환자들을 돌보는 일은 많은 체력과 인내를 요구하게 되므로 일상적인 업무를 이행하게 되는 수술실, 중환자실, 환자실 등에는 인간공학적인 시각환경을 적용, 쾌적한 근무환경이 되도록 하여야 한다.

1) 병원 입구 및 접수처

병원을 찾는 환자와 보호자가 병원에 대한 첫 인상을 받는 곳으로 병원에 대한 거부감 및 두려움을 감소시키며 호의적인 분위기를 느낄 수 있도록 색채의 심리적 측면 및 조형적인 수단 등을 통하여 안락한 분위기가 연출되도록 해야 한다.

과거에는 환자의 정서적인 면은 도외시하고 청결과 위생 즉, 기능성만을 강조하는 밝은 명도의 무채색위주로 색채를 사용하였지만, 현재는 인간공학적 시각환경의 깊은 이해로 인해 색채의 사용 폭이 넓어지고 있는 흐름이며, 이에 따라 환자와 보호자, 의료시설 종사자 등 의료시설에 관계하는 사람들 모두가 가장 편안함을 느낄 수 있는 분위기(예를 들어 주거공간의 거실분위기)로 계획하면 무리가 없다.

2) 복도

병원의 복도는 단지 각 공간을 연결하는 통로의 역할만을 위한 것이 아니라 이것과 연결되는 다른 용도의 공간, 즉 병실 밖에서 환자가 머무르고, 환자들의 커뮤니케이션을 가능하게 하며, 방문객들과 대화할 수 있는 공간을 포함한다.

복도는 병원의 전체면적에서 상당한 면적을 차지하는 공간이므로 병원의 전체적인 이미지에도 그 만큼 영향을 주게된다. 따라서 외과, 소아과, 내과, 산부인과 등의 특정 진료과나 병동의 분위기와 기능(중환자 병동,

소아과 병동 등 각 병동의 색채환경은 각각 다르므로)을 복도에서 미리 인식할 수 있도록 배려하는 것이 바람직하며, 이는 환자나 방문객들의 오리엔테이션에도 도움을 준다.

일반적인 색채계획을 예를 들면, 중환자실의 복도는 평온함을 강조하기 위한 밝은 청녹색이나 녹색의 사용을, 일반적인 복도에서는 따뜻한 분위기의 난색계열의 색 사용을 고려해 볼 수 있다. 또한 각 진료과나 병동의 복도를 다른 색채로 구성하기가 어려운 경우에는 병실 문의 색을 다르게 하는 간단한 방법을 사용할 수도 있다.

3) 병실

병실은 환자들이 치료를 위하여 단기간 또는 장기간 머무는 장소이다. 병실을 사용하는 환자들은 병의 종류, 위중의 정도, 나이, 성별 등에 따라 다양한 환경이 요구되며, 각기 다른 환자들의 치료목적을 충분히 고려한 병실의 분위기가 병의 회복을 촉진시킨다는 사실은 의사들과 심리학자들에 의해서 이미 검증된 사실이다. 따라서 치료의 목적에 도움이 되고 빠른 회복을 위해서는 공통적으로 각 병동이나 병실을 긍정적이면서도 낙천적인 분위기와, 친숙한 인상이 들도록 하고, 또한 쾌적하도록 색채계획이 이루어져야 한다.

4) 수술실

수술실은 의사와 간호사들의 업무공간으로 특히, 의사의 시각적인 긴장에서 오는 피로를 고려한 색채계획이 이루어져야 하는 공간이다.

수술실의 밝은 조명에 의한 큰 휘도 차이로 발생하는 눈의 피로를 방지하기 위하여 이미 검증된 명도가 낮은 녹색의 가운과 덮게 천이 사용되고 있으며 수술부위의 붉은 색 잔상도 녹색에 의해서 중화된다.

수술실의 벽면도 의사가운의 색조에 가까운 것으로, 반사율은 40%를 초과하지 않도록 조절해야 하며 일반적으로 30~35%정도로 하는 것이 시각환경에 좋다.

5) 대기실

대기실은 환자와 환자 보호자들이 진찰과 치료를 받기 전에 일정시간 머무르게 되는 공간으로, 머무르는 시간 동안 환자와 그 보호자가 병에 대한 걱정과 근심, 그리고 희망과 기대를 동시에 생각하게 되는 만감이 교차하는 공간이므로 이를 진정시켜주는 분위기의 시각환경이 구성되어야 한다. 더불어 이들의 생각을 다른 곳으로 분산시킬 수 있도록 시각적 자극과 흥미를 줄 수 있는 시각환경의 구성도 고려해야 한다.

제4편

실내건축조명계획

제 1 장
조명계획일반(照明計劃一般)

1.1 개요(概要)

조명(照明 : Lighting)이란, 공간에 빛이라는 매개수단을 통하여 양적(명시적) 또는 질적(장식적)으로 효과적인 배분을 하기 위한 조명방식이나 조명기구를 사용하여 연출하는 것을 의미하며, 개구부를 통한 태양광의 자연조명과 인공광원을 사용한 인공조명으로 대별할 수 있다.

빛은 인간의 시각(視覺)을 가능하게 하는 전자파 에너지 방사 중에서 자외선과 적외선 사이의 파장대인 380～780㎚(nanometer = 10^{-9}m)범위의 가시광선을 말한다. 주간과 야간의 생활을 가능하게 하는 절대적인 요소로 생활에 불편함이 없도록 적절한 조도를 부여하는 것이 빛의 기본적인 기능이라 할 수 있으며 실내환경에서의 빛은 밝음과 비추임의 기능을 갖는다.

표. 1.1 빛의 측정단위 및 용어

구 분	내 용	측광량의 단위
방사속 (radiant flux)	에너지 방사의 시간적 비율로서 단위 시간에 어떤 면을 통과하는 방사에너지의 양	w(watt)
광속 (luminous flux)	가시범위의 방사속을 눈의 감도를 기준으로 하여측정 한 것으로 단위 시간당에 통과하는 빛의 총 발광량	lu(lumen)
광량 (quantifyof light)	전구가 전 수명 중에 방사한 빛의 총 양	lm h (lumen hour)
광도(luminous intensity)	광원에서 일정한 방향으로 발광되는 빛의 강도	cd(candel)
조도 (illumination)	광원에서 작업 면에 도달하는 방사된 빛의 양	lx(lux)
휘도 (luminance)	빛을 발하거나 빛을 받아 반사하는 표면의 밝기	sb(stilb), nt(nit)

1.2 시각(視覺)과 시각환경(視覺環境)

1.2.1 눈의 기능 및 시각

1) 시각(視覺 : vision)과 시력(視力 : visual acuity)

빛은 각막 및 수정체를 통과하여 안구의 후방에 있는 망막에 상을 맺는다. 망막에는 추상체와 간상체의 두가지 시세포가 있으며 광화학 변화에 의한 신호가 시신경을 거쳐 대뇌의 시각중추에 보내짐으로써 시각이 생기게 된다. 간상체는 주로 명암을 구분하고 어두운 빛에서 이루어지는 물체의 움직임을 감지하며, 추상체는 망막의 중심와에 집중적으로 분포되어 명암과 색을 구분한다.

또한 사물의 형태를 자세히 식별하거나 구별하는 능력을 시력이라고 한다.

2) 순응(順應 : adaption)

안구의 내부에 입사하는 빛의 양에 따라 망막의 감도가 변화하는 현상과 변화하는 상태를 순응이라 한다. 순응은 어두운 곳에서 밝은 곳으로 옮길 때 망막의 감도가 낮아지는 명순응 현상과 반대로 밝은 곳에서 어두운 곳으로 옮길 때 망막의 감도가 높아지는 암순응 현상이 있다.

3) 시야(視野)

눈과 머리를 움직이지 않고 사물을 볼 수 있는 범위를 시각적으로 표시한 것을 시야라고 한다.

4) 시감도(視感度)

망막에 빛이 입사되었을 때 육안에서 빛으로 느껴지는 전자파는 380~780㎚의 범위이며 파장 555㎚에서 최대 감도를 갖는다. 많은 사람들에게 각 파장의 분광방사가 같은 밝음을 느끼게 하는데 요하는 에너지량의 역수로 그 정도를 표시하고 이것을 시감도라고 한다.

1.2.2 명시론(明視論)

1) 물체의 보임

명시란 시대상을 보기 쉽고 또한 잘 보이는 것을 의미한다. 명시를 위한 기본조건으로는 시대상의 크기, 밝기, 대비, 시간이며 이를 조명의 4가지 요소라고 한다.

2) 눈부심(眩輝 : glare)

시야 내에 순응하고 있는 휘도보다 현저하게 휘도가 높은 부분이 있거나 휘도대비가 큰 부분이 있어 불쾌, 고통, 눈의 피로나 일시적인 시력의 감퇴를 초래하는 현상을 눈부심이라 한다.

글레어에는 시대상이 잘 보이지 않게 되는 불능 글레어, 신경이 쓰이거나 불쾌감을 느끼게 하는 불쾌 글레어, 반사한 빛이 눈에 들어와 잘 보이지 않게 되는 반사 글레어가 있다.

3) 조도의 분포

시야 내에서 빛이 고르게 밝으면 눈부심이 일어나지 않으나 고르지 않을 경우에는 정도의 차이는 있으나 눈부심이 일어나게 된다. 시야 내의 조도의 분포가 고르고 높을수록 시력이 좋아지고 전체 시야가 거의 같은 광속발산도일 때 최고로 예민한 시각이 얻어진다.

4) 휘도대비(輝度對比)

휘도비란, 시작업면의 휘도와 시작업면 주위 휘도와의 비로서 이 값이 너무 크면 시각적으로 불쾌감을 느끼게 된다. 일반적으로 적당한 휘도의 비는 작업면의 1/10을 초과해서는 안되며, 인공조명의 경우 1/3이하로 하는 것이 바람직하다.

1.2.3 주광(晝光)에 의한 시각환경의 구성

주광에 의한 조명은 건축계획단계에서 고려되는 부분으로 창에 의한 채광방식이 일반적이다.

1) 측창채광(side lighting)

벽면에 대해 수직인 창에 의한 채광으로 다음과 같이 분류할 수 있다.

(1) 편측창 채광

벽의 한 면에 있는 창으로만 채광하는 방식으로 실의 구석까지 조도가 미치지 못하며 조도의 분포가 불균일하다.

(2) 양측창 채광

마주보는 두 벽면의 창에서 채광하는 방식으로 채광량이 많으며 주 광선이 2개가 되어 그림자와 그에 따른 분위기가 둘로 나누어지는 특징이 있다.

(3) 고창 채광

시선보다 높은 위치에 있는 창을 통하여 채광하는 방식으로 실의 구석까지 조도를 확보할 수 있으나 채광량이 부족하다.

2) 천창 채광(top lighting)

지붕면에 있는 수평 또는 수평에 가까운 창을 통하여 채광하는 방식으로 실 구석의 저조도와 불균일한 조도분포를 해소할 수 있다. 평면계획에서 어려움이 있고 특히, 빗물의 처리가 곤란하다.

3) 정측창 채광(top side lighting)

지붕면에 수직 또는 수직에 가까운 창에 의한 채광방식이다. 측창을 이용하기가 곤란한 공장이나 수평면보다 수직면의 조도를 높여야 하는 미술관 등에서 사용한다.

1.3 인공광원(人工光源)

광원은 자연광원과 인공광원으로 대별할 수 있으며, 인류가 오랜 세월을 태양광에 순응한 결과로 실내환경에서 사용하는 인공광원도 태양광의 광색(光色)과 근사한 것을 사용하는 것이 좋다. 자연광원과 인공광원 모두 중요한 환경요소이지만 특히 실내에서 문제가 되는 것은 인공광원이므로 본 절에서는 인공광원을 위주로 설명하고자 한다.

(1) 백열전구(白熱電球 : incandescent lamp)

형광등과 함께 가장 일반적으로 사용하는 등으로, 진공의 유리구 내에 필라멘트를 봉입하여 전류를 통하여 고온방사에 의하여 발광한다. 용량 30W 이하는 진공전구이고, 30W 이상에서는 텅스텐 필라멘트의 증발을 억제하기 위해서 아르곤과 질소를 혼합한 가스입 전구이다. 소비전력 중 빛이 되는 것은 약 10% 정도이고 나머지는 열이 되며 연색성(연색성)이 좋아 장식조명으로 사용된다.

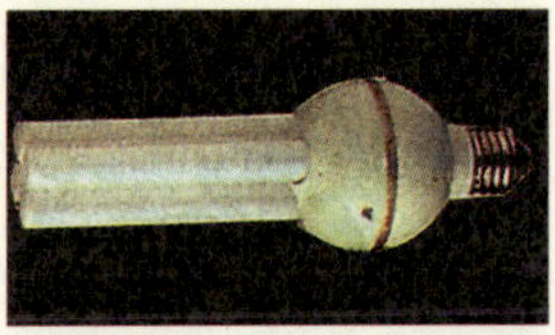

전구형 형광등

소형 할라이드 램프

할로겐 램프

메탈할라이드 램프

그림 1-1 인공광원

(2) 형광등(fluorescent lamp)

방전관 내에 수은과 아르곤의 혼합가스를 봉입하여 저전압으로 방전시키기 위하여 열음극을 사용한 저압 수은 램프의 일종이다. 방전에 의하여 생긴 파장 253.7㎚의 자외선이 관의 내벽에 칠해진 형광도료를 자극하여 강한 형광을 발생한다. 형광램프는 형광체에 따라 주광색, 백색, 청색, 녹색 등의 여러 가지색을 발생하는데 주광색과 백색이 일반적으로 사용된다. 백열등보다 열에 의한 손실이 적어 효율이 높고, 수명이 길어 경제적이다.

(3) 나트륨등(natorium lamp)

저압과 고압 나트륨등 2종류가 있으며, 저압 나트륨등은 인공광원 중 효율이 가장 높고 수명도 길지만 연색성이 나빠 실내용으로는 적합 하지 않다.

DOWN LIGHT

PENDANT

TABLE LAMP(STAND)

그림 1-2 각종 조명기구

(4) 수은등(mercury lamp)

초고압, 고압, 저압 수은등으로 구분되며, 휘도 및 광속은 높으나 연 색성이 좋지 않아 실내용으로는 사용하지 않고, 도로조명, 고천장 공 장조명 등에 사용한다.

(5) 메탈 할라이드 램프(metal halide lamp)

고압 수은등의 연색성 및 효율을 개선하기 위하여 고압 수은등 속에 금속 또는 금속할로겐 화합물을 혼입한 등으로 연색성이 우수하여 많이 사용되고 있다.

(6) 할로겐 램프(halogen lamp)

백열전구의 1/10 정도의 소형으로 자연광에 가까운 빛을 낸다. 연색성이 좋아 강조를 위한 등이나 고천장에 많이 사용된다.

(7) 네온관(neon tube)

유리관에 불활성 가스나 수은증기 등을 저압으로 봉입한 방전등으로 사인(sign)용으로 사용된다.

표. 1.2 특수전구의 종류 및 특징

종 류	용도 및 특징
투광기용 전구 (projection lamp)	빛을 소요방향으로 이용하려고 할 때 사용하는 전구로 투광기(投光器)와 조립하여사용한다. 용도로는 광고선전 등을 포함한 건물의 조명, 분수, 정원 등의 관상조명용(觀賞照明用)과 야구장, 수영장 등의 야간조명용으로 사용한다.
영사용 전구 (映寫用 電球)	소형영사기나 환등기에 사용하는 것으로 영사막면(映寫幕面)의 조도를 올리기 위하여 필라멘트를 단일평면에 배치하여 반사경과 볼록렌즈로 강력한 평행광속이 얻어지도록 한 전구이다.
적외선(赤外線) 전구	가열 및 건조 등을 위해 적외선을 사용한 것으로 공업분야에 이용된다.
기타 전구	상기 외에 투광조명용의 요오드 전구, 수술과 치료에 사용하는 의료용 전구, 선박, 차량 등 진동이 많은 장소에 사용하는 내진 전구, 장식이나 사인 등에 사용하는 착색전구 등이 있다.

(8) 특수전구

일반 조명용 외에 특수한 용도로 사용되는 전구이며 다음과 같은 종 류가 있다.

1.4 조명기구(照明器具 : lighting fixture)

광원으로부터 발산하는 빛을 제어하며, 램프를 보호하고 조명의 목적에 맞게 효과적인 배광과 램프의 휘도 및 눈부심 등을 조절하는 장치를 조명기구라고 한다. 조명기구의 구조는 광학적 분분, 전기적 부분, 기계적 부분으로 구성되며, 조명기구는 형태, 구조, 성능에 따라 여러 가지가 있으나 가장 중요한 기능인 배광에 따라 다음과 같이 구분한다.

(1) 직접조명기구(直接照明器具)

발산광속을 거의(90~100%) 아래방향으로 향하게 하여 작업 면을 직접 조명하는 기구로 명시도를 필요로 하는 공간에 주로 사용한다. 직접조명기구는 강조형(强照形) 루버(louver)기구, 스포트라이트 기구, 배조형(配照形) 반사갓과 유리 및 플라스틱판 매입기구 등이 있다.

(2) 반직접조명기구(半直接照明器具)

발산광속의 60~90%를 아래방향으로 하여 작업 면을 조명하고, 10~40%를 상향으로 하여 천장이나 벽에 반사된 반사광이 작업 면의 조도를 높이게 하는 기구이다. 대부분의 기구가 밑이 개방되어 있다.

(3) 전반확산조명기구(全般擴散照明器具)

상하향 모두 40~60% 정도로 기구에서의 발산광속이 확산되는 기구이다. 상점, 주택, 공장 등의 전반조명용으로 사용되며, 기구의 모양 은 발광면을 크게 하여 광원의 휘도를 감소시켜 눈부심 현상을 감소시킬 수 있는 구형(球形)이 대부분이다.

SPOT LIGHT

FLOOR STAND

그림 1-3 각종 조명기구

(4) 반간접조명기구(半間接照明器具)

발산광속의 60~90%가 윗 방향으로 향하게 하여 천장, 윗벽 부분으로 발산되고 나머지가 아래로 향하게 하는 기구이다.

(5) 간접조명기구(間接照明器具)

발산광속을 거의(90~100%) 위 방향으로 향하게 하여 천장이나 벽에 반사된 반사광으로 조명하는 기구이다. 우수한 확산성과 낮은 휘도로 위생적인 시각조건을 갖출 수 있는 기구이지만 설비비와 경상비가 많이 드는 것이 단점이다.

제 2 장
실내조명계획(室內照明計劃)

2.1 개요(概要)

조명계획은 주어진 장소의 사용목적에 가장 적합한 빛 환경과 시작업에 적합하도록 빛의 질, 빛의 양, 빛의 방향을 고려하여 광원의 종류와 조명기구의 종류, 크기, 위치 등의 조명시설을 정하는 것이다. 이 때 주의해야할 점으로는 조명계획 자체가 단지 밝기만을 위주로 하는 것이 아니라 조명이 인간에게 미치는 생리적인 측면, 심리적인 측면, 심미적인 측면도 충분히 고려해야 한다는 점이다. 또한 실내건축 구조와 장식에 따라서도 좌우될 수 있다는 것을 명심해야 한다.

2.1.1 실내조명계획일반

실내용 조명은 대상공간에 따라 차이는 있으나 시작업을 해야하는 공간의 경우 시대상이 명확히 보이고 또한 보는 사람의 눈이 쉽게 피로해지지 않아야 하며, 그 공간을 사용하는 사람들의 기분이나 그 공간의 분위기가 어울리도록 연출하는 것을 목적으로 하게 되는 것이 일반적이다.

그러나 이들 조건이 모든 공간에 적합하다고 단정지을 수는 없으며, 우수한 조명의 실제 조건으로는 적당한 조도, 휘도의 분포, 눈부심, 그림자, 분위기, 조명기구의 위치와 장식성 등이 있으며 이를 충분히 고려해야 한다.

조명은 용도에 따라서 명시조명과 분위기 조명으로 분류되며 그 내용은 다음과 같다.

2.1.2 명시조명의 조건

1) 조도(照度)

물체를 보거나 작업을 하는데 있어서 필요한 밝기가 있으며 필요한 밝기보다 더 밝을수록 시력의 증가에는 도움이 되나 경제적으로 한계가 있을 수 있다. 즉, 조도가 높아지면 좋은 조명이 되는 것이 대부분이지만 더불어 설비비와 경비도 증가하게 된다. 따라서 그 비용을 상쇄할 수 있는 이익이 없다면 필요이상의 조도를 확보하는 것 자체가 의미가 없어진다. 여기서의 이익이란 시작업을 할 때 피로가 적고 작업능률이 높아진다는 의미이며 이와 같은 이익과 조도비를 감안하여 만든 것이 조도기준이다.

표. 2.1 조도의 단계

조도단계	표준조도(lx)	조도범위(lx)
aaa	1000	1500~700
aa	500	1700~300
a	200	1300~150
b	100	1150~ 70
c	150	170~ 30
d	120	130~ 15
e	110	115~17
f	115	1117~113
g	112	1113~1.5

표. 2.2 조도의 기준

조도단계	사무실	병원	학교	주택	극장, 오락장
aaa	설계, 제도, 계산	부검, 분만실	정밀제도 및	재봉	–
aa	도서열람 설계, 제도실, 제어실 일반사무실	주사, 조제 수술실 세균검사	칠판 면	공부, 독서, 재봉	소형 볼을 사용하는 게임
a	회의실, 서고, 응접실, 식당, 강당, 화장실	진찰실, 처치실	도서열람, 미술, 공예, 정밀공작	독서, 세탁, 조리, 화장, 식사, 오락	출입구, 매점
b	커피숍, 욕실, 탈의실	소독실, 병실, 복도	일반교실, 연구실, 실험실, 서고, 회의실	거실, 서재, 응접실,식당, 아동실, 욕실	영사실, 기계실, 복도, 계단, 세면실화장실
c	차고, 창고	–	관리실, 계단, 로커실, 복도, 강당, 화장실	–	관객석, 비상계단
d	–	–	–	–	–
e	–	–	–	–	–
f	–	–	구내통로	–	–
g	–	심야 병실, 복도	–	–	객석(상영중)

2) 휘도분포(輝度分布)

시야 내에서 휘도나 조도의 차이가 있으면 보임이 나빠지며, 이러한 조건하에서의 작업은 피로를 일으키게 된다. 그러므로 시야내의 균일한 밝음의 확보는 명시를 요하는 공간에서 매우 중요한 문제가 되며 공간에 따라 다음과 같은 한도를 허용하고 있다.

표. 2.3 시야 내의 조도분포가 허용되는 한도

구 분	예	사무실, 학교	공 장
작업 대상물과 그 주위와의 사이	책과 책상면	23 : 1	25 : 1
작업 대상물과 그것으로부터 떨어진 면	책과 바닥	10 : 1	20 : 1
조명기구나 창과 그 부근 면과의 사이	천장, 벽면	20 : 1	50 : 1
통로내의 각 부		40 : 1	80 : 1

3) 눈부심

눈부심은 전술한바와 같이 고통, 불쾌, 눈의 피로 또는 시력의 일시적인 감퇴를 초래하기 때문에 광원으로부터의 직접적인 눈부심이나 반사에 의한 눈부심은 피하도록 계획해야 한다.

눈부심의 최대원인으로는 휘도가 높은 광원이 직접 보일 경우, 반사면이나 광택이 있는 면에 비친 광원이 눈에 들어올 경우, 시야 내에 휘도의 차이가 심할 경우 등이 있다.

4) 그림자

광원과 사람 또는 물체와 작업면과의 위치가 바르게 확정되지 않으면 그림자가 생기게 되며, 그 정도가 심하게 되면 눈의 피로를 가져오게 된다. 일반적인 작업에서는 시선에 가까운 위치에 10% 이상의 어두운 부분이 생기지 않는 것이 좋다.

그러나 형상을 정확히 판별해야 하는 시작업일 때는 적당한 그림자가 있는 것이 바람직하며, 이 경우 밝은 부분과 어두운 부분과의 비는 2 : 1 ~7 : 1 정도가 좋으며 3 : 1정도로 하는 것이 가장 적당하다.

5) 조명기구의 배치와 장식성

명시를 위한 조명기구는 가급적 장식이 없는 단순한 것으로 하고 배치도 단순한 기하학적 배열로 계획하는 것이 일반적이다.

6) 경제성

바람직한 조명계획은 경제적인 면에서도 합리적이어야 한다. 예를 들어 사무공간에서는 업무능률을 높일 수 있는 조명이, 상업공간에는 매출증대를 위한 조명이 필요하며 이와 비교한 조명비를 비교하여 이익이 예상될 때는 다소 과다한 조명의 사용을 계획할 수 있으며 이것 자체가 경제적인 것이 된다.

2.1.3 분위기조명의 조건

전술한 명시조명은 시작업을 하는 공간에 대하여 고려한 조건이지만 휴식을 취하거나 음식을 먹거나 담소를 하는 경우에는 명시보다는 심리적인 면과 심미적인 면을 고려하여 그 공간에 적합한 조명이 될 수 있도록 계획해야 한다. 이를 분위기 또는 장식조명이라고 하며, 사적인 공간이나 상업공간에 주로 채택된다.

2.2 조명방식(照明方式)

조명방식은 조명기구의 배광, 가설위치, 용도 등에 따라 분류되며 각 방식에 따라 그 효과가 달라지므로 이를 충분히 고려하여 조명방식을 선택해야 한다.

2.2.1 사용 목적에 따른 분류

(1) 명시조명(明視照明)

밝기위주의 조명으로 사무실, 공장 등 작업 및 사무공간에 사용되며 광원으로는 형광등이 대표적이다.

그림 2-1 명시조명

(2) 장식조명(裝飾照明, 雰圍氣 照明)

분위기 위주의 조명으로 주거 및 상업공간에 사용된다. 연색성이 좋은 백열등, 할로겐 램프 등이 많이 쓰인다.

그림 2-2 장식조명(분위기 조명)

2.2.2 기구(器具)의 배광(配光)에 의한 분류

(1) 직접조명

하향광속이 90%이상으로 조명효율은 높으나 조도분포는 불균일하다.

(2) 간접조명

하향광속이 10% 이하로 그늘이 없고 차분한 분위기 및 균일한 조도를 얻을 수 있으나 조명효율이 낮고 비경제적이다.

2.2.3 기구의 배치에 의한 분류

(1) 전반조명(全般照明)

실내의 조도가 균일하게 되도록 조명기구를 일정한 간격으로 배치시키는 방법으로 명시조명을 요하는 공간에 사용된다.

(2) 국부조명(局部照明)

일정 장소를 고조도로 할 때 사용하는 방식으로 필요한 장소에 희망 하는 방향으로부터 충분한 조도를 얻을 수 있으며 불필요한 개소는 소등하여 둘 수 있다.

(3) 전반, 국부 병용조명(全般, 局部倂用照明)

전반조명으로 시각환경을 좋게 하고, 국부조명을 병용해서 필요한 장소에 고조도를 얻는 방식으로 정밀한 작업을 요할 때 사용한다.

2.2.4 조명기구의 설치에 의한 분류

(1) 매입(recess)방식

천장 속에 조명기구를 매입하는 방식으로 다운라이트나, 매입형광등, 넓은 범위로는 광천장이나 광창조명도 매입방식에 속한다.

(2) 천장직부(ceiling mounted)방식

천장 면에 등을 부착시키는 방식으로 부착된 등을 Ceiling light라고

하며, 소규모 공간의 전반조명용으로 가장 많이 사용된다.

(3) 벽부착(wall mounted)방식

벽면에 등을 부착시키는 방식으로 부착된 등을 Wall light 또는 Bracket이라 한다.

(4) Suspended pendant 방식

천장에서 등을 달아 내린 방식으로 조명기구 자체가 훌륭한 액서서리 역할을 한다.

(5) Track 방식

천장이나 벽에 레일을 설치하고 여러 개의 등을 설치하여 등의 이동을 자유롭게 한 방식으로 전시물의 이동이 많은 곳에 설치한다.

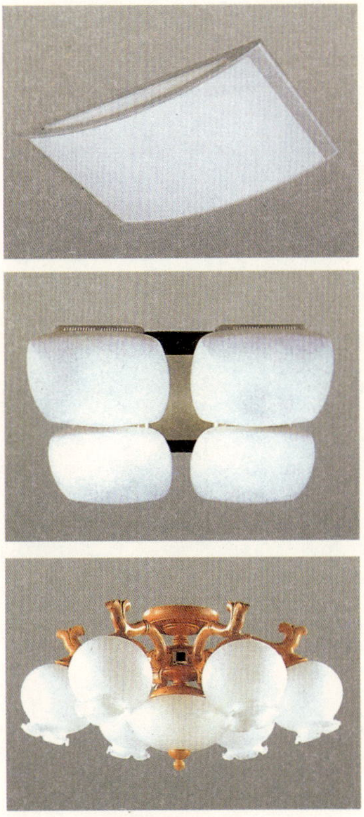

그림 2-3 CEILING LIGHT

2.3 건축화조명(建築化照明)

건축구조나 표면마감이 조명기구의 일부 이상의 역할을 하는 방식으로 조명효율이 나쁜 단점은 있으나 의장성이 우수해 실내건축공사에서도 많이 채택하여 사용한다.

(1) 다운 라이트(down light)

천장 면에 작은 구멍을 뚫어 그 속에 기구를 매입한 것으로 개구부가 극히 적은 것을 핀 홀 라이트(pin hole light), 천장 면에 반원구의 구멍을 뚫어 기구를 설치한 것을 코퍼 라이트(copper light)라 한다.

(2) 광창조명(光窓照明 : luminous window lighting)

넓은 4각형의 면적을 가진 광원을 천장 또는 벽에 매입하는 방식으로, 광원을 확산판이나 루버로 걸러 은은한 분위기를 낸다.

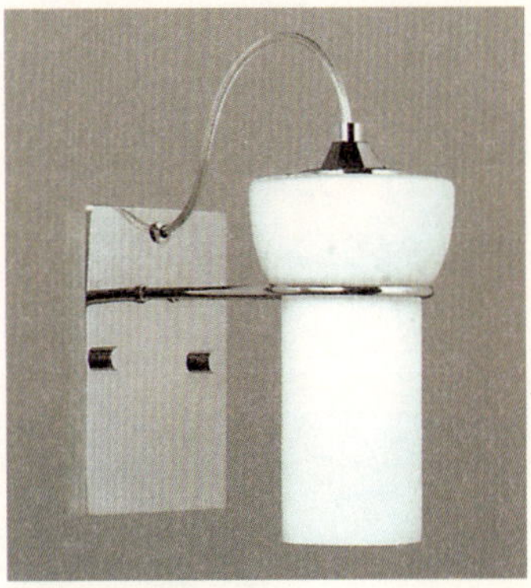

그림 2-4 BRACKET

그림 2-5 광창조명

(3) 광량조명(光梁照明 : luminous beam lighting)

연속열의 기구를 천장에 넣거나 들보에 설치하는 방식이다.

그림 2-6 광량조명

(4) 광천장조명(光天障照明 : luminous ceiling lighting)

천장 속에 기구를 설치하고 그 밑에 루버나 확산투과 플라스틱판을 천장마감재로 설치한 방식으로 천장 전체가 광원이 된다.

(5) 코오브 라이트(cove light)

천장이나 벽의 구조체 안에 조명기구를 매입시키고 그 직접광을 cove의 면이나 벽에 반사시켜 간접조명으로 하는 방식이다.

그림 2-7 코오브조명

(6) 벽면조명(壁面照明 : luminous panel lighting)

벽면을 밝은 광원으로 하는 방식으로 벽과 천장의 구석을 사용하여 만든다. 적은 비용으로 큰 효과를 볼 수 있는 건축화조명 방식으로 다음과 같이 분류한다.

① 커튼조명(curtain light)

천장이나 벽의 경계선(주로 커튼박스)에 설치하여 벽이나 커튼을 조명하는 방식.

② 밸런스조명(balance light)

창이나 커튼 상부에 설치하는 조명방식.

그림 2-8 밸런스조명

③ 캐노피조명(canopy light)

벽의 일부를 돌출시켜 광원화 하는 방식.

④ 코니스조명(cornice light)

벽과 천장이 접하는 구석에 광원을 설치하여 빛을 하향으로 직사하는 방식.

그림 2-9 코니스조명

제 3 장 공간별 조명계획(照明計劃)

3.1 주거공간의 조명

주거공간은 휴식의 장소이기도 하고 작업을 하는 장소이기도 하다. 또한 육아, 교육, 사교, 오락, 취미 등 인간의 제반생활과 밀접한 관계를 갖고 있으므로 주거공간의 조명은 각 공간들의 기능에 적합하도록 계획하는 것이 가장 이상적이다.

예를 들어 부엌, 서재, 공부방 등은 작업능률 위주의 명시조명으로, 거실, 응접실, 식당 등은 빛의 구성, 확산, 광원의 색, 그림자 등을 비롯하여 조명기구의 장식성, 실내의 색채, 마감재료, 가구와의 조화 등을 종합적으로 고려하여 분위기 있는 조명으로 계획해야 한다.

주거공간에서 사용되는 광원은 보통 전구나 형광등을 사용하지만 이들도 각각의 특색을 이용해야 하며, 1일의 평균 점등시간이 긴 공간이나 높은 조도를 필요로 하는 공간에는 형광등을, 짧은 시간 점등하는 공간이나 따뜻한 느낌을 필요로 하는 공간에는 전구를 사용하는 것이 바람직하다.

3.1.1 거실의 조명

거실은 단란, 휴식, 여가, 접객, 사교, 가사, 독서, 취미생활 등의 용도로 사용되는 것이 일반적이며 경우에 따라서는 식사의 장소로도 사용되는 다목적(多目的)이며 다기능(多技能)의 공간이다. 즉, 명시와 분위기를 동시에 요구하는 공간이므로 원칙만으로는 조명방식을 결정지을 수 없는 어려움이 있다.

그러나 거실은 주로 휴식과 단란을 위한 가족구성원의 공동공간이므로 편안하고 아늑하며 밝은 분위기의 조명으로 계획하는 것이 바람직하다.

실(室)은 가급적 밝게 하는 것이 좋지만 너무 밝으면 작업공간 같이 느껴져 아늑한 분위기를 해치게 되므로 전반조명으로는 낮은 조도의 광원

(100[lx]정도)을 사용하고 필요에 따라 높은 조도를 얻을 수 있는 테이블 램프나 플로어 스탠드 등의 국부조명기구를 사용하는 것이 경제적으로도 부담이 없고 무난하다.

건축화조명이나 간접조명으로 거실 내를 조명하는 것이 아늑한 분위기를 연출할 수 있어 가장 이상적이나 경비의 부담이 큰 것이 결점이다.

천장에 부착하는 등의 수는 면적이 5평(坪)이상이거나 실의 한 변이 다른 한 변의 2배 이상 되는 곳에는 2개 이상 설치하는 것이 좋다.

또한 천장에 등을 매어다는 경우에는 등기구의 하단이 실의 바닥으로부터 1.9m 이상으로 하고 벽에 부착하는 등은 가급적 창에 근접시키도록 계획한다.

그림 3-1 거실의 조명

3.1.2 식당의 조명

식당은 식사를 위한 공간뿐만 아니라 가족의 단란과 주부의 가사작업공간이기도 하다. 따라서 식당은 가족실의 기능도 함께 갖는다는 의미에서 거실과 함께 가족중심의 장소가 될 수 있도록 분위기 위주로 조명계획을 하는 것이 바람직하다. 식당의 조명은 직부등을 전반조명용으로 설치하고 식탁을 중심으로 팬던트를 사용하여 국부조명 형식을 취하는 것이 일반적이다.

식당에서 가장 많은 행위가 이루어지는 부분은 식탁주위이며 따라서 식탁의 조명이 식당조명의 포인트가 된다. 강조조명을 도입하여 식탁 바로 위에서 조사하면 식기류나 기타 식사를 위한 도구들을 산뜻하게 연출할 수 있다. 식탁을 집중적으로 조사하기 위해서는 매입형의 다운라이트나 스포트라이트도 가능하지만 보통은 반사갓을 붙인 장식성이 우수한 팬던트(pendant)가 널리 사용되고 있다.

팬던트의 높이는 식탁면에서 1m이내에 위치시키는 것이 좋으며 광원은 연색성을 고려하여 식욕을 돋구어 줄 수 있는 할로겐 램프나 삼파장 램프를 사용하는 것이 좋다.

식당이 다른 공간과 연계되지 않고 독립된 실인 경우에는 전반조명용으로 별도의 조명기구를 설치해야 하는데 거실의 조명을 기준으로 하면 무난하다.

그림 3-2 부엌 & 식당의 조명

3.1.3 부엌의 조명

주거공간 중 가사노동을 위하여 주부가 가장 오랜 시간을 보내게 되는 공간이므로 조명계획도 능률적인 작업공간과 밝고 청결한 분위기의 위생적인 조리공간이 연출될 수 있도록 고려해야 한다.

부엌의 경우에도 전반조명과 국부조명을 병용하는 것이 일반적이다. 즉, 실 전체의 조도확보를 위해서는 전반조명을, 작업을 위한 싱크 및 조리대, 가열대 부분에는 국부조명을 설치하여 작업의 효율성을 높이도록 한다. 특히, 가열대 위의 조명은 수증기를 고려하여 방습등을 설치하는 것이 바람직하며, 부엌에 사용하는 모든 조명의 광원은 연색성이 좋은 백열등이나 할로겐 램프를 사용하는 것이 좋다.

그림 3-3 부부침실의 조명

3.1.4 부부침실의 조명

부부침실의 주 기능은 잠을 자기 위한 취침공간이지만 개인적인 일, 휴식, 사색 등 개인생활을 영위하는 독립적인 공간이며 의류의 수납, 갱의, 화장 등도 이루어지는 다기능 공간으로도 해석할 수 있다.

그러나 이 모든 기능은 휴식과 취침으로 대별할 수 있으며 따라서 편안한 분위기가 연출될 수 있도록 조명계획을 하는 것이 바람직하다.

분위기를 위한 조명으로는 커튼조명방식이나 밸런스조명 등의 간접조명이 효과적이나 공간의 규모나 경제성 면에서 제한이 많아 채택하기 어려운 것이 결점이다.

대부분의 경우 전반조명으로는 직부등을, 국부조명으로는 장식성이 강한 테이블 램프나, 플로어 스탠드 등을 사용하며, 이를 적절히 조합해도 매력적인 분위기의 실내공간을 연출하는데 무리가 없다.

3.1.5 아동침실의 조명

아동침실이 취침, 학습, 놀이, 휴식 등을 겸한 다목적의 공간으로 사용된다는 점과 공간사용자가 성장기에 있다는 점을 고려하여 조명계획을 해야 한다. 즉, 아동실의 조명계획에는 정서발달과 시력보호를 위한 조치가 가장 우선적으로 고려되어야 한다는 것이다.

이를 위해서는 밝은 분위기를 연출할 수 있는 고연색성의 형광등이 가장 이상적이다. 이를 전반조명으로 하고 학습이나 취침을 위한 부분에는 단순하고 기능성이 우수한 국부조명기구를 별도로 설치하여 필요 조도를 확보하도록 배려한다.

3.1.6 욕실의 조명

욕실은 입욕시 수증기가 발생하는 공간이므로 이를 우선적으로 고려한 조명계획이 이루어져야 한다. 수증기가 발생하면 천장부위에 서리게 되므로 천장에 부착하는 방식은 가급적 피해야 한다.

실의 규모가 작을 경우에는 세면대 위의 거울을 중심으로 방습형(防濕形)의 벽등(bracket)을, 실의 규모가 클 경우에는 방습형의 직부등을 따로 설치하는 것이 일반적이다.

광원은 청결감이 느껴지는 한색계의 형광등이 바람직하다.

3.1.7 현관의 조명

현관은 주택의 출입을 위한 주 출입구의 기능과 내방객을 처음 맞이하는 접객공간으로서의 기능, 외부출입에 필요한 일상용품(신발, 우산)을 수납할 수 있는 수납공간의 기능도 겸하는 공간이다. 현관조명의 가장 큰 특징으로는 이 모든 행위가 짧은 시간에 이루어지므로 조명도 짧

그림 3-4 현관 및 복도의 조명

은 점등시간을 요하게 된다는 점이다. 따라서 이를 고려한 조명계획이 요구된다. 또한 내방객을 맞이할 때 서로가 그늘이지지 않도록 하고, 수납이나 신발을 착용할 때 지장이 없을 정도의 조도를 확보할 수 있도록 계획해야 한다.

이상과 같은 조건에 가장 적합한 조명이 확산기구를 사용한 전반확산 조명이지만 직부등을 사용하는 것이 일반적이다.

3.2 판매공간의 조명

판매공간은 생산과 소비를 연결하는 매개역할을 하는 장소이며 특정대상 또는 불특정 다수의 고객을 상대로 구매의욕을 돋구어 판매를 통한 이윤추구를 주목적으로 하는 공간이므로 이 목적에 부합되는 조명계획이 이루어져야 한다.

3.2.1 일반적인 고려사항

전술한 바와 같이 판매공간의 목적에 부합되는 조명계획이란 판매하고자 하는 상품을 고객에게 효과적으로 보이게 하여 구매로 연결될 수 있도록 한다는 의미이다.

따라서 가장 우선적으로 생각할 수 있는 것은 상품이 고객에 눈에 잘 보이도록 해야 한다는 점이다. 이를 위해서는 다음과 같은 내용을 고려해야 한다.

① 취급하는 상품을 항상 생동감 있게 보이기 위하여 계절에 따른 상품 색채의 반사율을 고려한다.

② 광원의 점멸(點滅)은 기상상태, 주간 및 야간, 폐점 후 변화에 따른 대응을 할 수 있도록 계획한다.

③ 광원에서 발생하는 자외선이나 열에 의한 상품의 탈색, 변질 등의 손상을 미연에 방지할 수 있도록 고려한다.

④ 상품의 색채를 강조해야 하는 상점의 경우에는 연색성이 좋은 광원을 사용한다.

⑤ 상점의 스타일, 대상층, 진열방식, 취급 상품의 종류 등에 따라 적절한 조명방식을 채택한다.

⑥ 상품이 크거나 형상이 단순하면 낮은 조도로 상품이 작거나 복잡하면 고조도로 계획한다.

⑦ 상품을 볼 때 광원이나 반사면으로부터 눈부심이 발생하지 않도록 한다.

3.2.2 조명의 연출

1) 전반조명

매장의 전반적인 분위기와 기본적인 실내의 조도확보를 위한 조명으로 배경조명 또는 베이스 조명이라고도 한다.

전반조명의 기본은 상점내의 적정 조도를 유지하는 것이므로 가급적이면 효율이 좋은 조명으로 계획하는 것이 바람직하다.

베이스 조명은 천장 전체에 광원을 일정한 간격으로 배치하는 방식이나 천장면을 광원화 하는 건축화 조명 방식이 일반적으로 채택된다.

그림 3-5 전반조명

2) 상품강조조명

실내에 개성을 부여하고 특정상품의 선전효과를 극대화하기 위해서 설치하는 조명이다.

상품을 효과적으로 강조하기 위한 조명으로 상품의 종류, 크기, 형태, 디스플레이 방법을 고려하여 설치한다. 판매대 안에 소형의 전구를 매입시키거나 스포트라이트를 설치하는 것이 일반적인 방법이며 상품의 위치가 고정적이지 않을 경우에는 track mounted 방식인 lighting track을

그림 3-6 상품강조 조명

설치하여 융통성이 있는 조명계획이 되도록 한다. 상품조명과 환경조명의 조도대비는 3~5배정도로 할 때 가장 효과적이다

그림 3-7 쇼 윈도우의 조명

3.2.3 쇼 윈도우 조명

상점 앞을 지나는 보행자의 경우 불과 3초 내외의 짧은 시간에 통과하게 되므로 어떻게 보행자의 시선을 끌 수 있는지의 여부가 쇼 윈도우 조명계획의 포인트가 된다. 즉, 진열상품 및 진열방식이 아무리 우수해도 조명이 나빠 상품을 보기 힘들거나 눈에 들어 오지 않으면 쇼 윈도우의 기능을 다하지 못하게 된다는 점이다.

따라서 인접한 경쟁업소 쇼윈도우의 조도, 연출방식, 보행자의 통과속도 등을 고려하여 시선을 끌 수 있는 분위기로 연출될 수 있도록 계획하는 것이 가장 중요하다.

그림 3-8 벽면 진열장의 조명

쇼 윈도우의 조도는 상점내부의 조도보다 2~4배정도 높은 것이 상품을 강조하는데 효과적이며, 진열상품의 색채가 자연광과 동일하게 보이도록 연색성이 높은 광원을 선택하되, 쇼 윈도우의 배경조명으로는 형광등을 사용하는 것이 경제적이다. 일반적으로 상품을 강조하는 광원으로는 빔전구, 할로겐 램프, 메탈 할라이드 램프, 삼파장 램프가 사용되며, 이들 광원은 휘도가 높아 광원이 보는 사람의 시야에 들어 오게 되면 불쾌현휘(不快炫輝)로 인해 상품을 볼 수 없게되므로 주의해서 설치해야 한다.

3.2.4 진열용 가구의 조명

그림 3-9 쇼 케이스의 조명

1) 벽면 진열장

벽 면 진열장 내부의 조도는 상점 내부의 조도보다 2배정도 높게 하고 선반이 불투명한 재료인 경우에는 선반 전면의 하부에 조명을 설치하되 보이지 않도록 처리한다.

2) 쇼 케이스(show case)

쇼 케이스의 조도는 상점 내부의 조도보다 1.5~2배정도 높게 하며, 쇼 케이스 내부의 전면에 선형(slim line) 형광등을 설치하는 것이 일반적이다. 이 경우에 안정기의 방열량 및 그 설치 위치를 충분히 고려해야 한다. 쇼 케이스 속의 상품을 더욱 강조해야 할 경우에는 스포트라이트, 팬던트 등의 강조용 조명기구를 사용한다.

3) 하이 케이스(hight case)

가급적이면 선반의 하부 전면에 선형의 형광등을 설치하여 그늘이 생기지 않도록 하고 천장에 강조조명을 설치하는 경우 빛의 방향을 충분히 고려하여 선반의 하부까지 빛이 충분히 도달하도록 계획한다.

4) 디스플레이 테이블(display table)

전략상품이 전시되는 곳으로 매장에서 집시포인트의 역할을 하는 진열대이다. 따라서 높은 조도를 필요로 하며 상품의 변화에 대응할 수 있는 융통성 있는 계획이 필요하다. 일반적으로 지향성이 높고 빛의 방향을 바꿀 수 있는 회전 스포트라이트가 사용된다.

3.3 식음공간의 조명

식음공간은 모든 종류의 식사와 음료, 주류 등을 판매 영업하는 공간으로 판매공간과 같이 영업이익을 목적으로 하는 공간이다.

식음공간은 식사의 종류나 영업 형태 등에 따라 다양하게 분류되며 또한 음식점의 형태, 규모, 서비스 방법, 위치 등에 따라 각 업소 고유의 특색을 갖게 되므로 이를 고려한 조명계획이 요구된다. 또한 식음공간에서의 식음행위는 주로 식욕을 만족시키고 영양을 보충하기 위한 것이라고 볼 수 있지만, 이외에 일상생활에서 받는 스트레스의 해소와 사교나 상담을 위한 행위도 포함될 수 있으므로 이런 내용도 반영되어야 한다.

따라서 식음공간의 조명은 명시조명보다는 분위기 위주의 조명으로 계획하는 것이 바람직하며 다음과 같은 사항을 고려하여 계획한다.

① 식음의 형태에 따라 차이는 있지만 식사에 치중하는 경우에는 음식을 돋보이게 하며 미각을 자극할 수 있는 조명으로 계획한다.

② 음료나 주류를 위주로 하는 공간인 경우에는 편안한 분위기를 연출할 수 있는 조명으로 계획한다.

② 대중 음식점의 경우에는 실 전체를 반매입형의 형광등이나 광창 조명으로 처리하여 밝고 명랑한 분위기가 연출될 수 있도록 한다.

④ 고급 음식점의 경우, 아늑하고 품위 있는 분위기가 연출될 수 있도록 계획한다. 객석의 전반조명으로는 건축화 조명방식을, 식탁에는 국부조명으로 장식성이 좋은 펜던트를 사용하는 것이 일반적이며 펜던트에 는 식욕을 돋울 수 있는 연색성이 우수한 광원을 사용하는 것이 좋다. 통로는 저조도의 매입형 조명으로 하거나 코니스 조명, 밸런스 조명 등의 건축화 조명방식도 분위기를 연출 하는데 효과적이다.

그림 3-10 식음공간의 조명

3.4 호텔의 조명

호텔은 객실, 식당, 식음장소, 오락실 등 각각의 공간마다 기능이 다르며 또한 이런 공간이 복합적으로 구성된 장소이므로 각 공간의 기능을 충분히 파악하여 가장 적합한 조명계획이 될 수 있도록 고려해야 한다.

3.4.1 현관 홀(entrance hall)

호텔의 첫인상을 고객에게 알리는 공간이므로 경영방침에 부합되는 조명으로 계획한다. 비즈니스 호텔의 경우에는 화려하게, 관광지 호텔의 경우에는 한가하면서도 편안한 분위기가 연출될 수 있도록 계획하는 것이 일반적이다.

3.4.2 프론트 데스크(front desk)

접수나 사무처리를 위해 500lux 이상의 밝은 조명이 필요하며 데스크 위의 서류, 문서를 판독하고, 접수와 계산을 확실히 할 수 있도록 데스크 바로 위에서 조명하는 것이 효율적이다.

그림 3-11 호텔 엘리베이터 홀의 조명

3.4.3 로비(lobby)

현관 홀과 연계하여 한가한 느낌이 들도록 계획하는 것이 바람직하다.

건축화조명 방식으로 전반조명을 하는 것이 분위기에 적합하며, 주의할 점으로는 천장면이 어두워지지 않도록 해야 한다는 점이다. 매입등과 낮은 조도의 형광등을 사용한 간접조명을 병용하면 이 같은 문제는 해결할 수 있다. 이 때 조명기구의 배열은 불규칙하게 하는 것이 유리하며 조광장치(調光裝置)를 하여 주간에는 전력소모를 줄일 수 있도록 한다. 또한 휴식공간은 200lux 이상의 조도로 장식성이 우수한 플로어스탠드나 테이블 스탠드를 사용하면 더욱 효과적으로 분위기를 연출할 수 있다.

3.4.4 복도(複道) 및 계단(階段)

복도는 객실이나 레스토랑보다 낮은 50~100lux 정도로 균일한 조명이 될 수 있도록 계획하고 가급적 매입방식을 사용, 규칙적인 배열로 동선을 유도할 수 있도록 한다.

계단실은 복도보다 조도가 높아야하며 유지보수를 고려하여 계획한다. 계단 상부의 조명과 함께 계단 측면에 벽부등을 설치하는 것이 효과 적이다.

3.4.5 객실(客室)

천장의 전체조명은 간접조명방식으로 하는 것이 분위기 연출에 효과적이며 탁상 스탠드나, 플로어 스탠드, 브라켓 등과 같이 국부조명기구를 보조적으로 사용하여 필요부분의 조도를 확보할 수 있도록 계획한다.

3.4.6 연회장(宴會場)

연회장은 행사를 위해 많은 사람들이 모여 교류하는 장소이므로 가능한 한 호화스럽고 즐거운 분위기가 될 수 있도록 조명계획을 해야한다. 일반적으로 크리스탈 샹들리에가 많이 사용된다. 연회장 조명의 조건은 200~500lux 이상의 조명으로 구석부분까지 밝고 균일하게 조명되어야 하며 광원의 연색성이 좋아야 한다.

3.4.7 식음공간(食飮空間)

편안하고 안정된 분위기를 위해 연색성이 좋은 할로겐 램프를 위주로

그림 3-12 영업장의 조명

그림 3-13 로비의 조명

그림 3-14 상담실 겸 회의실의 조명

계획하고 간접이나 반간접의 건축화조명을 전체조명방식으로 선택하여 천장을 처리한다. 팬던트는 식탁 위에만 100~200lux 정도로 조명하고 통로공간은 이보다 낮게 계획한다.

3.4.8 주방(廚房)

청결감과 작업능률을 고려하여 높은 조도로 계획한다. 200lux 이상의 높은 조도로 균일하게 전체조명을 하며 선반으로 인해 그늘이 지는 부분에는 보조광원을 설치한다.

3.5 사무공간의 조명

사무공간은 사무업무를 하는 공간으로 각종 데이터의 수집과 기록, 분류, 정리 분석함으로써 정보를 발생시켜 교환하고 보관하는 기능을 갖는 공간이며 업무자체가 거의 시작업(視作業)이므로 명시조명 위주로 계획하는 것이 바람직하다.

3.5.1 일반사무실

시작업의 정도가 세밀할수록, 집중적일수록, 또한 사무실의 바닥면적이 넓고 수용인원이 많을수록 높은 조도를 필요로 한다.

일반사무실의 조명은 전반조명방식을 채택하는 것이 일반적이며 전술한바와 같이 명시를 위한 조명이 되어야 한다.

따라서 조명기구의 간격은 좁히고, 발광면적을 넓게 하여 작업면에 그림자가 생기지 않도록 해야하며 책상면이나 집기류를 통하여 광원의 반사가 일어나 눈에 피로를 주지 않도록 책상과 조명과의 관계를 고려한 배치를 하여야 한다.

3.5.2 영업실(營業室)

영업실은 사무와 접객을 하는 공간으로 이 두 가지 기능을 만족시킬 수 있어야 하며, 또한 공간의 특성상 천장고가 높은 경우(은행, 보험회사, 증권회사 등의 영업실)가 많으므로 이도 충분히 고려한 조명계획이 이루어져야 한다.

영업실은 사무영역과 고객이 머무르는 대기영역으로 구분할 수 있으며 각 영역에 적합한 조명으로 계획하는 것이 좋다.

사무영역에 사용하는 광원으로는 다소 차가운 느낌은 들지만 긴장감을 줄 수 있는 한색계 형광등이 가장 적합하여, 대기영역에는 차가운 느낌을 걸러줄 수 있도록 루버나 확산판을 사용하는 것이 좋다.

3.5.3 설계실(設計室)

설계실은 세밀하면서도 집중적인 작업이 이루어지는 공간이므로 높은 조도로 계획해야 한다.

또한 조명기구의 배열 및 위치 등도 시작업에 영향을 주므로 그 결정에 주의를 해야 한다.

전반조명으로는 광천장조명이 이상적이지만 조명비가 많이 들어, 일반적으로 라인라이트 조명이 채택된다.

3.5.4 회의실(會議室)

회의실의 조명은 테이블을 중심으로 하여 집중적으로 배치되도록 하는 것이 바람직하다. 회의실의 면적이 넓은 경우에는 주의를 집중시킬 수 있는 보조등의 배치가 필요하며, 회의 이외의 영사나 슬라이드 등의 이용에 편리하도록 빛을 조절할 수 있는 조광기를 설치하는 것이 좋다.

3.5.5 현관 홀, 엘리베이터 홀

규모가 큰 현관 홀과 엘리베이터 홀은 종일 점등을 필요로 하며, 조도도 복도의 2~3배정도 높게 하여 외부로부터 실내로 들어 올 때 어두운 기분이 들지 않도록 배려해야 한다.

엘리베이터 홀의 조명은 현관 홀에 준하고 엘리베이터 앞부분은 그보다 밝게 처리하여 이용에 불편이 없도록 해야 한다.

그림 3-15 임원실의 조명

그림 3-16 현관 홀의 조명

3.5.6 복도

좁고 긴 복도의 특징을 우선적으로 고려한 조명이 바람직하다. 일반적으로 등간격(等間隔)의 조명배치나 라인라이트가 채택되며 벽면조명인 코니스 조명도 효과적이다.

3.6 의료공간의 조명

의료시설은 환자의 진료 및 간호의 기능, 일반인들의 건강과 위생관리의 기능, 의료업무에 종사하는 의사와 간호사 등의 전문그룹의 교육훈련 및 임상의학의 교육시설의 기능과 국민의 건강을 책임지는 봉사의 행위가 이루어지는 복합적인 기능을 갖는 공간이다.

조명계획에 있어서도 이러한 기능들을 모두 만족시켜야 하므로 각 부분, 각 공간별로 철저한 분석이 선행되어야만 모든 조명기술을 종합적으로 적용시킬 수 있다.

또한 의료시설의 조명계획에서 검토해야할 주요 내용 중 한가지로는 조도, 빛의 질, 눈부심의 방지, 빛이 색에 미치는 영향 등이 있으며 특히, 병실, 진료실, 수술실 등의 공간에는 이러한 검토내용이 충분히 반영되어야 한다.

3.6.1 병원 입구 및 접수처

병원에 대한 첫 인상을 받는 곳으로 병원에 대한 거부감 및 두려움을 감소시키며 호의적인 분위기를 느낄 수 있도록 조명계획을 진행시켜야 한다. 병원의 입구는 편안한 분위기를 느끼게 하면서도 밝게 처리하는 것이 바람직하며, 접수처는 사무처리를 위해 고조도(500lux 이상)로 하고 데스크 위의 서류, 문서를 판독하고, 접수와 계산을 확실히 할 수 있도록 데스크 바로 위에서 조명하는 것이 효율적이다.

3.6.2 병실

병실은 환자들이 치료를 위하여 단기간 또는 장기간 머무는 장소로 병의 종류, 위중의 정도 등에 차이는 있지만 많은 시간을 침대에 누워 보내는 경우가 대부분이다. 따라서 이러한 내용이 조명계획에 충분히 반영되어야 하며, 다음의 사항을 주의하면 조명계획에 무리가 없다.

① 병실의 전반조명은 누워있는 환자에게 눈부심을 주지 않도록 고려한다.

② 회진이나 독서 등을 위해서는 적당한 조도가 확보되어야 하며 다른 침대의 환자에게 영향을 주지 않는 기구로 계획한다.

③ 가급적이면 심야 소등시에 대비하여 푸트 라이트(foot light)를 설치할 수 있도록 한다.

병실의 전반조명은 간접이나 반간접으로 하는 것이 환자의 눈부심방지에 효과적이나 경제적인 문제로 그 채택에 어려움이 많다.

3.6.3 수술실

수술실은 의사와 간호사들의 업무공간으로 특히, 의사의 시각적인 긴장에서 오는 피로를 고려한 조명계획이 이루어져야 하는 공간이다.

수술실은 다른 공간에 비해 그 면적이 작은 방이면서도 세밀하고도 집중적인 작업을 장시간에 걸쳐 실시하는 장소이므로 밝고 쾌적한 전반조명이 요구되지만 수술대의 조명을 주체로 해야한다는 어려움이 있다.

수술실의 전반조명으로는 광천장조명이 적합하며 기구의 반사면을 수술대 방향으로 향하도록 계획하면 더욱 효과적이다.

제 5 편

REMODELING계획 & 실내건축관련법

제 1 장

REMODELING계획(計劃)

1.1 REMODELING 개요(槪要)

1) 리모델링의 정의

리모델링에 관한 개념과, 용어, 그리고 리모델링의 범위는 각 나라마다, 연구자마다 조금씩 다른 내용으로 해석하고 있으며, 우리 나라 또한 아직까지 정확한 해석이 내려지지 않은 것이 현실이다. 이 같은 내용은 비슷한 의미로 사용되고 있는 용어들이 아직도 통합 정리되지 않는 데서도 알 수 있다.

그러나 리모델링을 건축적인 측면에만 국한할 경우, 국내외의 관련 문헌을 토대로 정의하면 "건축물의 개보수(改補修)"를 의미하는 것으로 노후(老朽)된 건물의 본래 기능을 회복시키거나, 개선시키는 것을 말한다.

좀 더 넓게 해석하면 정보화, 첨단화에 적극적으로 대응하여 건축물을 혁신적으로 개선시키거나, 새로운 기능의 추가 또는 변경에 의하여 건축물의 수명연장과 자산가치의 극대화, 편리성과 기능성의 증대를 도모하는 모든 유형의 개보수 행위를 의미한다고 볼 수 있다.

또한, 리모델링은 건축 → 사용 → 철거의 과정을 거치는 건축물의 Lifecycle 측면에서 있어서, 일정 시기마다 여러 요건을 충족시키기 위해 각종 개보수 등을 종합적으로 시행하는 행위로도 해석 할 수 있다.

이상에서 기술한 것을 종합하면 건축물 또는 실내건축물의 수명연장을 위하여 취하는 모든 행위를 리모델링이라고 정의해도 무리가 없으리라 본다.

리모델링이 건축업계에서 주목받기 시작한 시기는 1980년대 중반 2차오일 쇼크 이후이며 그 당시 구미(歐美)의 전체 건축시장에서 차지하는 비중이 25~30%를 기록하였다고 한다.

리모델링의 특성상 공사의 규모와 내용이 매우 다양하고 수요 또한 당시의 사회경제의 상황에 따라 큰 영향을 받게되므로 신축공사와는 달리 대부분의 건축 확인행위가 어려워 정확한 시장의 규모를 나타내는 통계수치를 파악하기는 불가능한 실정이다.

그러나 최근 일본에서 발표된 자료에 의하면 리모델링 시장의 점유율이 건축투자액의 약 30%를 점유하게 되는 시기를 2010년경으로 추측하고 있으며 이 수치 또한 확실한 근거는 없지만 거시적인 측면에서 보아도 리모델링 시장의 규모가 꾸준히 증가할 것이라는 데는 의심의 여지가 없다고 본다.

2) 리모델링과 관련된 용어

전술한 바와 같이 리모델링의 행위를 명확하게 규정하는 용어는 아직 없으나 리모델링과 같은 의미로 각 부분에서 사용되는 용어들은 다음과 같은 것들이 있다.

표. 1.1에서와 같이 관련되는 용어들의 의미는 약간의 차이는 있으나 크게 보면 같은 의미가 된다. 한편 리모델링(remodeling), 리폼(reform), 리뉴얼(renewal), 리페어(repair) 등 현재 사용되고 있는 관련용어들 중 사용빈도, 인지도 등 광범위한 의미로 쓰이는 것이 현재 미국에서 사용되는 용어인 리모델링이다.

표. 1.1 리모델링과 관련된 용어

영 어	의 미
reform	개선(改繕) : 다시 고쳐 만든다.
renewal	갱신(更新) : 재생, 새롭게 한다.
renovation	수선(修繕), 수리(修理)
maintenance and modernization	보전(保全) : 건물의 유지, 보존과 현대화
repair	수선(修繕) : 원상회복, 수리
improvement	개수(改修) : 개량, 개선
refinishing	개장(改裝) : 주로 표면의 끝손질
rearrangement	교체(交替) : 재정리, 재배치
reconstruction	개축(改築) : 재건, 복구
refurbish	교체, 일신
rehabilitation	재건, 복구

3) 리모델링의 분류

리모델링을 발생원인에 따라 분류하면, 노후화에 따른 리모델링, 각 종 설비류의 기능향상을 위한 리모델링, 인텔리전트화를 위한 리모델링, 역사적 건축물의 보전 및 개수를 위한 리모델링으로 대별할 수 있으며 일반적인 리모델링의 발생원인으로는 노후화 및 설비류의 기능향상을 위한 리모델링을 들 수 있다.

(1) 노후화(老朽化)에 따른 리모델링

모든 건축물(이하 실내건축물 포함)은 신축이 끝난 후 사용하기 시작함과 동시에 노후화가 시작된다.

건축물은 헤아릴 수 없을 정도의 많은 부재와 부품으로 구성되며 부재와 부품 모두 내후성, 내구성 등의 성질이 제 각각이므로 각각의 수명도 다를 수밖에 없다. 또한 각 부재와 부품의 적정 수명 자체도 환경적인 조건에 따라 크게 변화할 수밖에 없으므로 노후화의 정도도 다를 수밖에 없는 것이다.

따라서 각각의 수명에 맞는 적합한 상태를 정확하게 파악하는 것이 중요하며 부적합한 상태가 발견되었을 때에는 적절한 대응방법을 찾아내어 각각의 적정수명을 유지시켜야만 한다.

또한 부분적인 노화가 현저히 진행되어 건물의 기능에 영향을 미치게 되었을 경우에는 해당 부위를 보수하거나 교체하는 등의 조치를 취해야 하는데 내외장재의 교체, 설비교체, 배관 등의 교체가 좋은 예이다.

건축물을 구성하는 각각의 부재와 부품 등의 적정교체 또는 보수시기를 미리 예측하여 문제가 발생하기 전단계(교체)인 건축물의 유지, 보수, 수선단계에서 조치를 취하면 경제적으로 유리하지만 전술한 바와 같은 이유로 인하여 현 단계에서 적정시기를 이론적으로 산출하는데는 무리가 있다.

그러나 과거의 유사자료나 실사례 분석을 통하여 약간의 오차는 있겠지만 경험에 따른 적정시기를 산출할 수는 있다.

(2) 각종 설비류의 기능향상을 위한 리모델링

건축물이 신축된 시점에서의 각종 설비류의 기능은 그 시점에서의 사회환경이나 생활환경의 수준에 부합되는 것으로 충족된다.

신축이 끝난 후 사용하기 시작하면서부터 건축물과 마찬가지로 설비 시스템 및 기기류의 노후화도 시작되며 노후화의 정도도 일반 건축물의 구성물에 비하여 현저하게 나타나게 된다.

설비시스템 및 기기류의 노후화는 사회적인 측면과 경제적인 측면에서 파악할 수 있으며 이들의 상관관계에서 설비류의 교체시기를 추정할 수 있다.

즉, 설비류의 리모델링 발생원인으로는 물리적인 노후보다 사회적, 경제적인 노후화에서 발생하는 경우가 더 많으며 환경보전 측면에서의 자원절약, 경제적 측면에서의 에너지 절감, 사회적 측면에서의 설비제어 시스템 및 기기류의 상대적인 기능저하를 예로 들 수 있다.

(3) 인텔리전트(Intelligent)화를 위한 리모델링

하루하루가 다르게 진보하는 컴퓨터관련 기술은 많은 건축물들의 사회적인 측면에서의 리모델링 수요를 발생시키고 있다.

사무환경의 예를 들면, 개개인이 사용하는 고성능화된 컴퓨터들을 호스트에 접속, 회사내 근거리 통신망이 구축되어 쾌적한 오피스 환경에서 효율적인 업무를 영위할 수 있게 되었다.

따라서 이를 구축하기 위한 OA기기의 요구는 그에 따른 설비기능의 갱신을 요구하게 되었고, 이들 수요가 인텔리젼트화로의 리모델링이 되고 있다.

또한 인텔리전트화는 사무공간에만 적용되는 것이 아니라 공장, 주거 공간, 상업공간 모두에서 그 필요성이 증가되고 있다.

1.2 REMODELING 요구파악

1) 건축물의 노후화

건축물의 노후화는 건축물을 구성하는 부재, 부품, 설비류 등의 물리적 원인에 의한 노후화와 그 건축물의 구성시스템이 현재 사회의 변화에 대응하지 못하고 도태되어 가는 사회적인 노후화로 나누어 생각 할 수 있다.

물리적인 원인에 의한 노후화의 대표적인 예로는 구성부재의 마모나 노출부분의 자연환경에 따른 화학 및 물리적인 변화, 지진이나 재해에 따른 균열발생, 부분적인 파괴 등을 들 수 있으며, 사회적 측면에서의 노후화는 각종 설비류의 시스템 및 기기가 신축될 당시에는 최신의 것이었지만 현재의 시스템과 비교했을 때 제어시스템의 복잡성과 운영비가 높은 것이 대표적인 현상이다.

2) 하자(瑕疵)의 발생

하자란, 결점을 의미하는 것으로 건축물 공사상의 잘못으로 인한 균열상태, 마감재의 들뜸, 파손, 붕괴, 누수, 누출, 시공불량으로 인한 각종 문제 등 건축물의 안전에 지장을 초래하는 것을 말한다.

즉, 설계도면 및 공사시방서 대로 지어지긴 하였으나, 마무리가 제대로 이뤄지지 않거나 완공 후 고장 또는 파손된 것을 의미하며, 확대 해석하면 건축업자가 계약사항을 고의로 이행하지 아니한 소위 부실공사의 경우도 포함시킨다.

이들 하자는 어느 정도 사전에 예측할 수 있는 것도 있지만 대부분의 것은 예측하기 어려운 돌발적인 경우가 더 많다.

하자의 경우도 과거의 유사자료나 실 사례 분석을 통하여 약간의 오차는 있겠지만 자주 발생하는 부위 및 부품, 부재 등을 미리 파악할 수 있으므로 경험에 따른 적정 점검시기나 부위를 유추해 볼 수 있을 것이다.

중요한 것은 유추한 내용을 토대로 하자발생의 징후를 미리 포착해야 한다는 점이며 이러한 점검을 통하여 하자 발생부위가 발견되면 신속하게 더 큰 하자로 이어지지 않도록 보수나 수선 등의 조치를 취해야 한다. 이것이 예방 및 보전차원의 리모델링이라 할 수 있다.

3) 건축물의 Life Cycle

전술한바와 같이 건축물에도 수명이 있으며 그 건축물을 구성하는 부품 및 부재도 각각의 수명을 갖고 있다.

건축물이 신축된 후 시간이 경과함에 따라 건축물을 구성하는 모든 부품 및 부재의 노후화는 필연적으로 진행될 수밖에 없으며 건축물을 관리하는데 있어서 초기수준의 건축물 상태를 유지하는 것이 관건이라 하겠다. 이는 모든 건물주나 건축주가 원하는 것으로 초기수준을 최소한 충족시키기 위한 모든 행위를 유지보수활동이라 한다.

철저한 유지보전활동을 진행하고 있더라도 시간의 경과에 따른 노후화를 모두 방지할 수는 없으며 일정기간이 경과한 후에는 대규모 수선과 개량을 통하여 현시점에 맞는 건축물로 개수하여야만 한다.

여기서 유지(維持)란, 현상유지(現狀維持)차원에서 불량상태를 최소한으로 고치는 행위를, 보수(補修)란, 실용상 지장이 없는 최저수준으로 복원하는 행위를, 수선(修繕)이란, 초기수준까지 회복시키는 행위를, 개량(改良)이란, 초기수준에서 현시점의 요구수준까지 향상시키는 행위를, 개수(改修)란, 사용상 지장이 없는 현 시점에서의 최저수준에서 현시점의 요구수준까지 향상. 개량하는 행위를 의미한다.

1.3 REMODELING 계획

1.3.1 프로젝트의 발생원인(發生原因)

리모델링 프로젝트는 고객(client)의 요구에 의하여 발생하며 실내건축과 다른 점은 기존공간만을 대상으로 하게 된다는 점이다. 프로젝트의 범주는 발생원인에 따라 분류할 수 있으며 그 내용은 다음과 같다.

(1) 건축물의 기능저하 및 노후화

① 건물디자인의 낙후, 기능의 저하, 환경의 개선

② 건축물 및 구조의 노후화

③ 설비의 노후화

(2) 법개정에 관한 대응

신축당시 적용된 관련법들의 개정에 따른 대응(시간경과에 따른 사회적 요구의 변화로 개정되는 경우)

(3) 용도 및 사용자 변경

건물의 입지조건이나 주변환경의 변화에 따른 건물의 용도변경, 소유주의 변화, 사용자 및 입주자의 목적에 따른 공간의 용도변경

① 오피스 빌딩 : 정보화 및 OA화 대응, 에너지 절감, 안전성 및 수익성 확보, 이미지 개선, 업무환경의 개선 등

② 공장 : 작업환경의 개선, 안전성 확보 등

③ 호텔 : 새로운 트랜드 상품의 개발로 인한 수익성 제고

④ 교육시설 : 정보화 대응, 안전성 강화, 쾌적성 확보

⑤ 의료시설 : 환자에 대한 서비스 향상, 새로운 기능의 부가, 이미지 개선 등

(4) 에너지 절감 및 공간활용에 따른 요구

건축물의 유지와 관리를 위한 비용절감 및 에너지 절감 또는 제한된 공간의 활용극대화

(5) 건축물의 이미지 향상

입주자 유치 및 이탈 방지, 건물의 가치를 향상시키기 위한 건축물 내외장의 디자인 혁신

(6) 정보화 쾌적화에 따른 요구

정보화를 위한 Shaft 신설, 설비기기의 개선에 따른 거주환경의 개선

1.3.2 리모델링 목적의 명료화(明瞭化)

리모델링의 목적은 ① 자산유지 및 건물의 수명연장 ② 거주환경의 개선 및 업무능률의 향상 ③ 사업상의 수지개선과 최신기능의 부가로 대별할 수 있으며, 자산유지 및 건물의 수명연장은 유지보전차원의 소극적인 리모델링으로 청소라든지 부분적인 보수의 리모델링을 의미하며, ②, ③ 항목은 건축물의 부가가치를 높일 수 있는 리모델링으로 이들 목적을 세분화하면 다음과 같다.

(1) 건축물의 이미지 향상

① 건축물 내외장의 디자인 개선에 따른 거주인 및 방문객의 이미지 향상
② 주변건물에 대한 경쟁력 강화 및 이미지 혁신
③ 부가가치의 향상

(2) 쾌적성 향상

① 조명설비 및 공기조화설비의 개선에 따른 빛 환경 및 공기환경의 쾌적성 확보
② 휴식공간의 신설 및 위생설비의 교체

(3) 기능성의 향상

① 정보화 요구에 따른 Shaft의 신설
② 전기용량의 증대

(4) 안전성 향상

① 방재(防災) 및 방범기능(防犯機能)의 향상
② 내진성의 강화
③ 내외장재의 박리 예방

(5) 유지관리비의 절감

① 외장재 개선 및 단열재 보완에 의한 단열성능의 향상
② 각 종 설비기기 및 시스템의 고성능화에 의한 운영 및 유지비용의 절감
③ 자동제어시스템의 도입으로 인한 비용절감

(6) 사업수지의 개선

① 효율적인 공간활용에 따른 임대면적의 확대

② 주변건물과의 차별화에 따른 경쟁력 강화

③ 입주자 확보 및 입주자의 이탈방지

1.3.3 리모델링의 전개과정(展開過程)

1) 리모델링의 프로그래밍(programming)

리모델링을 착수하기 전, 프로젝트의 전모를 분석하고 개념화하며, 목표를 명확하게 하는 초기 단계를 프로그래밍이라 한다.

프로그래밍은 디자인 이외의 시간과 비용을 필요로 하는 작업이지만 디자인 단계에서 의사결정을 쉽게 할 수 있고 디자인 진행상의 오류를 최소화 할 수 있는 장점이 있으므로 오히려 경제적인 면에서 유리하다.

경험이 축적된 디자이너의 경우 일반적인 리모델링의 프로그램은 무리 없이 진행시킬 수 있으나 전문적인 지식을 요하는 프로젝트의 경우에는 해당 분야의 전문 프로그래머를 필요로 하게 된다.

프로그래밍 작업이란, 가설을 세워 확인하면서 반복되는 작업의 반복(feed back)이란 시행착오의 과정을 의미하며 프로그래밍 과정을 리모델링에 적용시켰을 때에도 이러한 과정은 필수적으로 나타나게 된다.

즉, 진행되어 가는 과정에서 오류가 발견되거나 보다 나은 대안이 찾아질 경우 전 단계로 되돌아가 분석의 과정을 거친 후 나머지 과정을 진행하게 되는 것이다. 프로그래밍은 디자인 단계 이전의 프로그래밍과 디자인 단계의 프로그래밍으로 구분할 수 있으며 일반적으로 다음의 과정에 따라 완성된다.

목표설정 ⇨ 조 사 ⇨ 분 석 ⇨ 종 합 ⇨ 결 정

2) 디자인의 프로그래밍

(1) 디자인 단계 이전의 프로그래밍

기획단계의 프로그래밍으로 다음과 같이 과정을 세분화할 수 있다.

문제점 인식(Identify) ⇨ 아이디어 수집(Gather) ⇨ 아이디어 정선(Refine)
⇨ 분 석(Analysis) ⇨ 결 정(Decide) ⇨ 실 행(Implement)

(2) 디자인 단계의 프로그래밍

기본계획단계부터 실시설계까지의 프로그래밍으로 다음과 같이 과정을 세분화할 수 있다.

기획자료의 검토 ⇨ 기본계획 ⇨ 프리젠테이션
⇨ 기본설계 ⇨ 실시설계

3) 프로그래밍의 전개

(1) 문제점 인식(Identify)

리모델링에 무엇이 필요하고 또한 어떤 기준하에서 진행시켜야 하는지를 인식하는 단계로 이 단계에서 리모델링의 전반적인 내용을 정리하게 된다.

리모델링의 대상이 되는 공간 또는 건축물은 어떤 목적을 갖는 공간이므로 그 공간을 리모델링 하는 행위 자체가 그 목적에 부합되는 공간으로 구체화시키는 작업이라 할 수 있다.

리모델링 행위에서 발생할 수 있는 예측 가능한 모든 문제들의 설정은 실제 리모델링에 관한 디자인이 시작되기 전에 이루어지며 원만한 프로젝트의 진행을 위해서는 클라이언트 또는 실제 공간 사용자와의 충분한 협의를 통하여 리모델링 부위 및 범위 등을 정하고 실행가능여부를 미리 파악하여 디자이너와 클라이언트 사이에 프로젝트에 관한 완전한 이해가 확립되어야 한다.

이 단계에서 중점적으로 파악해야할 내용으로는 클라이언트의 요구사항 및 희망사항, 건축적 조건, 프로젝트에 관한 예산, 프로젝트의 실현가능여부 파악 등이 있다.

(2) 아이디어 수집(Gather)

리모델링 과정 중에서 가장 창조적인 단계로 사전 조사된 내용들을 필히 이해하고, 다른 예에서의 해결책을 Review하여 연구와 조사, 브레인스토밍(Brainstorming) 또는 자유로운 회의를 통해 여러 가지 해결 방안을 수집한다. 이 단계에서 파악해야 할 내용으로는 조건설정 단계에서 이루어진 프로젝트에 대한 클라이언트의 희망사항 및 요구사항, 건축물의 현상파악, 진단, 관련법 검토 등이 있다.

(3) 아이디어 정선(Refine)

수집된 해결방안들의 채택여부를 주의 깊게 검토하는 단계로, 이 단계에서 최초의 의사결정이 이루어지며 이때의 결정이 나머지 과정에 큰 영향을 미치게 된다.

(4) 분석(Analysis)

가능성 있는 해결방안에 관한 모델을 선정하고 그 해결방안에 관한 신중한 평가와 검토가 행하여지는 단계이다.

(5) 결정(Decide)

분석단계를 거친 해결방안 중 한가지를 결정하는 단계로 이 단계에서 리모델링의 해결방안에 관한 최종 분석이 내려지고 검증된 결과에 기초하여 결정이 내려진다.

결정된 해결방안이 클라이언트에 의하여 거부되면 이 과정을 처음부터 반복해야 하며 클라이언트가 받아들이면 그대로 실행하게 된다.

1.3.4 계획조건의 파악과 검토대상

리모델링의 동기를 기초로 하여 대상별, 부위별로 구분하여 다음의 내용을 파악하고 검토한다.

표. 1.2 리모델링의 동기

리모델링 동기		세부내용
건축물의 기능저하 및 노후화	건물디자인의 낙후, 기능의 저하, 환경의 개선	공간배치의 불합리, 관리시스템의 개선, 정보화, 외장의 노화 및 낙후
	건축물의 노후화	옥상환경의 개선 및 실내외장재의 노화와 낙후
	구조의 노후화	구조재의 노후화, 내진보강
	설비의 노후화	전기설비의 노후화, 위생설비의 노후화, 공조설비의 노후화 및 기능저하, 운송설비의 노후화 및 기능저하
법개정에 관한 대응		신축당시 적용된 관련법의 현시점에서 사회적 요구에 따라 개정된 내용에의 대응
용도 및 사용자 변경		건물의 입지조건이나 주변환경의 변화로 건물의 용도를 변경하거나 소유주의 변화, 사용자 및 입주자의 목적에 따른 공간의 용도변경
에너지 절감 및 공간활용에 따른 요구		건축물의 유지와 관리를 위한 비용절감 및 에너지 절감 또는 제한된 공간의 활용 극대화
건축물의 이미지 향상		입주자 유치 및 이탈을 방지하기 위해, 건물의 가치를 향상시키기 위한 건축물의 내외장의 디자인 혁신
정보화, 쾌적화의 요구		정보화를 위한 Shaft의 신설, 설비기기의 개선에 따른 거주환경의 개선

1.3.5 조사 및 진단

리모델링의 대상이 되는 공간 또는 건축물은 어떤 목적이나 용도를 갖는 공간이므로 리모델링을 한다는 것은 대상물의 특정목적 및 용도에 부합되는 공간으로 구체화시키는 작업이라 할 수 있다. 따라서 그 목적을 무리없이 달성하기 위해서는 리모델링 대상 건축물의 현상파악 및 조사와 진단이 사전에 충분히 이루어져야 한다.

1) 조사

조사의 목적은 수선여부의 판단, 리모델링계획 작성을 위한 기초자료의 정비, 노후화의 원인에 대한 규명 등이다. 조사의 실시는 건축물의 라이프사이클에서 수선주기가 도래한 경우, 이상이 발견되었을 경우, 하자가 발생되었을 경우에 이루어진다.

2) 진단

건축물의 현재 상태를 정확하게 파악하는 작업을 진단이라고 하며 건축물 진단의 종류는 표.1.3과 같다.

표. 1.3 건물진단의 종류

구 분	내 용	대상부위
노후화 진단	시간경과에 따른 노후화의 정도와 그 영향의 정도 판정	구조체, 내외장재, 설비
내진진단	내진성능(耐震性能)의 평가	구조체, 내외장재, 설비
안전성 진단	부재의 박리여부, 방재(防災) 시스템의 기능 및 성능	방재설비, 건물전체
미관성 진단	건물 이미지, 쾌적성, 주변환경과의 조화여부	내외장재, 주변환경
에너지 절감 진단	에너지 소비량과 설비기기의 성능, 단열성능	공조설비, 건물외벽
환경진단	빛, 열, 온습도 등의 환경적 요소에 대한 쾌적성 평가	실내
시스템 기능 진단	용도와 기능의 변경 및 향상 등에 대한 대응 가능성 여부의 판단	내외관, 실내공간, 설비기기

(1) 건축물의 기능 및 디자인 진단

건축물은 인간이 만든 인공적인 공간이며 인간과 마찬가지로 자연환 경속에서 존재하게 된다. 건축물은 시간의 경과와 더불어 사회성, 역사성의 가치가 증가하는 반면에 기능성, 안전성, 경제성의 가치는 감 소하는게 대부분이다. 이는 건축물의 노후화에 기인하는 것으로 이같은 노후화에는 물리적 노후화와 시대적인 노후화가 있다.

물리적 노후화는 기능, 효율의 저하, 고장횟수의 증가와 같은 설비적 노후화와 구조구체의 노후화 및 방수, 내장, 외장 등의 노후화인 건축적 노후화로 나누어진다.

시대적인 노후화는 시대와 사회의 변화에 따른 고도화 첨단화된 요구수준과 기술혁신에 따른 상대적 가치저하에 기인된다. 기능과 디자인의 노후화도 이에 해당되는 내용이 많으며 이 두 가지 노후화를 합한 것을 "이용가치의 저하"라고 한다.

(2) 시대적 노후화와 진단

이용가치의 저하는 상대적인 것으로 비교대상이 있어야만 확인하기가 쉽다. 그러나 건축물과 설비는 건축물마다 용도, 규모, 기능, 디자인 등이 제각각 다르기 때문에 다른 건물과 비교하기가 쉬운 일이 아니다. 이러한 상황을 고려해 볼 때 시대적인 노후화는 물리적인 노후화에 비해 소홀히 취급되고 있으며 무시하기 쉽다.

따라서 이용가치의 저하에 대한 진단은 리모델링 전문가에 의한 진단과 제안이 무엇보다 중요하다.

(3) 미관성 진단

건축물의 외관은 시간이 경과함에 따라 지역 환경내에서 그 존재가치가 생겨나 시대적 노후화가 아닌 오히려 그 가치를 인정받는 경우가 있다. 이 경우의 진단에 의한 평가 및 진단에는 사회적 유산으로의 개념이 적용되어야 하며 따라서 관련 전문가에 의한 평가가 요구된다.

일반 건축물의 경우에도 주변환경과 건물의 이미지를 두고 진단과 판단을 해야 하므로 전문적인 미적감각을 요구한다.

(4) 시스템 기능 진단

시스템의 기능을 진단하는 방법은 건축물의 소유형태, 관리방식, 소유자의 의사 등에 따라 다양하게 나타난다.

시스템의 기능은 급격한 사회발전에 따른 시대적 노후화가 심하게 나타나는 부분으로 용도와 기능의 변경 및 향상 등에 대한 대응 가능성 여부를 진단하게 된다.

(5) 환경진단

주로 실내공간의 환경이 그 대상이 되며, 온도 습도, 소음, 빛 등 인간의 쾌적성에 영향을 주는 환경적인 요소들을 진단하게 된다.

1.4 리모델링 프로세스

1.4.1 일반적인 리모델링 PROCESS

리모델링 계획단계 이전부터 계획단계의 프로그래밍을 거쳐 실제 프로젝트를 완성하기까지는 일반적으로 다음과 같은 과정을 거치게 된다.

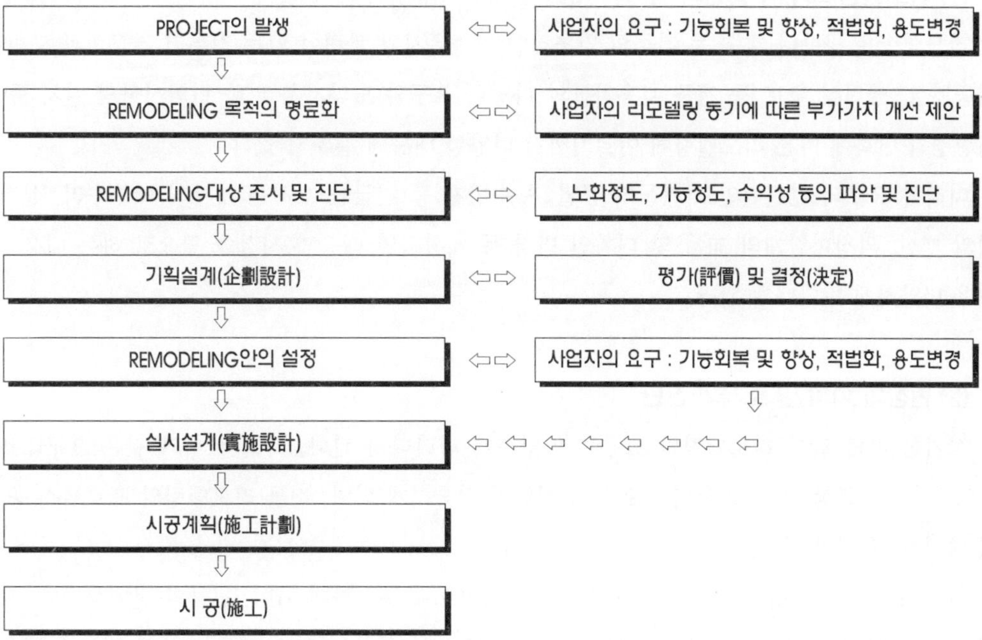

1.4.2 리모델링 프로세스의 내용

건축물의 리모델링 프로젝트는 건물의 소유자, 이용자, 관리자 등의 요구에 의해서 발생되며, 프로젝트는 건물의 현상파악 ⇨ 조사 및 진단 ⇨ 기획 및 기본설계 ⇨ 개산견적 ⇨ 실시설계 ⇨ 명세견적 ⇨ 공사계약 ⇨ 시공 ⇨ 인도 ⇨ 사후관리의 순서로 진행되는 것이 일반적이다.

건축물의 리모델링이 신축과 크게 다른 점은 계획초기부터 건물관계인이 계획 내용에 깊게 관여한다는 점이다. 이는 기존의 건물이 존재하고 이를 기초로 리모델링을 전개하기 때문이다.

또한 리모델링의 계획내용이 천차만별이라는 것도 신축과 크게 다른 점이다. 기존건물의 어느 부분을 철거하고 무엇을 추가해야 하는지, 어디를 보수해야 하는지, 어느 설비를 보수하고 또한 갱신해야 하는지 등 그 내용도 가지각색일 수밖에 없다.

공사방법도 다양하게 나타난다. 즉, 건물을 사용하는 상태에서 공사가 가능한지, 공사시간대의 제한은 없는지, 기존건물의 상황에 따른 공사 순서상의 제한은 없는지 등에 따라 공사기간과 공사비가 다를 수밖에 없다. 그러므로 리모델링 행위의 시행착오를 줄이려면 계획시 과거의 유사자료 및 예측 가능한 모든 문제들을 충분히 검토, 파악하고 돌발적인 변수까지도 충분히 고려해야 한다.

(1) 리모델링 요구의 발생과 파악

리모델링은 방수나 개수 등 건물의 기초적인 기능유지와 관련이 있는 것부터 건물의 용도변경, 기능향상, 쾌적성 확보 등 건물 이용자들의 다양한 요구와 노약자를 위한 편의시설의 설치 등 사회환경의 변화에 따른 리모델링에 이르기까지 다양한 내용에 걸쳐져 있다.

따라서 요구의 발생원인도 건물의 균열, 누수방지 등 긴급을 요하는 것부터 내부수리, 설비기기의 갱신, 외장마감재의 교체 및 디자인 변경 등 계획적인 대응과 시간을 필요로 하는 내용까지 매우 다양하게 나타나게 된다.

(2) 현상의 파악 및 조사와 진단

상기한 바와 같이 리모델링의 요구는 다양하게 나타나게 된다. 따라서 이와 같은 요구내용의 파악, 건물의 현상파악, 그에 따른 조사와 진단이 필요하게 되며, 건물 리모델링의 프로세스 중 가장 중요한 단 계가 된다.

이 단계에서 리모델링에 요구되는 조건을 구체적으로 분석하게 되며, 건물의 현재상태와, 요구에 대한 부합여부, 잠재되어 있는 리모델링 요구의 유무 등을 파악과 이들 요구의 검토에 필요한 건물의 데이터 수집을 통하여 조사와 진단이 이루어지게 된다.

(3) 기획설계

기존건물의 현재 상태 파악 및 조사와 진단 결과를 기초로 하여 구체적인 건물의 리모델링 계획작업을 하는 단계로, 이를 기획설계라 한다. 이 단계에서는 리모델링 요구가 건물의 어느 부분을 어떤 방법 으로 리모델링을 해야 하는지 또는 리모델링 행위에 있어서 관련법에 위배되는 사항은 없는지, 공사를 행하는데 있어서 제한사항과 극복해야할 부분은 없는지 등을 검토하여 리모델링의 내용을 리모델링 항목, 적용범위 등의 구체적인 공사내용으로 연결시키는 단계이다.

(4) 비용의 개산(槪算)

기획설계를 근거로 하여 실제 리모델링 공사에 필요한 비용을 개략적으로 산출하는 단계이다. 이 단계에서는 산출한 비용이 예산의 범위를 벗어나지는 않았는지, 예산초과일 경우 어느 리모델링 항목을 줄여야 하는지 등을 판단하게 된다.

이러한 단계를 거쳐 다음단계인 실시설계, 명세견적, 계약, 시공 및 인도로 이루어진다.

1.5 건축물의 리모델링 계획

1.5.1 구조 구체의 리모델링

건물이 신축된 후 시간이 경과함에 따라 구조체의 노후화는 필연적으로 진행될 수밖에 없으며 건축물의 구조는 건물의 안전성, 인명의 보호, 재산의 보전에 크게 관련되므로 구조의 리모델링은 매우 중요한 프로젝트가 된다.

건축 구조체의 리모델링은 구조보강과 내진구조로의 변경을 대표적인 예로 들 수 있으며 가장 일반적인 사례가 바로 구조보강이다.

대규모로 구조체 리모델링을 진행할 경우에는 설비와 마감재의 교환 등을 동반하는 공사가 파생될 수도 있으므로 미리 검토하여야 한다.

1.5.2 지붕의 리모델링

자연환경에 가장 노출이 많은 부분으로 전형적인 예가 방수를 위한 개수와 지붕재의 교체를 들 수 있다. 15~25년 정도 경과한 건축물에서의 리모델링 요구가 일반적이다.

지붕부분의 노후화는 누수사고로 연결되는 경우가 많으므로 사고가 발생하기 전에 계획적으로 리모델링을 하는 것이 최선의 방법이다.

1.5.3 외벽 마감재의 리모델링

외벽 리모델링은 방수성능의 저하에 따른 리모델링, 외벽마감재의 박리에 따른 리모델링, 건물의 이미지 변신을 위한 리모델링(디자인 혁신 및 외장재의 교체) 등을 들 수 있다.

1.5.4 내장 리모델링

주로 실내건축행위를 의미하며 내장재료의 교체 및 재도장 등에서부터 건물의 용도와 이용자의 요구에 따른 칸막이의 변경 등이 대표적인 사례가 된다.

1.5.5 기타 리모델링

단순한 배관설비의 교체, 방재 및 방범성능의 향상, 정보화의 요구에 대응하기 위한 Shaft의 설치 등으로 인하여 기존마감재의 교체 및 설비류의 교체로 파생되는 경우가 있다.

1.6 설비의 REMODELING 계획

1.6.1 개요(槪要)

설비류의 리모델링 요구는 쾌적한 환경조성 및 물리적 영향으로 인한 기능저하, 시대변화에 따른 사회적인 요구에 의해서 발생하는 것이 일반적이며, 설비류의 내구연수는 건축물에 비해 짧아 리모델링도 10~20년을 주기로 이루어진다.

현재의 설비 리모델링의 흐름은 설비류의 내구연수 때문에 이루어지는 리모델링 보다는 실내거주환경 및 정보화 시스템, 지구환경에 관한 사회적 요구에 따른 대응으로 이루어지는 사례가 더 많은 추세이며 또한 중요시되고 있는 실정이다.

설비 리모델링계획에 있어서도 신축계획과 마찬가지로 수익향상을 위한 경제적인 이유를 무시할 수는 없으며, 이 또한 리모델링의 중요한 동기가 된다.

즉, 운영비나 유지비의 절감효과를 기대하지 않고는 설비 리모델링에 투자하는 것이 어렵다는 애기도 된다. 따라서 설비리모델링 계획시 이러한 내용을 충분히 고려해야 하며, 특히, 운영비와 보전비에 영향을 미치는 것은 설비시스템으로 인한 경우가 대부분을 차지하므로 설비리모델링 계획에 있어 운영비와 보전비의 절약은 중요한 과제가 아닐 수 없다.

이처럼 설비 리모델링계획의 요점은 거주자에게 쾌적한 공간과 사회적 요구에 부응하는 고도화, 첨단화된 설비시스템의 공급뿐만이 아니라 리모델링을 요구하는 건물의 관계인에게도 수익이 발생할 수 있도록 해야한다.

1.6.2 설비 리모델링의 발생원인(發生原因)

(1) 기능의 회복(回復)

설비기기의 물리적 노후화에 따른 기능의 저하를 초기 성능수준으로 회복시키는 것으로 기기의 교환이나 녹물대책차원의 급수관 교체 등이 대표적인 사례이다. 기능이나 성능의 저하가 확인된 후에나 수선 또는 교환을 하는 등의 사후 조치가 대부분이지만, 최근에는 기기의 내구연수를 정하여 예방차원에서의 수선 및 일부 부품의 교체를 하는 경우가 늘어나고 있다.

(2) 기능 및 성능의 향상

초기 기능으로의 회복뿐만이 아니라 보다 높은 기능을 부가하여 사회적인 요구에 대응하도록 하는 것으로 이러한 과정을 통하여 거주 환경의 개선(열, 음, 빛, 습기환경의 개선 등), 에너지 절약, 관리비 절약, 인텔리전트에의 대응, 안전성의 확보, 비상시 대책 등의 효과를 얻을 수 있으며 이것이 설비 리모델링의 주목적이라 할 수 있다.

(3) 개정된 법에의 적법화

건축법 및 소방법, 전기안전법 등 건축관련 법들의 규제는 복잡다양해지는 사회적인 요구를 수용하여 해마다 증강되고 있다. 이들 법개 정은 일부를 제외하면 기존건물에 대한 소급 의무는 없지만 그 만큼 기존의 부적격 건물이 양산된다는 의미이므로 리모델링시 충분히 검토하지 않으면 안된다.

제 2 장
실내건축관련법규(室內建築關聯法規)

2.1 개요(槪要)

실내건축 관련법규란 용어는 없으나 실내건축행위를 하는데 있어서 공통적으로 또는 각 업종별로 규제를 받는 법과 시행령 등을 총칭하여 실내건축관련법규라 칭하였으며, 건축법, 소방법, 공중위생법, 식품위생법, 국민건강 증진법 등이 있다.

관련법규의 조사 및 파악은 기획설계단계에서 이루어지며 그 내용은 기본설계에 충실히 적용되어야 한다. 법을 위반하였을 경우에는 개선명령, 철거, 과태료, 벌금, 영업정지 등의 행정처분을 받게 되므로 클라이언트, 설계자, 시공자 모두에게 불이익이 된다. 또한 법을 제정한 목적 및 그 기준이 최소한의 국민생활환경의 안전확보와 재난방지를 위한 경우가 대부분이므로 도덕적인 측면에서도 이 기준은 필히 지켜야 한다.

실내건축에 관련되는 법은 중앙정부의 부서별로 관장하는 업무에 따라 분류할 수 있으며 건축물의 용도와 규모 등에 따라 공통으로 적용되는 법과 각 업종별로 적용되는 법으로 세분할 수 있다. 실내건축의 대상이 되는 모든 공간은 법의 규제를 받으므로 본 장에서는 거의 모든 건축물과 업소에 공통적으로 적용되는 건축법과 소방법을 위주로 하여 공중위생법, 식품위생법, 국민건강 증진법 등 중에서 실내건축과 관련이 깊은 부분만 발췌하여 소개하고자 한다.

2.2 실내건축 관련 건축법(建築法)

법 제 43조 : 건축물의 내부 마감재료

대통령령이 정하는 용도 및 규모에 해당되는 건축물의 내부마감재료는 방화상지장이 없는 재료로서 건설교통부령이 정하는 기준에 의한 것이어야 한다.

영 제 61조 : 건축물의 내부 마감재료

건축법 제43조의 규정에 의하여 다음 각 호의 1에 해당하는 건축물의 내부마감 재료는 건설교통부령이 정하는 기준에 적합한 것이어야 한다. 다만, 제1호 내지 제4호에 해당하는 건축물의 경우 주요 구조부가 내화구조 또는 불연재료로 된 건축물로서 그 거실의 바닥면적(스프링클러 또는 유사한 자동식 소화설비를 설치한 바닥면적을 뺀 면적)200m²이내마다 방화구획이 되어있는 경우에는 그러하지 아니하다.

1. 문화 및 집회시설(예식장을 제외한다.), 판매, 영업시설, 위락시설(단란주점 및 주점영업을 제외한다.)의 용도에 쓰이는 건축물로서 당해 용도에 쓰이는 거실의 바닥면적의 합계가 200m²(주요구조부가 내화구조 또는 불연재료로 된 건축물은 400m²) 이상인 건축물
2. 단독주택 중 다중주택, 공동주택, 숙박시설(여관 및 여인숙을 제외한다.), 의료시설, 교육연구 및 복지시설 중 아동관련시설. 노인복지시설 및 유스호스텔 또는 업무시설 중 오피스텔의 용도에 쓰이는 건축물로서 3층 이상의 층의 당해 용도에 쓰이는 거실의 바닥면적의 합계가 200m²(주요구조부가 내화구조 또는 불연재료로 된 건축물은 400m ²) 이상인 건축물
3. 위험물저장 및 처리시설(자가난방, 자가발전 등의 용도에 쓰이는 시설을 포함한다.), 공장, 자동차관련시설 또는 공공용 시설 중 발전소, 방송국 및 촬영소로 사용되는 건축물
4. 5층 이상 층의 거실바닥면적의 합계가 500m²이상인 건축물
5. 제2종 근린생활시설 중 공연장. 단란주점. 당구장. 노래연습장, 문화 및 집회시설 중 예식장, 교육연구 및 복지시설 중 생활권 수련시설. 자연권 수련시설, 숙박시설 중 여관. 여인숙 또는 위락시설 중 단란주점. 주점영업

규 제 24조 : 건축물의 피난. 방화구조 등의 기준

제 3조(내화구조)

영 제2조 제1항 제7호의 2에서 "건설교통부령이 정하는 기준에 적합한 구조"라 함은 다음 각 호의 1에 해당하는 것을 말한다.(개정 2000.6.3)

1. 벽의 경우에는 다음 각목의 1에 해당하는 것
 가. 철근콘크리트조 또는 철골철근콘크리트조로서 두께가 10cm이상인 것
 나. 골구를 철골조로 하고 그 양면을 두께 4cm 이상의 철망모르타르(그 바름 바탕을 불연재료로 한 것에 한한다. 이하 이 조에서 같다) 또는 두께 5cm 이상의 콘크리트, 블록, 벽돌 또는 석재로 덮은 것
 다. 철재로 보강된 콘크리트블록조. 벽돌조 또는 석조로서 철재에 덮은 콘크리트블록 등의 두께가 5cm이상인 것
 라. 벽돌조로서 두께가 19cm이상인 것
 마. 고온.고압의 증기로 양생된 경량기포 콘크리트패널 또는 경량기포 콘크리트 블록조로서 두께가 10cm 이상인 것
2. 외벽 중 비내력벽의 경우, 제1호의 규정에 불구하고 다음 각목의 1에 해당하는 것

가. 철근콘크리트조 또는 철골철근콘크리트조로서 두께가 7cm 이상인 것

나. 골구를 철골조로 하고 그 양면을 두께 3cm 이상의 철망모르타르 또는 두께 4cm 이상의 콘크리트블록. 벽돌 또는 석재로 덮은 것

다. 철재로 보강된 콘크리트블록조.벽돌조 또는 석조로서 철재에 덮은 콘크리트 블록 등의 두께가 4cm 이상인 것

라. 무근콘크리트조.콘크리트블록조.벽돌조 또는 석조로서 그 두께가 7cm 이상인 것

3. 기둥의 경우에는 작은 지름이 25cm 이상인 것으로서 다음 각목의 1에 해당하 는 것

가. 철근콘크리트조 또는 철골철근콘크리트조

나. 철골을 두께 6cm(경량골재를 사용하는 경우에는 5cm)이상의 철망모르타르 또는 두께 7cm 이상의 콘크리트블록.벽돌 또는 석재로 덮은 것

다. 철골을 두께 5cm 이상의 콘크리트로 덮은 것

4. 바닥의 경우에는 다음 각목의 1에 해당하는 것

가. 철근콘크리트조 또는 철골철근콘크리트조로서 두께가 10cm 이상인 것

나. 철재로 보강된 콘크리트블록조.벽돌조 또는 석조로서 철재에 덮은 콘크리트 블록 등의 두께가 5cm 이상인 것

다. 철재의 양면을 두께 5cm 이상의 철망모르타르 또는 콘크리트로 덮은 것

5. 보(지붕틀을 포함한다)의 경우에는 다음 각목의 1에 해당하는 것

가. 철근콘크리트조 또는 철골철근콘크리트조

나. 철골을 두께 6cm(경량골재를 사용하는 경우에는 5cm)이상의 철망모르타르 또는 두께 5cm 이상의 콘크리트로 덮은 것

다. 철골조의 지붕틀(바닥으로부터 그 아랫부분까지의 높이가 4m 이상인 것에 한 한다)로서 바로 아래에 반자가 없거나 불연재료로 된 반자가 있는 것

6. 지붕의 경우에는 다음 각목의 1에 해당하는 것

가. 철근콘크리트조 또는 철골철근콘크리트조

나. 철재로 보강된 콘크리트블록조.벽돌조 또는 석조

다. 철재로 보강된 유리블록 또는 망입유리로 된 것

7. 계단의 경우에는 다음 각목의 1에 해당하는 것

가. 철근콘크리트조 또는 철골철근콘크리트조

나. 무근콘크리트조.콘크리트블록조.벽돌조 또는 석조

다. 철재로 보강된 콘크리트블록조.벽돌조 또는 석조

라. 철골조

8. 기타 건설교통부장관이 정하는 것으로서 건설교통부장관이 고시하는 기준에 따라 건설교통부장관이 지정하는 자 또는 정부출연연구기관 등의 설립.운영 및 육성에관한 법률 제8조의 규정에 의하여 설립된 한국건설기술연구원장(이하 "한국건설기술연구원장"이라 한다)이 실시하는 품질시험에서 그 성능이 확인된 것

제 4조(방화구조)

영 제2조 제1항 제8호에서 "건설교통부령이 정하는 기준에 적합한 구조"라 함은 다음 각 호의 1에 해당하는 것을 말한다.

1. 철망모르타르로서 그 바름 두께가 2㎝이상인 것
2. 석면시멘트판 또는 석고판위에 시멘트모르타르 또는 회반죽을 바른 것으로서 그 두께의 합계가 2.5㎝이상인 것
3. 시멘트모르타르 위에 타일을 붙인 것으로서 두께의 합계가 2.5㎝ 이상인 것
4. 두께 1.2㎝ 이상의 석고판위에 석면시멘트판을 붙인 것
5. 두께 2.5㎝ 이상의 암면보온판 위에 석면시멘트판을 붙인 것
6. 심벽에 흙으로 맞벽치기한 것
7. 산업표준화법에 의한 한국산업규격이 정하는 바에 의하여 시험한 결과 방화 2급 이상에 해당하는 것

제 6조(불연재료)

영 제2조제1항제10호에서 "건설교통부령이 정하는 기준에 적합한 재료"라 함은 다음 각 호의 1에 해당하는 것을 말한다.〈개정 2000.6.3〉

1. 콘크리트.석재.벽돌.기와.석면판.철강.알루미늄.유리.시멘트모르타르.회 및 기타 이와 유사한 불연성의 재료. 다만, 시멘트모르타르 또는 회 등 미장재료를 사용하는 경우에는 건설기술관리법 제34조 제1항제2호의 규정에 의하여 제정된 건축공사 표준시방서에서 정한 두께 이상인 경우에 한 한다.
2. 산업표준화법에 의한 한국산업규격이 정하는 바에 의하여 시험한 결과 난연 1급에 해당하는 것

제 7조(준불연재료)

영 제2조제1항제11호에서 "건설교통부령이 정하는 기준에 적합한 재료"라 함은 산업표준화법에 의한 한국산업규격이 정하는 바에 의하여 시험한 결과 난연 2급에 해당하는 것을 말한다.

제 9조(피난계단 및 특별피난계단의 구조)

① 영 제35조제1항의 규정에 의하여 건축물의 5층 이상 또는 지하 2층 이하의 층으로부터 피난층 또는 지상으로 통하는 직통계단(지하 1층인 건축물의 경우에는 5층이상의 층으로부터 피난층 또는 지상으로 통하는 직통계단과 직접 연결된 지하 1층의 계단을 포함한다)은 피난계단 또는 특별피난계단으로 설치하여야 한다.

② 제1항의 규정에 의한 피난계단 및 특별피난계단의 구조는 다음 각 호의 기준에 적합하여야 한다.〈개정

2000.6.3, 2003.1.6)

1. 건축물의 내부에 설치하는 피난계단의 구조

가. 계단실은 창문.출입구 기타 개구부(이하 "창문 등"이라 한다)를 제외한 당해 건축물의 다른 부분과 내화구조의 벽으로 구획할 것

나. 계단실의 실내에 접하는 부분(바닥 및 반자 등 실내에 면한 모든 부분을 말한다)의 마감(마감을 위한 바탕을 포함한다)은 불연재료로 할 것

다. 계단실에는 예비전원에 의한 조명설비를 할 것

라. 계단실의 바깥쪽과 접하는 창문 등(망이 들어 있는 유리의 붙박이창으로서 그 면적이 각각 1㎡이하인 것을 제외한다)은 당해 건축물의 다른 부분에 설치하는 창문 등으로부터 2m 이상의 거리를 두고 설치할 것

마. 건축물의 내부와 접하는 계단실의 창문 등(출입구를 제외한다)은 망이 들어 있는 유리의 붙박이창으로서 그 면적을 각각 1㎡이하로 할 것

바. 건축물의 내부에서 계단실로 통하는 출입구의 유효너비는 0.9m이상으로 하고, 그 출입구에는 피난의 방향으로 열 수 있는 것으로서 언제나 닫힌 상태를 유지하거나 화재시 연기의 발생 또는 온도의 상승에 의하여 자동적으로 닫히는 구조로 된 제 26조의 규정에 의한 갑종방화문 또는 을종방화문을 설치할 것

사. 계단은 내화구조로 하고 피난층 또는 지상까지 직접 연결되도록 할 것

2. 건축물의 바깥쪽에 설치하는 피난계단의 구조

가. 계단은 그 계단으로 통하는 출입구외의 창문 등(망이 들어 있는 유리의 붙박이창으로서 그 면적이 각각 1제곱미터이하인 것을 제외한다)으로부터 2m 이상의 거리를 두고 설치할 것

나. 건축물의 내부에서 계단으로 통하는 출입구에는 제26조의 규정에 의한 갑종방화문 또는 을종방화문을 설치할 것

다. 계단의 유효너비는 0.9m이상으로 할 것

라. 계단은 내화구조로 하고 지상까지 직접 연결되도록 할 것

3. 특별피난계단의 구조

나. 계단실.노대 및 부속실(건축물의 설비기준 등에 관한 규칙 제10조 제2호 가목의 규정에 의하여 비상용 승강기의 승강장을 겸용하는 부속실을 포함한다)은 창문 등을 제외하고는 내화구조의 벽으로 각각 구획할 것

다. 계단실 및 부속실의 실내에 접하는 부분(바닥 및 반자 등 실내에 면한 모든 부분을 말한다)의 마감(마감을 위한 바탕을 포함한다)은 불연재료로 할 것

라. 계단실에는 예비전원에 의한 조명설비를 할 것

마. 계단실.노대 또는 부속실에 설치하는 건축물의 바깥쪽에 접하는 창문 등(망이 들어 있는 유리의 붙박이창으로서 그 면적이 각각 1㎡이하인 것을 제외한다)은 계단실.노대 또는 부속실 외의 당해 건축물의 다른 부분에 설치하는 창문 등으로부터 2m 이상의 거리를 두고 설치할 것

바. 계단실에는 노대 또는 부속실에 접하는 부분 외에는 건축물의 내부와 접하는 창문등을 설치하지 아니할 것

사. 계단실의 노대 또는 부속실에 접하는 창문 등(출입구를 제외한다)은 망이 들어 있는 유리의 붙박이창으로서 그 면적을 각각 1㎡이하로 할 것

아. 노대 및 부속실에는 계단실외의 건축물의 내부와 접하는 창문 등(출입구를 제외한다)을 설치하지 아니할 것

자. 건축물의 내부에서 노대 또는 부속실로 통하는 출입구에는 제26조 제1항의 규정에 의한 갑종방화문을 설치하고, 노대 또는 부속실로부터 계단실로 통하는 출입구에는 제26조의 규정에 의한 갑종방화문 또는 을종방화문을 설치할 것

차. 계단은 내화구조로 하되, 피난층 또는 지상까지 직접 연결되도록 할 것

카. 출입구의 유효너비는 0.9m 이상으로 하고 피난의 방향으로 열 수 있을 것

③ 영 제35조제1항의 규정에 의한 피난계단 또는 특별피난계단은 돌음계단으로 하여서는 안되며, 영 제40조제2항의 규정에 의하여 옥상광장을 설치하여야 하는 건축물의 피난계단 또는 특별피난계단은 당해 건축물의 옥상으로 통하도록 설치하여야 한다.

■ 제 10조(관람석등으로부터의 출구의 설치기준)

① 영 제38조 각 호의 1에 해당하는 건축물의 관람석 또는 집회실로부터 바깥쪽으로의 출구로 쓰이는 문은 안여닫이로 하여서는 아니된다.

② 영 제38조의 규정에 의하여 문화 및 집회시설중 공연장의 개별관람석(바닥면적이 300㎡이상인 것에 한한다)의 출구는 다음 각 호의 기준에 적합하게 설치하여야 한다.

1. 관람석별로 2개소이상 설치할 것
2. 각 출구의 유효너비는 1.5m 이상일 것
3. 개별 관람석 출구의 유효너비의 합계는 개별 관람석의 바닥면적 100㎡마다 0.6m의 비율로 산정한 너비 이상으로 할 것

■ 제 11조(건축물의 바깥쪽으로의 출구의 설치기준)

① 영 제39조제1항의 규정에 의하여 건축물의 바깥쪽으로 나가는 출구를 설치하는 경우 피난 층의 계단으로부터 건축물의 바깥쪽으로의 출구에 이르는 보행 거리(가장 가까운 출구와의 보행거리를 말한다. 이하 같다)는 영 제34조제1항의 규정에 의한 거리이하로 하여야 하며, 거실(피난에 지장이 없는 출입구가 있는 것을 제외한다)의 각 부분으로부터 건축물의 바깥쪽으로의 출구에 이르는 보행거리는 영 제34조 제1항 규정에 의한 거리의 2배 이하로 하여야 한다.

② 영 제39조제1항의 규정에 의하여 건축물의 바깥쪽으로 나가는 출구를 설치하는 건축물 중 문화 및 집회시설(전시장 및 동식물원을 제외한다), 의료시설 중 장례식장 또는 위락시설의 용도에 쓰이는 건축물의

바깥쪽으로의 출구로 쓰이는 문은 안여닫이로 하여서는 아니된다.

③ 영 제39조제1항의 규정에 의하여 건축물의 바깥쪽으로 나가는 출구를 설치하는 경우 관람석의 바닥면적의 합계가 300㎡이상인 집회장 또는 공연장에 있어서는 주된 출구 외에 보조출구 또는 비상구를 2개소이상 설치하여야 한다.

④ 판매 및 영업시설(도매시장. 소매시장 및 상점에 한 한다. 이하 이 조에서 같다)의 용도에 쓰이는 피난 층에 설치하는 건축물의 바깥쪽으로의 출구의 유효너비의 합계는 당해 용도에 쓰이는 바닥면적이 최대인 층에 있어서의 당해용도의 바닥면적 100㎡마다 0.6m의 비율로 산정한 너비이상으로 하여야 한다.

⑤ 다음 각 호의 1에 해당하는 건축물의 피난 층 또는 피난 층의 승강장으로부터 건축물의 바깥쪽에 이르는 통로에는 제15조제5항의 규정에 의한 경사로를 설치하여야 한다.

1. 제1종 근린생활시설중 동사무소, 경찰파출소, 소방서, 우체국, 전신전화국, 방송국, 보건소, 공공도서관, 지역의료보험조합 기타 이와 유사한 것으로서 동일한 건축물 안에서 당해 용도에 쓰이는 바닥면적의 합계가 1000㎡미만인 것
2. 제1종 근린생활시설 중 마을공회당, 마을공동작업소, 마을공동구판장, 변전소 양수장, 정수장, 대피소, 공중화장실 기타 이와 유사한 것
3. 연면적이 5000㎡이상인 판매 및 영업시설
4. 교육연구 및 복지시설중 학교
5. 업무시설 중 국가 또는 지방자치단체의 청사와 외국공관의 건축물로서 제1종 근린생활시설에 해당하지 아니하는 것
6. 승강기를 설치하여야 하는 건축물

제 12조(회전문의 설치기준)

영 제39조제2항의 규정에 의하여 건축물의 출입구에 설치하는 회전문은 다음 각 호의 기준에 적합하여야 한다.

1. 계단이나 에스컬레이터로부터 2m이상의 거리를 둘 것
2. 고무와 고무펠트의 조합체 등을 사용, 사람이나 물건 등이 끼이지 아니하도록 할 것
3. 출입에 지장이 없도록 일정한 방향으로 회전하는 구조로 할 것

제 14조(방화구획의 설치기준)

① 영 제46조의 규정에 의하여 건축물에 설치하는 방화구획은 다음 각 호의 기준에 적합하여야 한다.

1. 10층 이하의 층은 바닥면적 1000㎡(스프링클러 기타 이와 유사한 자동식 소화설비를 설치한 경우에는 바닥면적 3000㎡)이내마다 구획할 것
2. 3층 이상의 층과 지하층은 층마다 구획할 것

3. 11층 이상의 층은 바닥면적 200㎡(스프링클러 기타 이와 유사한 자동식 소화설비를 설치한 경우에는 600㎡)이내마다 구획할 것. 다만, 벽 및 반자의 실내에 접하는 부분의 마감을 불연재료로 한 경우에는 바닥면적 500㎡(스프링클러 기타 이와 유사한 자동식 소화설비를 설치한 경우에는 1500㎡)이내마다 구획하여야 한다.

② 제1항의 규정에 의한 방화구획은 다음 각 호의 기준에 적합하게 설치하여야 한다.(개정 2003.1.6)

1. 영 제46조의 규정에 의한 방화구획으로 사용하는 제26조제1항의 규정에 의한 갑종방화문은 언제나 닫힌 상태를 유지하거나 화재로 인한 연기의 발생 또는 온도의 상승에 의하여 자동적으로 닫히는 구조로 할 것
2. 급수관, 배전관 기타의 관이 방화구획으로 되어 있는 부분을 관통하는 경우에는 그 관과 방화구획과의 틈을 시멘트모르타르 기타 불연재료로 메울 것
3. 환기, 난방 또는 냉방시설의 풍도가 방화구획을 관통하는 경우에는 그 관통부분 또는 이에 근접한 부분에 다음 각목의 기준에 적합한 댐퍼를 설치할 것. 다만, 반도체공장건축물로서 방화구획을 관통하는 풍도의 주위에 스프링클러 헤드를 설치하는 경우에는 그러하지 아니하다.

가. 철재로서 철판의 두께가 1.5mm이상일 것
나. 화재가 발생한 경우에는 연기의 발생 또는 온도의 상승에 의하여 자동으로 닫힐 것
다. 닫힌 경우에는 방화에 지장이 있는 틈이 생기지 아니할 것
라. 산업표준화법에 의한 한국산업규격의 방화댐퍼의 방연시험방법에 적합할 것

제 14조의 2(복합건축물의 피난시설 등)

영 제47조제1항 단서의 규정에 의하여 같은 건축물 안에 공동주택, 의료시설, 아동시설, 노인시설, 다중주택, 기숙사 또는 오피스텔(이하 이 조에서 "공동주택 등"이라 한다)중 하나 이상과 위락시설, 공연장, 위험물 저장 및 처리시설, 숙박시설, 유스호스텔, 공장 또는 자동차정비공장(이하 이 조에서 "위락시설 등"이라 한다)중 하나 이상을 함께 설치하고자 하는 경우에는 다음 각 호의 기준에 적합하여야 한다.

1. 공동주택 등의 출입구와 위락시설 등의 출입구는 서로 그 보행거리가 30m이상 되도록 설치할 것
2. 공동주택 등(당해 공동주택 등에 출입하는 통로를 포함한다)과 위락시설 등(당해 위락시설 등에 출입하는 통로를 포함한다)은 내화구조로 된 바닥 및 벽으로 구획하여 서로 차단할 것
3. 공동주택 등과 위락시설 등은 서로 이웃하지 아니하도록 배치할 것
4. 건축물의 주요 구조부를 내화구조로 할 것
5. 거실의 벽 및 반자가 실내에 면하는 부분(반자돌림대, 창대 그 밖에 이와 유사한 것을 제외한다. 이하 이 조에서 같다)의 마감은 불연재료, 준불연재료 또는 난연재료로 하고, 그 거실로부터 지상으로 통하는 주된 복도, 계단 그밖에 통로의 벽 및 반자가 실내에 면하는 부분의 마감은 불연재료 또는 준불연재료로 할 것(본조신설 2003.1.6)

제 15조(계단 및 복도의 설치기준)

① 영 제48조의 규정에 의하여 건축물에 설치하는 계단은 다음 각 호의 기준에 적합하여야 한다.

1. 높이가 3m를 넘는 계단에는 높이 3m이내마다 너비 1.2m 이상의 계단참을 설치 할 것
2. 높이가 1m를 넘는 계단 및 계단참의 양옆에는 난간(벽 또는 이에 대치되는 것을 포함한다)을 설치할 것
3. 너비가 3m를 넘는 계단에는 계단 중간에 너비 3m이내마다 난간을 설치할 것. 다만, 계단의 단높이가 15㎝이하이고, 계단의 단너비가 30㎝이상인 경우에는 그러하지 아니하다.

② 제1항의 규정에 의하여 계단을 설치하는 경우 계단 및 계단참의 너비(옥내계단에 한 한다), 계단의 단높이 및 단너비의 치수는 다음 각 호의 기준에 적합하여야 한다. 이 경우 돌음계단의 단너비는 그 좁은 너비의 끝 부분으로부터 30㎝의 위치에서 측정한다.(개정 2003.1.6)

1. 초등학교의 계단인 경우에는 계단 및 계단참의 너비는 150㎝이상, 단높이는 16㎝ 이하, 단너비는 26㎝이상으로 할 것
2. 중 · 고등학교의 계단인 경우에는 계단 및 계단참의 너비는 150㎝이상, 단높이는 18㎝이하, 단너비는 26㎝이상으로 할 것
3. 문화 및 집회시설(공연장.집회장 및 관람장에 한한다).판매 및 영업시설(도매시장, 소매시장 및 상점에 한한다) 기타 이와 유사한 용도에 쓰이는 건축물의 계단인 경우에는 계단 및 계단참의 너비를 120㎝이상으로 할 것
4. 바로 위층의 거실의 바닥면적의 합계가 200㎡이상이거나 거실의 바닥면적의 합계가 100㎡이상인 지하층의 계단인 경우에는 계단 및 계단참의 너비를 120㎝ 이상으로 할 것
5. 기타의 계단인 경우에는 계단 및 계단참의 너비를 60㎝이상으로 할 것
6. 산업안전보건법에 의한 작업장에 설치하는 계단인 경우에는 산업안전기준에 관한 규칙에서 정한 구조로 할 것

③ 공동주택(기숙사를 제외한다).제1종 근린생활시설, 제2종 근린생활시설, 문화 및 집회시설, 판매 및 영업시설, 의료시설(장례식장을 제외한다).교육연구 및 복지시설(아동관련 시설 및 노인복지시설과 다른 용도로 분류되지 아니하는 사회복지시설 및 근로복지시설에 한한다).업무시설, 숙박시설, 위락시설 또는 관광휴게시설의 용도에 쓰이는 건축물의 주계단, 피난계단 또는 특별피난계단에 설치하는 난간 및 바닥은 아동의 이용에 안전하고 노약자 및 신체장애인의 이용에 편리한 구조로 하여야 하며, 양쪽에 벽 등이 있어 난간이 없는 경우에는 손잡이를 설치하여야 한다.

④ 제3항의 규정에 의한 난간, 벽 등의 손잡이와 바닥마감은 다음 각 호의 기준에 적합하게 설치하여야 한다.

1. 손잡이는 최대지름 3.2㎝이상 3.8㎝이하인 원형이나 타원형의 단면으로 할 것
2. 손잡이는 벽 등으로부터 5㎝이상 떨어지도록 하고, 계단으로부터의 높이는 85㎝가 되도록 할 것
3. 계단이 끝나는 수평부분에서의 손잡이는 바깥쪽으로 30㎝이상 나오도록 설치할 것

⑤ 계단을 대체하여 설치하는 경사로는 다음 각 호의 기준에 적합하게 설치하여야 한다

1. 경사도는 1 : 8을 넘지 아니할 것
2. 표면을 거친 면으로 하거나 미끄러지지 아니하는 재료로 마감할 것

⑥ 제1항 각 호의 규정은 제5항의 규정에 의한 경사로의 설치기준에 관하여 이 를 준용한다.

⑦ 제1항 내지 제6항의 규정은 승강기기계실용 계단, 망루용 계단 등 특수한 용도에만 쓰이는 계단에 대하여는 이를 적용하지 아니한다.

⑧ 영 제48조의 규정에 의하여 문화 및 집회시설중 공연장에 설치하는 복도는 다음 각 호의 기준에 적합하여야 한다.

1. 공연장의 개별 관람석(바닥면적이 300㎡이상인 경우에 한한다)의 바깥쪽에는 그 양쪽 및 뒤쪽에 각각 복도를 설치할 것
2. 하나의 층에 개별 관람석(바닥면적이 300㎡미만인 경우에 한한다)을 2개소이상 연속하여 설치하는 경우, 그 관람석의 바깥쪽의 앞쪽과 뒤쪽에 각각 복도를 설치할 것

제 16조(거실의 반자높이)

① 영 제50조의 규정에 의하여 설치하는 거실의 반자(반자가 없는 경우에는 보 또는 바로 위층의 바닥판의 밑면 기타 이와 유사한 것을 말한다. 이하 같다)는 그 높이를 2.1m이상으로 하여야 한다.

② 문화 및 집회시설(전시장 및 동.식물원을 제외한다), 의료시설 중 장례식장 또는 위락시설중 주점영업의 용도에 쓰이는 건축물의 관람석 또는 집회실로서 그 바닥면적이 200㎡이상인 것의 반자의 높이는 제1항의 규정에 불구하고 4m(노대의 아랫부분의 높이는 2.7m)이상이어야 한다. 다만, 기계환기장치를 설치하는 경우에는 그러하지 아니하다.

제 17조(채광 및 환기를 위한 창문 등)

① 영 제51조의 규정에 의하여 채광을 위하여 거실에 설치하는 창문 등의 면적은 그 거실의 바닥면적의 1/10이상이어야 한다. 다만, 거실의 용도에 따라 별표 1의 규정에 의한 조도이상의 조명장치를 설치하는 경우에는 그러하지 아니하다.(개정 2000.6.3)

② 영 제51조의 규정에 의하여 환기를 위하여 거실에 설치하는 창문 등의 면적은 그 거실의 바닥면적의 1/20이상이어야 한다. 다만, 기계환기장치 및 중앙관리방식의 공기조화설비를 설치하는 경우에는 그러하지 아니하다.

③ 제1항 및 제2항의 규정을 적용함에 있어서 수시로 개방할 수 있는 미닫이로 구획된 2개의 거실은 이를 1개의 거실로 본다.

제 18조(거실 등의 방습)

① 영 제52조의 규정에 의하여 건축물의 최하층에 있는 거실바닥의 높이는 지표면으로부터 45㎝이상으로 하여야 한다. 다만, 지표면을 콘크리트바닥으로 설치하는 등 방습을 위한 조치를 하는 경우에는 그러하지 아니하다.

② 영 제52조의 규정에 의하여 다음 각 호의 1에 해당하는 욕실 또는 조리장의 바닥과 그 바닥으로부터 높이 1m까지의 안벽의 마감은 이를 내수재료로 하여야 한다.

1. 제1종 근린생활시설 중 일반목욕장의 욕실과 휴게음식점의 조리장
2. 제2종 근린생활시설 중 일반음식점, 휴게음식점의 조리장과 숙박시설의 욕실

제 19조(경계벽 및 간막이벽의 구조)

① 영 제53조의 규정에 의하여 건축물에 설치하는 경계벽 및 간막이벽은 내화구조로 하고, 지붕밑 또는 바로 위층의 바닥판까지 닿게 하여야 한다.

② 제1항의 규정에 의한 경계벽 및 간막이벽은 소리를 차단하는데 장애가 되는 부분이 없도록 다음 각호의 1에 해당하는 구조로 하여야 한다. 다만, 공동주택의 세대간의 경계벽인 경우에는 주택건설기준 등에 관한 규정이 정하는 바에 의한다.

1. 철근콘크리트조.철골철근콘크리트조로서 두께가 10㎝이상인 것
2. 무근콘크리트조 또는 석조로서 두께가 10㎝(시멘트모르타르.회반죽 또는 석고플라스터의 바름두께를 포함한다)이상인 것
3. 콘크리트블록조 또는 벽돌조로서 두께가 19㎝이상인 것
4. 제1호 내지 제3호의 것 외에 건설교통부장관이 정하여 고시하는 기준에 따라 건설교통부장관이 지정하는 자 또는 한국건설기술연구원장이 실시하는 품질시험에서 그 성능이 확인된 것

제 21조(방화벽의 구조)

① 영 제57조제2항의 규정에 의하여 건축물에 설치하는 방화벽은 다음 각 호의 기준에 적합하여야 한다.

1. 내화구조로서 홀로 설 수 있는 구조일 것
2. 방화벽의 양쪽 끝과 위쪽 끝을 건축물의 외벽면 및 지붕면으로부터 0.5m이상 튀어나오게 할 것
3. 방화벽에 설치하는 출입문의 너비 및 높이는 각각 2.5m이하로 하고, 당해 출입문에는 제26조제1항의 규정에 의한 갑종방화문을 설치할 것

② 제14조제2항의 규정은 제1항의 규정에 의한 방화벽의 구조에 관하여 이를 준용한다.

■ 제 24조(건축물의 내부 마감재료) : 개정 2003.1.6

① 건축법 제43조의 규정에 의하여 영 제61조 각호의 건축물에 대하여는 그 거실의 벽 및 반자의 실내에 접하는 부분(반자돌림대, 창대 기타 이와 유사한 것을 제외한다. 이하 이 조에서 같다)의 마감은 불연재료, 준불연재료 또는 난연재료로 하여야 하며, 그 거실에서 지상으로 통하는 주된 복도, 계단 기타통로의 벽 및 반자의 실내에 접하는 부분의 마감은 불연재료 또는 준불연재료로 하여야 한다.

② 영 제61조 각 호의 건축물 중 다음 각 호의 1에 해당하는 거실의 벽 및 반자의 실내에 접하는 부분의 마감은 제1항의 규정에 불구하고 불연재료 또는 준불연재료로 하여야 한다.(개정 2003.1.6)

1. 영 제61조제1호 내지 제3호의 규정에 의한 용도에 쓰이는 거실 등을 지하층 또는 지하의 공작물에 설치한 경우의 그 거실
2. 영 제61조제5호의 규정에 의한 용도에 쓰이는 건축물의 거실

③ 영 제61조 각 호 외의 부분 본문에서 "내부마감재료"라 함은 건축물 내부의 천장, 반자, 벽(간막이벽 포함).기둥 등에 부착되는 마감재료를 말한다. 다만,소방법시행령 제2조의 규정에 의한 실내장식물을 제외한다.(신설 2003.1.6)

2.3 실내건축 관련 소방법(消防法)

법 제 1장 제 2조 : 용어의 정의

1. "소방대상물"이라 함은 건축물 · 차량 · 선박, 선거, 산림 그 밖의 공작물 또는물건을 말한다.
2. "소방시설"이라 함은 대통령령이 정하는 소화설비, 경보설비, 피난설비, 소화용수설비 그 밖의 소화활동상 필요한 설비를 말한다.
3. "소방용기계 · 기구 등"이라 함은 소방용 기계, 기구 및 소화약제(소화약제), 방염도료(防炎塗料), 방염액(防炎液) 그밖의 대통령령이 정하는 것을 말한다.
4. "위험물"이란 대통령령이 정하는 인화성 또는 발화성 등의 물품을 말한다.
5. "특수장소"라 함은 공연장, 집회장, 식품접객업소, 숙박업소, 의료기관, 학교, 공장 그 밖의 다수인이 출입 또는 근무하는 장소로서 대통령령이 정하는 장소를 말한다

영 제 4조의 2 : 다중 이용업의 정의

법 제8조의 2 제1항에서 "대통령령이 정하는 영업"이라 함은 다음 각 호의 1에 해당하는 영업(이하 "다중이용업"이라 한다)을 말한다.(개정 2002.3.30)

1. 식품위생법시행령 제7조제8호의 규정에 의한 식품접객업 중 다음의 1에 해당하는 것
   가. 휴게음식점영업 또는 일반음식점영업으로서 영업장으로 사용하는 바닥면적의 합계가 100㎡(영업장이 지하층에 설치된 경우에는 66㎡) 이상인 것(영업장이 1층 또는 지상과 직접 면하는 층에 설치된 것으로서 출입구가 건축물 외부로 직접 연결된 경우를 제외한다)
   나. 단란주점영업 또는 유흥주점영업
2. 음반 · 비디오물 및 게임물에 관한 법률 제2조제8호 가목 · 제9호 · 제11호 및 제12호의 규정에 의한 비디오물 감상실업, 게임 제공업, 노래연습장업 또는 복합유통 · 제공업
3. 제1호 및 제2호의 규정에 의한 영업에 준하는 영업으로서 화재로 인한 인명피해가 발생할 우려가 있는 영업 중 행정자치부장관이 그 영업의 허가 · 면허 또는 등록 · 신고업무를 관장하는 중앙행정기관의 장과 협의하여 행정자치부령으로 정하는 영업
4. 제1호 내지 제3호의 규정에 의한 영업외에 불특정 다수인이 출입하는 영업형태 중 화재발생시 인명피해가 발생할 우려가 높다고 인정되는 것으로서 행정자치부령이 정하는 영업(전문개정 2001.3.20)

영 제 4조의 3 : 소방 · 방화시설 등의 종류(개정 2002.3.30)

1. 소방시설
   가. 소화설비 : 소화기(수동식 또는 자동식) · 소화약제에 의한 간이소화용구 · 간이 스프링클러설비
   나. 피난설비 : 유도등 및 유도표지 · 비상조명등 · 휴대용 비상조명등 · 피난기구
   다. 경보설비 : 비상벨설비 · 비상방송설비 · 가스누설경보기
2. 방화시설 : 방화문 · 비상구
3. 기타시설 : 영상음향차단장치 · 누전차단기 · 피난유도선(본조 신설 1997.9.27)

영 제 11조 : 특수장소의 방염 등

① 법 제11조제1항의 규정에서 "대통령령이 정하는 특수장소"라 함은 다음의 특수장소를 말한다.(개정 1994.7.20,1995.8.10, 1997.9.27, 2001.3.20, 2002.3.30)

1. 아파트를 제외한 건축물로서 층수가 11층 이상인 것
2. 안마시술, 헬스클럽장, 특수목욕장, 관람집회 및 운동시설(건축물의 옥내에 있는 것에 한하되, 수영장을 제외한다),일반숙박시설, 관광숙박시설, 종합병원, 정신병원, 방송국, 촬영소 및 전시장
3. 삭제(2001.3.20)
4. 제4조의2의 규정에 의한 다중 이용업
5. 청소년시설(숙박시설이 있는 시설에 한한다) 또는 노유자 시설

② 법 제11조제1항에서 "대통령령이 정하는 것"이라 함은 다음의 물품을 말한다.(개정 1997.9.27, 2002.3.30)

1. 커텐(종이류 · 합성수지류 또는 섬유류를 주원료로 한 물품으로서 창문이나 벽 등의 실내에 설치하는 막 · 암막 · 무대막 및 구획용 막을 말한다)
2. 실내장식물
3. 카페트 및 벽지류(벽포지 · 직물벽지 · 천연재료벽지 · 비닐벽지 또는 필름 등을 말하되, 종이벽지를 제외한다)
4. 칸막이용 합판(간이칸막이용을 포함한다), 전시용 합판 또는 섬유판, 대도구용 합판 또는 섬유판

③ 법 제11조제2항의 규정에 의한 방염성능의 기준은 다음 각 호의 수치안에서 물품의 종류에 따라 행정자치부장관이 정하여 고시한다.(개정 2002.3.30)

1. 버너의 불꽃을 제거한 때부터 불꽃을 올리며 연소하는 상태가 그칠 때까지 시간은 20초 이내
2. 버너의 불꽃을 제거한 때부터 불꽃을 올리지 아니하고 연소하는 상태가 그칠 때까지 시간은 30초 이내
3. 탄화한 면적은 50㎠이내, 탄화한 길이는 20㎠이내
4. 불꽃에 의하여 완전히 녹을 때까지 불꽃의 접촉횟수는 3회 이상
5. 행정자치부장관이 정하여 고시한 방법으로 발연량을 측정하는 경우 최대연기밀도는 400 이하

④ 관할소방서장은 제4조의2의 규정에 의한 다중이용업소, 숙박시설, 종합병원, 정신병원 및 노유자시설에서 사용하는 침구류, 소파 및 의자에 대하여 방염처리가 필요하다고 인정되는 경우에는 방염제품을 사용하도록 권장할 수 있다.(개정 2002.3.30)

⑤ 제2항의 규정에 의한 물품 중 제조과정에서 방염처리 되어지지 아니한 합판 또는 목재는 설치장소에서 방염을 위한 후처리를 할 수 있다.(신설 2002.3.30)

⑥ 제2항의 규정에 의한 물품 중 제4조의2의 규정에 의한 다중이용업소에 설치하는 실내장식물은 불연재료 또는 준불연재료로 설치하여야 한다. 다만, 합판 또는 목재로 설치한 실내장식물의 면적이 천장과 벽을 합한 면적의 10분의 3(스프링클러설비 또는 간이스프링클러설비가 설치된 경우에는 10분의 5) 이하인 경우와 폭 10㎝ 이하의 반자돌림대 등은 그러하지 아니하다.(신설 2002.3.30)

특수장소(제 3조 관련)

① 근린생활시설

1. 수퍼마케트일용품(식품 · 잡화 · 의류 · 완구 · 서적 · 건축자재 · 의약품류 등)등의 소매점으로서 동일한 건축물(동일구내에 2동이상의 건축물이 있는 경우에는 이를 동일한 건축물로 본다. 이하 같다)안에서 그 용도에 사용되는 바닥면적의 합계가 1000㎡미만인 것
2. 휴게음식점 · 일반음식점 · 기원 · 노래연습장 · 비디오물감상실 및 바닥면적의 합계가 150㎡미만인 단란주점
3. 이용원 · 미용원 · 일반목욕장 · 세탁소(공장이 부설된 것을 제외한다)

4. 의원 · 치과의원 · 한의원 · 침술원 · 접골원 · 조산소 · 안마시술소
5. 정구장 · 탁구장 · 볼링장 · 헬스크럽 · 체육도장 그 밖의 이와 비슷한 것으로 동일 건축물 안에서 그 용도에 사용하는 바닥면적의 합계가 500㎡미만인 것
6. 금융업소 · 사무소 · 부동산중개업소 · 결혼상담소등 그 밖의 이와 비슷한 것으로서 동일 건축물 안에서 그 용도에 사용되는 바닥면적의 합계가 500㎡미만인 것
7. 종교집회장으로서 동일한 건축물 안에서 그 용도에 사용되는 바닥면적의 합계가 300㎡미만인 것
8. 산업집적활성화 및 공장설립에 관한 법률 제28조의 규정에 의한 도시형 업종에 해당하는 공장인 제조업 · 수리점 그 밖의 이와 비슷한 것으로서 동일한 건축물 안에서 그 용도에 사용되는 바닥면적의 합계가 200㎡미만이고, 대기환경보전법, 수질환경보전법 또는 소음 · 진동규제법에 의한 배출시설(이하 "배출시설"이라 한다)의 설치허가를 요하지 아니하는 것
9. 당구장 · 성인용 및 청소년용 컴퓨터 게임장으로서 동일한 건축물 안에서 그 용도에 사용되는 바닥면적의 합계가 200㎡미만인 것
10. 사진관 · 표구점 · 학원(동일한 건축물 안에서 당해 용도에 쓰이는 바닥면적의 합계가 500㎡ 미만인 것에 한하며, 자동차운전학원 · 정비학원 및 무도학원을 제외한다) · 독서실 · 장의사 · 동물병원 · 총포판매소

② 위락시설

1. 유흥주점(근린생활시설에 해당하지 아니하는 단란주점 그 밖의 이와 비슷한 것을 포함한다)
2. 특수 목욕장
3. 당구장.유기장 그 밖의 이와 비슷한 것으로서 근린생활시설에 해당하지 아니하는 것
4. 투전기업소 및 카지노업소
5. 무도장 및 무도학원

③ 관람집회 및 운동시설

1. 공연장 : 극장 · 영화관 · 연예장 · 음악당 · 서커스장 그 밖의 이와 비슷한 것
2. 집회장 : 회의장 · 공회장 · 예식장 그 밖의 이와 비슷한 것
3. 관람장 : 운동경기관람장(운동시설에 해당하는 것을 제외한다) · 경마장 · 자동차 경주장 그 밖의 이와 비슷한 것
4. 체육관 · 운동장(육상 · 구기 · 수영 · 스케이트 · 승마 · 사격 · 궁도 · 골프 등의 운동장을 말한다)으로서 관람석의 바닥면적이 1000㎡미만인 것(제1항 제5호 또는 제9호에 해당하는 것을 제외한다)
5. 볼링장으로서 근린생활시설에 해당하지 아니한 것
6. 제4호의 규정에 의한 운동장에 부수되는 건축물

④ 판매시설

1. 도매시장 · 백화점
2. 소매시장 : 유통산업 발전법 시행령 제4조의 규정에 의한 시장 · 대규모소매점 그 밖의 이와 비슷한 것
3. 상점 : 동일 건축물 안에 복합되어 있는 제1항 제1호 내지 제4호 또는 제9호의 용도로 사용되는 시설의

바닥면적의 합계가 1000㎡이상인 것

⑤ 숙박시설

1. 일반숙박시설 : 호텔 · 여관 · 여인숙 · 모텔
2. 관광숙박시설.관광호텔.가족호텔.국민호텔.해상관광호텔.휴양콘도미니엄.한국형 호텔. 유스호스텔
3. 오피스텔(업무를 주로 하는 각 개별실에 일부 숙식을 할 수 있는 건축물을 말한다)

⑥ 노유자 시설

1. 아동시설 : 아동복지시설 · 유치원 · 새마을유치원 그 밖의 이와 비슷한 것
2. 노인시설 : 노인복지시설 · 경로당 그 밖의 이와 비슷한 것
3. 장애인시설 : 장애인재활시설 · 요양시설 · 이용시설 · 점자도서관
4. 그 밖의 다른 용도로 분류되지 아니한 사회복지시설

⑦ 의료시설

1. 일반병원 : 종합병원 · 병원 · 치과병원 · 한방병원 · 정신병원 · 요양소
2. 격리병원 : 전염병원 · 마약진료소 그 밖의 이와 비슷한 것

⑧ 아파트(주택건설촉진법시행령 제2조의 규정에 의한 아파트) 및 기숙사

⑨ 업무시설

1. 동사무소 · 경찰서 및 소방서의 파출소 · 우체국 · 보건소 · 공공도서관 그 밖의 이와 비슷한 것으로서 그 용도에 사용되는 바닥면적이 1000㎡미만인 것
2. 마을공회당 · 마을공동작업소 · 마을공동구판장 그 밖의 이와 비슷한 것
3. 발전소(변전소) · 양수장 · 정수장 · 대피소 그 밖의 이와 비슷한 것
4. 공공업무시설 : 국가 또는 지방자치단체의 청사 그 밖의 이와 비슷한 것으로서 제1호 내지 제3호에 해당하지 아니하는 것
5. 일반업무시설 : 금융업소 · 사무소 · 신문사 그 밖의 이와 비슷한 것으로서 제1항에 해당하지 아니하는 것

⑩ 통신촬영시설

1. 방송국
2. 전신전화국
3. 촬영소

⑪ 교육연구시설

1. 학교 : 초등학교 · 중학교 · 고등학교 · 전문대학 · 대학 · 대학교 그 밖의 이에 준하는 각종학교
2. 교육원(연수원 그 밖의 이와 비슷한 것을 포함한다)
3. 직업훈련소
4. 학원(동일한 건축물 안에서 당해 용도에 쓰이는 바닥면적의 합계가 500㎡이상인 것을 말하며, 자동차운전학원 · 정비학원 및 무도학원을 제외한다)
5. 연구소(연구소에 준하는 시험소 · 계량계측소를 포함한다)
6. 도서관

7. 청소년시설 : 생활권청소년시설 · 자연권청소년시설 그 밖의 이와 비슷한 것

⑫ 전시시설

1. 전시장 : 박물관 · 미술관 · 과학관 · 기념관 · 산업전시장 · 박람회장 그 밖의 이와 비슷한 것
2. 동 · 식물원 : 동물원 · 식물원 · 수족관 그 밖의 이와 비슷한 것

⑬ 공장

물품의 제조 · 가공(세탁 · 염색 · 도장 · 표백 · 재봉 · 건조 · 인쇄 등을 포함한다) 또는 수리에 계속적으로 이용되는 건축물로서 다음 각 호의 1에 해당하는 것. 다만, 근린생활시설 또는 위험물저장 및 처리시설에 해당하는 것을 제외한다.

1. 공해공장 : 배출시설의 설치허가를 받아야 하는 공장
2. 일반공장 : 제1호에 해당하지 아니하는 공장

⑭ 창고시설

위험물저장 및 처리시설에 해당하지 아니하는 건축물로 다음 각 호의 1에 해당하는 것

1. 창고(냉동창고를 포함한다)
2. 하역장

⑮ 운수자동차관련시설

1. 여객자동차터미널 및 화물터미널
2. 철도역사(정비창 등 관련시설을 포함한다)
3. 공항시설

3의2. 비행기격납고

4. 항만시설 및 종합여객시설
5. 주차용 건축물 및 차고
6. 세차장
7. 폐차장
8. 자동차검사장
9. 자동차 매매장
10. 자동차정비공장
11. 자동차 부속상
12. 자동차운전학원 · 정비학원
13. 주차장

• 관광휴게시설

1. 야외음악당
2. 야외극장
3. 어린이회관
4. 관망탑

5. 휴게소
6. 공원 · 유원지 또는 관광지에 부수되는 건축물
7. 군휴양시설

• 종교시설

1. 종교집회장 : 교회 · 성당 · 사찰 · 기도원 그 밖의 이와 비슷한 것으로서 제1항에 해당하지 아니하는 것
2. 수도장 : 수도원 · 수녀원 그 밖의 이와 비슷한 것

• 동식물관련시설

1. 축사
2. 가축시장
3. 도축장
4. 도계장
5. 동물검역소
6. 그밖에 이와 비슷한 동식물관련시설

• 위생 등 관련시설

1. 분뇨처리시설
2. 일반폐기물처리시설
3. 특정폐기물처리시설
4. 화장장
5. 납골당
6. 묘지에 부수되는 건축물
7. 장례식장

• 교정시설

1. 교도소(구치소 · 소년원 · 소년감별소를 포함한다)
2. 감화원 그 밖의 범죄자의 갱생 · 보호 · 교육 · 보건 등의 용도에 사용하는 것

• 위험물저장 및 처리시설

1. 위험물제조소등
2. 가스시설산소 또는 가연성가스를 제조 · 저장 또는 취급하는 시설 중 지상에 노출된 산소 또는 가연성가스 탱크의 저장용량의 합계가 100톤 이상이거나 저장용량이 30톤 이상인 탱크가 있는 가스시설로서 다음 각목의 1에 해당하는 것

가. 가스제조시설
(1) 고압가스안전관리법 제4조제1항의 규정에 의한 고압가스의 제조허가를 받아야 하는 시설
(2) 도시가스사업법 제3조의 규정에 의한 도시가스사업허가를 받아야 하는 시설

나. 가스저장시설
(1) 고압가스안전관리법 제4조제3항의 규정에 의한 고압가스의 저장허가를 받아야 하는 시설

(2) 액화석유가스의 안전 및 사업관리법 제5조제1항의 규정에 의한 액화석유가스의 저장허가를 받아야 하는 시설

다. 가스취급시설액화석유가스의 안전 및 사업관리법 제3조제1항의 규정에 의한 액화석유가스 충전사업 또는 액화석유가스집단공급사업의 허가를 받아야 하는 시설

- 지하가지하의 공작물 안에 설치되어 있는 점포 · 사무실 그 밖의 이와 비슷한 시설로서 연속하여 지하도에 면하여 설치된 것과 그 지하도를 합한 것

1. 지하상가
2. 터널 : 지하 · 해저 또는 산을 뚫어서 차량(궤도차량용을 제외한다)등의 통행을 목적으로 만든 것

- 지하구전력 · 통신용의 전선이나 가스 · 냉난방용의 배관 또는 이와 비슷한 것을 집합 수용하기 위하여 설치한 지하공작물로서 사람이 점검 또는 보수하기 위하여 출입이 가능한 것 중 내무부령이 정하는 것
- 문화재문화재보호법에 의하여 문화재로 지정된 건축물
- 복합건축물하나의 건축물 안에 제1항 내지 제22항 중 2이상의 항의 용도로 사용되는 것. 다만, 관계법령에서 주된 용도의 부수시설로서 그 설치를 의무화하고 있는 때에는 그러하지 아니한다.

2.4 공중위생법(公衆衛生法)

- 법 : 일부 개정(99.1.21) 법률 제5654호(관광진흥법)
- 시행령 : 일부개정(98.8.11) 대통령령 제15864호(행정권한의 위임 및 위탁에 관한 규정)
- 시행규칙 : 일부개정(97.12.17) 보건복지부령 제56호

위생접객업

법 제 2조 : 용어의 정의

구 분	용어의 정의
숙박업	숙박에 필요한 시설 및 설비를 갖추고 손님을 숙박시키는 영업
목욕장업	목욕에 필요한 시설 및 설비를 갖추고 손님으로 하여금 목욕을 하게 하는 영업
이용업	손님의 머리카락 및 수염을 깎거나 다듬는 등의 방법으로 손님의 용모를 단정하게 하는 영업
미용업	손님의 얼굴, 머리, 피부 등을 손질하여 외모를 아름답게 꾸미는 영업

영 제 3조 : 위생접객업의 세분

구 분	종류	구 분	종류
숙박업	가. 호텔업 나. 관광진흥법에 의한 휴양콘도미니엄 다. 여관업 라. 농어촌 정비법에 의한 농원여관업 마. 여인숙업	목욕장업	3) 한증막업 나. 특수목욕장업 1) 사우나탕업 2) 증기탕업 3) 복합목욕탕업 (헬스클럽과 연계, 운영되는 목욕탕업을 말한다.)
목욕장업	가. 일반 목욕장업 1) 공동탕업 2) 가족탕업	유기장업	가. 컴퓨터 게임장업 : 전자유기기구 또는 체력용유기기구를 설치 가.운영하는 유기장업 나. 종합유원시설업 , 기타 유기장업 : 생략

법 제 3조 : 시설기준 등

1. 위생접객업 및 위생관련 영업을 하는 자는 영업의 종류별로 복지부령이 정하는 시설 및 설비를 갖추고 이를 유지, 관리하여야 한다.
2. 시장, 군수, 구청장(자치구의 구청장에 한한다. 이하 같다.)은 위생접객 업소에 대하여 보건복지부령이 정하는 바에 의하여 영업 종류별로 그 시설 및 위생상태 등을 기준으로 하여 등급을 정할 수 있다.

규 제 2조 : 시설기준(공중위생법)

제3조 1항의 규정에 의한 위생접객업 및 위생관련 영업의 시설 및 설비기준은 별표 1과 같다.

별표 1 : 위생접객업 및 위생관리영업의 시설 및 설비기준

▲숙박업

가. 호텔업

구 분	시설 및 설비기준
객 실	(1) 30실 이상이어야 한다. (2) 다음의 시설 및 설비를 하여야 한다. (가) 1객실의 바닥면적은 7㎡이상이어야 한다. (나) 냉 · 온수도전, 욕조, 세면대, 샤워시설 및 수세식 변기를 설치한 욕실이 있어야 한다. (다) 냉 · 난방시설을 설치하여야 한다.

구 분	시설 및 설비기준
기타시설	(1) 접객대 및 로비시설을 설치하여야 한다. (2) 식품위생령이 정하는 바에 의하여 일반음식점을 설치하여야 한다. (3) 건축법령이 정하는 바에 의하여 채광 및 환기시설을 하여야 한다. (4) 조명, 방습, 방충 및 배수시설을 설치하여야 한다. (5) 주차장 법령이 정하는바에 의하여 주차장을 설치하여야 한다.

나. 관광진흥법에 의한 휴양 콘도미니엄

구 분	시설 및 설비기준
객 실	(1) 동일 단지 안에 50실 이상이 있어야 한다. (2) 세대당 전용면적이 25㎡이상이어야 한다. (3) 냉 · 온수도전, 욕조, 세면대, 샤워시설 및 수세식 변기를 설치한 욕실이 있어야 한다. (4) 취사용구, 싱크대 및 냉장고를 비치하고 냉.온수를 바꾸어 쓸 수 있는 급수설비와 환기시설을 갖춘 조리장을 설치하여야 한다. (5) 냉 · 난방시설을 설치하여야 한다. 다만, 기후조건상 냉방시설이 필요하지 않다고 인정하는 때는 선풍기를 설치할 수 있다.
기타설비	(1) 1,653제곱미터 이상의 대지를 확보하여야 한다. (2) 접객대를 설치하여야 한다. (3) 식품위생령이 정하는 바에 의하여 일반음식점을 설치하여야 한다. (4) 식료품점 또는 간이매점이 있어야 한다. (5) 건축법령이 정하는 바에 의하여 채광 및 환기시설을 하여야 한다. (6) 조명, 방습, 방충 및 배수시설을 설치하여야 한다. (7) 주차장 법령이 정하는바에 의하여 주차장을 설치하여야 한다.

다. 여관업 및 농원여관업

구 분	시설 및 설비기준
객 실	(1) 10실(농원여관업과 읍.면의 지역은 7실) 이상이어야 한다. (2) 다음의 시설 및 설비를 하여야 한다. (가) 1객실 바닥면적은 6㎡(농원여관업은 10㎡)이상이어야 한다. (나) 출입문 및 창은 잠금장치를 설치하여야 한다. (다) 농원여관업의 경우 객실 내에 취사용구, 싱크대 및 냉장고를 비치하고 냉.온수를 바꾸어 쓸 수 있는 급수설비와 환기시설을 (다) 갖춘 조리장을 설치하여야 한다. (라) 객실 내에 욕실을 설치하는 경우에는 냉.온수도전 수세식 변기 를 설치하여야 한다.
기타시설	(1) 접객대를 설치하여야 한다. (2) 공동취사장을 설치하는 경우에는 다음의 시설을 갖추어야 한다.

구 분	시설 및 설비기준
기타시설	(가) 벽 또는 판자 등에 의하여 다른 실과 구획되어야 한다. (나) 출입구, 외부와 접하는 창 등에는 방충설비를 하여야 한다. (다) 배수구를 설치하고 외부에 오수조를 설치하여야 한다. (라) 매연, 증기 및 악취를 제거할 수 있는 설비를 하여야 한다. (3) 객실 내에 욕실을 설치하지 않는 경우에는 다음 시설을 설치해야 한다. (가) 남녀별로 구분된 공동욕실 또는 샤워시설 (나) 각 층에 남녀별로 구분된 수세식 화장실, 다만, 상하수도 시설이 되어 있지 않은 지역에서는 객실의 건물에서 떨어진 곳에 남녀별로 구분하여 수세식이 아닌 화장실을 설치할 수 있다. (다) 각 층에는 세면시설을 갖추어야 한다. (4) 건축법령이 정하는 바에 의하여 채광 및 환기시설을 하여야 한다. (5) 조명, 방습, 방충 및 배수시설을 설치하여야 한다.

라. 여인숙업

구 분	시설 및 설비기준
객 실	(1) 바닥면적의 합계가 33㎡이상이어야 한다. (2) 객실을 개실로 구획할 경우, 1객실 면적은 4㎡이상이어야 한다. (3) 출입문 및 창은 잠금장치를 설치하여야 한다.
기타시설	(1) 다음의 시설 및 설비를 설치하여야 한다. (가) 공동욕실 또는 샤워시설 (나) 수세식 화장실, 다만, 상.하수도 시설이 되어있지 않은 지역에서는 객실의 건물에서 떨어진 곳에 남녀별로 구분하여 수세식이 아닌 화장실을 설치할 수 있다. (다) 세면시설 (2) 공동취사장을 설치하는 경우에는 다음의 시설을 갖추어야 한다. (가) 벽 또는 판자 등에 의하여 다른 실과 구획되어야 한다. (나) 출입구, 외부와 접하는 창 등에는 방충설비를 하여야 한다. (다) 배수구를 설치하고 외부에 오수조를 설치하여야 한다. (라) 매연, 증기 및 악취를 제거할 수 있는 설비를 하여야 한다. (3) 건축법령이 정하는 바에 의하여 채광 및 환기시설을 하여야 한다. (4) 조명, 방습, 방충 및 배수시설을 설치하여야 한다.

▲목욕장업

가. 일반목욕장업

(1) 공동탕업

구 분	시설 및 설비기준
구 조	남자목욕장 및 여자목욕장을 설치하여야 하며, 현관, 탈의실 및 욕실은 각각 남녀별로 구별하여야 한다.
욕 실	(1) 바닥면적은 26㎡이상이어야 한다. (2) 바닥은 콘크리트로 하되, 그 표면은 도자기질 재료 · 돌 · 인조석 등 내수재료로 마무리해야 한다. (3) 바닥면적의 1/20에 상당하는 면적 이상의 환기를 위한 창문을 설치하여야 한다. 다만, 시설의 구조상 이 기준에 의한 설비가 곤란할 때에는 기계환기설비에 의할 수 있다. (4) 벽과 천장은 열기와 습기에 내구성이 있는 재료를 사용해야 한다. (5) 오수의 배출구를 설치하여 욕실 안에서 사용한 물의 배출이 용이하도록 하고, 오수조는 옥외에 설치하되, 오수조 안에 악취의 발산, 오수의 침수 등을 방지할 수 있는 배수재료를 사용한 설비를 하여야 한다. (6) 냉 · 온수도전 및 냉 · 온수를 쓸 수 있는 샤워시설을 각각 2개 이상 설치하여야 한다. (7) 발한실을 설치할 경우 그 바닥면적은 욕실 바닥면적의 1/5에 상당하는면적이하로 하고, 실내가 보일 수 있도록 하여야 한다. (8) 욕조를 설치하여야 하며 그 바닥면적은 3.3㎡(읍 · 면 지역은2㎡)이상이어야 한다. (9) 욕조의 상단에 냉 · 온수도전을 설치하여 입욕자가 편리하게 사용할 수 있도록 하여야 한다. 다만, 자동으로 수위가 조절되는 경우에는 예외로 한다.
탈의실 및 휴식실	(1) 탈의실의 바닥면적은 18㎡제곱미터 이상이어야 한다. (2) 탈의실의 바닥은 양탄자를 사용하여서는 안된다. (3) 탈의실에는 입욕자의 의류 및 휴대품을 안전하게 보관할 수 있도록 잠금장치를 부착한 옷장을 설치하여야 한다. (4) 탈의실에는 바닥면적 1/20에 상당하는 면적 이상의 환기 및 채광을 위한 창문을 설치하여야 한다. (5) 탈의실 안에 입욕을 위한 편의시설을 설치하는 경우에는 입욕자가 옷을 벗고 입는데 지장이 없도록 하여야 한다. (6) 탈의실에는 입욕자를 위한 세면대를 설치하여야 한다. (7) 휴식실을 설치하는 경우에는 다음의 기준에 적합하여야 한다. (가) 바닥면적은 18㎡이상이어야 한다. (나) 탈의실과 별개의 시설로 하여야 한다. (다) 밀실 또는 개실로 구획되어서는 아니 된다.
화장실	(1) 탈의실과 연결되도록 하되, 수세식으로 하여야 한다. (2) 악취를 제거하기 위하여 외부와 접하는 창문 또는 기계환기설비를 설치하여야 한다.
기 타 부대시설	(1) 입욕자의 신발을 넣어 보관할 수 있는 신발장을 설치하여야 한다. (2) 폐수열 회수장치 등 에너지 절약기기를 설치하여야 한다. (3) 요수조를 순환 여과시키는 경우에는 자동유입기에 의한 염소소독 장치를 설치하여야 한다. (4) 조명시설을 설치하여야 한다.

(2)한증막업

구 분	시설 및 설비기준
구 조	남자목욕탕 및 여자목욕탕을 설치하는 경우에는 현관 · 탈의실 및 욕실을 각각 남녀별로 따로 설치하여야 한다.
한증막	(1) 바닥면적은 16㎡(읍 · 면지역은 13㎡)이상이어야 한다. (2) 한증막은 나무연료를 사용하여 그 화력에 의한 열로 벽면을 가열하여 한증하는 시설로서 내화벽돌 등 내화성 재료로 반원추형으로 축조하되, 두께는 60㎝이상이어야 한다. (3) 한증막의 출입문은 높이 1m, 폭 80㎝이상으로 하되, 내부를 볼 수 있어야 한다.
욕 실	(1) 바닥면적은 26㎡(읍 · 면지역은 16㎡)이상이어야 한다. (2) 온수욕조 및 냉수욕조를 설치하여야 하며, 그 바닥면적은 각각 3.3㎡이상이어야 한다. (3) 냉 · 온수도전 및 냉 · 온수를 쓸 수 있는 샤워시설을 각각 2개 이상 설치하여야 한다. (4) 공동탕업의 욕실의시설 및 설비기준(2)내지는(4)에 의한 시설 및 설비를 설치하여야 한다.
탈의실 및 휴식실	(1) 탈의 및 휴식실 바닥면적은 26㎡(읍 · 면지역은 16㎡)이상이어야 한다. (2) 탈의실에는 자연섬유에 의한 포대를 비치하여야 한다. (3) 휴식실을 설치하는 경우 탈의실과 별개의 시설로 하여야 하며,밀실 또는 개실로 구획되어서는 안된다. (4) 공동탕업의 탈의실 및 휴식실의 설비기준(2)내지는(4)에 의한 시설 및 설비를 설치하여야 한다.
화장실	공동탕업의 화장실의 시설 및 설비기준에 의한 시설 및 설비를 설치하여야 한다.
기 타 부대시설	(1) 입욕자의 신발을 넣어 보관할 수 있는 신발장을 설치하여야 한다. (2) 재 및 연소진 처리장은 재 등이 날리는 것을 방지할 수 있는 시설을 갖추어야 한다. (3) 조명시설을 설치하여야 한다.

(3) 가족탕업

구 분	시설 및 설비기준
구 조	가족탕은 개실로 구획 설치하되, 욕실과 탈의실을 구분하여야 한다.
욕 실	욕조, 세면대, 냉 · 온수도전, 냉 · 온수를 쓸 수 있는 샤워시설을 설치하여야 하며, 공동탕업의 욕실시설 및 설비기준(2)내지(4)에 의한 시설 및 설비를 설치하여야 한다.
탈의실	탈의실의 바닥면적은 10㎡이상이어야 하며, 공동탕업의 탈의실 시설 및 설비기준(2)내지(4)에 의한 시설 및 설비를 설치하여야 한다.
화장실	수세식으로 하고 악취를 제거하기 위하여 외부와 접하는 창문 또는 기계환기설비를 설치하여야 한다.
기타시설	조명시설을 설치하여야 한다.

나. 특수목욕장업

(1) 복합목욕탕업

구 분	시설 및 설비기준
구 조	헬스클럽으로 바닥면적이 100㎡이상인 것에 한 한다.
욕 실	(1) 바닥면적은 26㎡이상이어야 한다. (2) 바닥면적의 1/20에 상당하는 면적 이상의 환기를 위한 창문을 설치하여야 한다. 다만, 시설의 구조상 이 기준에 의한 설비가 곤란할 때에는 기계환기설비에 의할 수 있다. (3) 탈의실의 바닥면적은 18㎡제곱미터 이상이어야 한다. 다만, 탈의실 또는 화장실은 연계되는 헬스클럽을 위하여 별도로 설치되어 있는 경우에는 예외로 한다.

(2) 사우나탕업

구 분	시설 및 설비기준
구 조	(1) 공중위생법에 의한 숙박업소(관광진흥법에 의한 관광호텔을 제외한다.)가 있는 건축물안에는 개설할 수 없다. (2) 남자목욕탕 및 여자목욕탕을 설치하여야 하며, 현관, 탈의실 및 욕실은 각각 남녀별로 구별하여야 한다.
욕 실	(1) 바닥면적은 70㎡이상이어야 한다. (2) 냉 · 온수도전 및 냉 · 온수를 쓸 수 있는 샤워시설을 각각 6개 이상 설치하여야 한다. (3) 발한실을 설치해야 하며 그 바닥면적은 욕실 바닥면적의 1/5에 상당하는 면적이하로 하고, 실내가 보일 수 있도록 하여야 한다. (4) 온수욕조 및 냉수욕조를 설치하여야 하며 그 바닥면적은 3.3㎡이상이어야 한다.
욕실	(5) 욕조의 상단에 냉.온수도전을 설치하여 입욕자가 편리하게 사용할 수 있도록 하여야 한다. 다만, 자동으로 수위가 조절되는 경우에는 예외로 한다. (6) 공동탕업의 욕실시설 및 설비기준(2)내지(4)에 의한 시설 및 설비를 설치하여야 한다.
탈의실 및 휴식실 안마실	(1) 탈의실의 바닥면적은 70㎡제곱미터 이상이어야 한다. (2) 휴식실을 설치하는 경우 그 설치는 탈의실 또는 안마실과 별개의 시설로 하여야 하며, 그 바닥면적은 50㎡이상으로 하되, 밀실 (2) 또는 개실로 구획되어서는 아니 된다. (3) 안마실을 설치하는 경우 그 설치는 탈의실 및 휴식실과 별개의 시설로 하여야 하며, 그 바닥면적은 33㎡ 이상으로 하되, 밀실 (2) 또는 개실로 구획되어서는 아니 된다. (4) 공동탕업의 탈의실 및 휴식실의 시설 및 설비기준(3)내지(7)에 의한 시설 및 설비를 설치하여야 한다.
화장실 기타시설	공동탕업의 화장실 및 기타 부대시설의 시설 및 설비기준에 의한 시설 및 설비를 설치하여야 한다.

(3) 터키탕업

구 분	시설 및 설비기준
구 조	관광진흥법에 의한 관광호텔에 한하여 설치할 수 있으며 개실로 구획되어야 한다.
욕 실	(1) 바닥면적은 6.6㎡이상이어야 한다. (2) 욕조, 옷장, 세면대 및 냉 · 온수도전을 설치하여야 한다. (3) 공동탕업의 욕실시설 및 설비기준(2)내지(4)에 의한 시설 및 설비를 설치하여야 한다. (4) 한증함을 설치하되, 그 내부는 입욕자가 증기배출구와 직접 접하지 않는 구조로 하여야 한다. (5) 공동발한실을 설치하는 경우에는 욕실바닥면적의1/5에 상당하는 면적 이상으로 하고, 실내가 보일 수 있어야 한다. (6) 욕실의 출입문은 1.8m 이상, 폭 0.7m이상으로 하고, 출입문의 하단으로부터 1.2m의 높이에 가로 및 세로 각각 50㎝ 이상의 (2) 유리를 부착하여 내부가 보이도록 하여야 한다.
화장실 기타시설	(1) 욕실이 설치되어 있는 각 층에 남녀별로 구분하여 수세식으로 설치하되, 악취를 제거하기 위하여 외부와 접하는 창문 또는 기계환기설비를 설치하여야 한다. (2) 조명시설을 설치하여야 한다.

▲이용업

구 분	시설 및 설비기준
구 조	(1) 업소의 바닥은 내수재료로 하여야 한다. (2) 업소의 바닥면적은 10㎡이상이어야 한다. 다만, 공동탕업소 안에 설치하는 경우에는 8㎡이상이어야 한다.
작업실	(1) 세면 또는 세발시설은 내수재료로 하고 배수가 잘 되도록 하여야 한다. (2) 채광 및 환기가 잘 되도록 창을 설치하여야 한다. 다만, 시설의 구조상 창의 설치가 곤란한 경우에는 필요한 기계설비를 설치하여 환기가 잘 되도록 하여야 한다. (3) 조명시설을 설치하여야 한다. (4) 소독을 한 기구와 소독을 하지 않은 기구를 구분하여 보관할 수 있는 용기를 비치하여야 한다. (5) 소독기, 자외선 살균기 등 이용기구를 소독하는 장비를 갖추어야 한다. (6) 응접장소 및 작업장소 또는 의자 및 의자를 구획하는 커튼, 칸막이와 같은 장애물을 설치하여서는 안된다. (7) 작업장소에 별실, 기타 이와 유사한 시설을 설치하여서는 안된다. (8) 업소의 내부가 외부에서 보일 수 있도록 하여야 한다.
화장실	화장실(상 · 하수도가 설치되어 있는 지역에 있어서는 수세식 화장실)을 설치하여야 한다. 다만, 동일한 건물 안에 공동으로 사용하는 화장실이 있는 경우에는 예외로 한다.
기 타 위생시설	폐기물용기는 내수성이 있는 재료로 된 것으로 뚜껑이 있어야 한다.

▲미용업

구 분	시설 및 설비기준
구 조	이용업의 구조시설 및 설비기준에 의한 시설과 설비를 갖추어야 한다.
작업실	(1) 세면 또는 세발시설은 내수재료로 하고 배수가 잘 되도록 하여야 한다. (2) 소독을 한 기구와 소독을 하지 않은 기구를 구분하여 보관할 수 있는 용기를 비치하여야 한다. (3) 소독기, 자외선 살균기 등 이용기구를 소독하는 장비를 갖추어야 한다.
화장실	화장실을 설치하여야 한다. 다만, 동일한 건물 안에 공동으로 사용하는 화장실이 있는 경우에는 예외로 한다.
위생시설	폐기물용기는 내수성이 있는 재료로 된 것으로 뚜껑이 있어야 한다.

▲컴퓨터 게임장

구 분	시설 및 설비기준
구 조	(1) 독립된 건축물이거나 타 용도의 시설과 완전히 구획되어야 한다. (2) 바닥면적은 40㎡이상이어야 하고, 1/4이상을 휴식장소, 통로 및 환전장소로 활용할 수 있어야 한다. (3) 바닥은 내수재료로 시설하여야 한다. (4) 유기시설 또는 유기기구는 안전하고 견고하게 설치하여야 한다. (5) 바닥면적의 1/20에 상당하는 면적 이상의 환기를 위한 창문을 설치하여야 한다. 다만, 시설의 구조상 이 기준에 의한 설비가 곤란할 때에는 기계환기설비에 의할 수 있다.

구 분	시설 및 설비기준
게임장 및 전자 유기기구	(1) 전자유기기구는 전기용품안전관리법에 의한 형식승인 등을 받은 완전한 완제품 또는 부분품을 설치하여야 한다. (2) 전자비디오 오락기구는 알.오.엠(ROM) 기억소자만 장치되어 새로운 입력을 할 수 없고 기억된 게임만 할 수 있는 것이어야 한다. (3) 전자 유기기구의 상자 및 화면 덮개는 안전한 재질을 사용하고 피막처리 등을 하여 유기기구의 작동시 정전기가 일어나지 않도록 안정하게 제작되어야 한다. (4) 전자유기기구의 화면에는 유기기구의 작동시 전자파로부터 이용자의 눈을 보호할 수 있는 보안경 등 자외선 차단장치를 부착하여야 한다. (5) 업소의 내부가 외부에서 보일 수 있도록 하여야 한다. (6) 조명시설을 설치하여야 한다. (7) 유기기구로부터 발생되는 음향이 영업장 밖에서 들리지 않도록 방음장치를 설치하여야 한다. (8) 유기기구 또는 그 부분품은 도박성 또는 사행성이 없는 것으로서 보건복지부장관이 고시한 기준에 적합하여야 하며, (3) 법 제 12조의 규정에 의한 검사를 받은 것이어야 한다. (9) 1개소 이상의 세면시설 및 화장실을 각각 설치하여야 한다. 다만, 동일한 건물 내에 공동으로 사용할 수 있는 화장실이 있는 경우에는 예외로 한다.

2.5 식품위생법(食品衛生法)

- 법 : 일부 개정(99.1.21) 법률 제5671호(한국보건산업진흥원법)
- 시행령 : 일부개정(98.9.14) 대통령령 제15889호 제7조(영업의 종류)
- 시행규칙 : 일부개정(2000.8.8) 보건복지부령 제83호

식품접객업

법 제 21조 : 시설기준

① 다음의 영업을 하고자 하는 자는 보건복지부령이 정하는 시설기준에 적합한 시설을 갖추어야 한다.1. 식품 또는 식품첨가물의 제조업, 가공업, 운반업, 판매업 및 보존업2. 기구 또는 용기, 포장의 제조업 3. 식품접객업

② 제1항 각 호 규정에 의한 영업의 세부 종류와 그 범위는 대통령령으로 한다.

영 제 7조 : 식품접객업의 세분

구 분	시설 및 설비기준
휴 게	음식영업 음식류를 조리 판매하는 영업으로서 음주행위가 허용되지 않는 영업(주로 다류를 조리, 판매하는 다방 및 주로 빵, 떡,과자, 아이스크림류를 제조 판매하는 과자점 형태의 영업을 포함한다.) 다만, 편의점, 슈퍼마켓, 휴게소, 기타 음식류를 판매하는 장소에서 컵라면, 1회용 다류, 기타 음식류에 뜨거운 물을 부어주는 경우를 제외한다.
일 반 음식영업	음식류를 조리, 판매하는 영업으로서 식사와 함께 부수적으로 음주행위가 허용되는 영업
단란주점 영 업	주로 주류를 조리, 판매하는 영업으로서 손님이 노래를 부르는 행위가 허용되는 영업
유흥주점 영 업	주로 주류를 조리, 판매하는 영업으로서 유흥종사자를 두거나 유흥시설을 설치할 수 있고 손님이 노래를 부르거나 춤을 추는 행위가 허용되는 영업

규 제 20조 업종별 시설기준 중 식품접객업의 시설기준

공통시설기준

구 분	시설 및 설비기준
영업장	(가) 독립된 건물이거나 식품접객업의 영업허가 또는 영업신고를 한 업종이외의 용도로 사용되는 시설과 분리되어야 한다. 다만, 일반음식점에서 축산물가공처리법시행령 제21조 제6호 가목의 식육판매업의 영업을 하고자 할 경우에는 예외로 한다. (다) 영업장은 연기. 유해가스 등의 환기가 잘되도록 하여야 한다. (라) 음향 및 반주시설을 설치하는 영업자는 영업장 내부의 노래 소리 등이 외부에 들리지 않도록 방음장치를 하여야 한다. (마) 공연을 하고자 하는 휴게음식점, 일반음식점, 단란주점의 영업자는 무대시설을 영업장 안에 객석과 구분되게 설치하되, 객실 안에 설치하여서는 안된다.
조리장	(가) 조리장은 손님이 그 내부를 볼 수 있는 구조로 되어 있어야 한다. 다만, 영 제7조 제8호 가목의 규정에 의한 휴게음식점의 영업중 과자점 형태의 영업소로서 동일 건물 안에 조리장을 설치하는 경우와 관광진흥법 시행령 제2조 제2호 가목의 규정에 의한 관광호텔 조리장의 경우는 예외로 한다. (나) 조리장 바닥에 배수구가 있는 경우에는 덮개를 설치하여야 한다. (다) 조리장 안에는 취급하는 음식을 위생적으로 조리하기 위하여 필요한 조리시설, 세척시설, 폐기물 용기 및 손 씻는 시설을 각각 설치하여야 하고 폐기물 용기는 오물, 악취 등이 누출되지 않도록 뚜껑이 있고 내수성 재질로 된 것이어야 한다. (라) 1인의 영업자가 동일건물 안의 통로를 출입구로 하여 2종 이상의 식품접객업의 영업을 하고자 하는 경우와 일반음식점 영업자가 당해 업소와 직접 접한 장소에서 도시락을 제조하는 즉석판매제조. 가공업의 영업을 하고자 하는 경우에는 하나의 조리장을 공동으로 사용할 수 있다. (마) 조리장에는 주방용 식기류를 소독하기 위한 자외선 또는 전기살균 소독기를 설치하거나 열탕세척소독시설을 갖추어야 한다.

구 분	시설 및 설비기준
조리장	(바) 충분한 환기를 시킬 수 있는 시설을 갖추어야 한다. 다만, 자연적으로 통풍이 가능한 구조의 경우는 예외로 한다. (아) 식품 등의 기준 및 규격 중 식품별 보존 및 보관기준에 적합한 온도가 유지될 수 있는 냉장시설 또는 냉동시설을 갖춰야 한다.
급수시설	(가) 수돗물이나 먹는 물 관리법 제5조의 규정에 의한 수질기준에 적합한 지하수 등을 공급할 수 있는 시설을 갖추어야 한다. (나) 지하수를 사용하는 경우 취수원은 화장실, 폐기물 처리시설, 동물 사육장 기타 지하수가 오염될 우려가 있는 장소로부터 영향을 받지 않는 곳에 위치하여야 한다.
화장실	(가) 화장실은 콘크리트 등으로 내수처리를 하여야 한다. 다만, 공중화장실이 설치되어 있는 역, 터미널, 유원지 등에 위치하는 업소, 공동화장실이 설치된 건물 내에 있는 업소 및 인근에 사용하기 편한 화장실이 있는 경우에는 따로 화장실을 설치하지 않을 수 있다. (나) 화장실은 조리장에 영향을 미치지 않는 장소에 설치하여야 한다. (다) 정화조를 갖춘 수세식화장실을 설치하여야 한다. 다만, 상.하수도가 되지 않는 지역에는 수세식이 아닌 화장실을 설치할 수 있다. (라) (다)단서의 규정에 의하여 수세식이 아닌 화장실을 설치하는 경우에는 변기의 뚜껑과 환기시설을 갖추어야 한다.
공통시설 기준의 적용특례	(나) 백화점, 슈퍼마켓 등에서 휴게음식점영업을 병행하고자 하는 경우와 음식물을 전문으로 조리하여 판매하는 백화점 등의 일정 장소(식당가를 말한다.)에서 일반음식점 또는 휴게음식점영업을 하고자 하는 경우로서 위생상 위해 발생의 우려가 없다고 인정되는 경우에는 각 영업소와 영업소 사이를 분리 또는 구획하는 별도의 차단벽이나 칸막이 등을 설치하지 않을 수 있다.

업종별 시설기준

1. 휴게음식점영업 및 일반음식점영업

시설 및 설비기준
(가) 일반음식점의 객실에는 잠금장치를 설치할 수 없다. (나) 휴게음식점에는 객실을 둘 수 없으며, 객석에는 1.5m미만의 칸막이(이동식 또는 고정식)를 설치할 수 있다. 이 경우 2면 이상을 완전히 차단하지 않아야 하고 다른 객석에서 내부가 서로 보이도록 하여야 한다. (다) 기차, 선박, 자동차 또는 수상구조물로 된 유선장이나 도선장을 이용하는 경우 다음의 시설을 갖추어야 한다. ① 1일 영업시간에 사용할 수 있는 충분한 양의 물을 저장할 수 있는 내구성 있는 식수 탱크 ② 1일의 영업시간에 발생할 수 있는 음식물 찌꺼기 등을 처리하기에 충분한 크기의 오물통 및 폐수 탱크 ③ 음식물의 재료(원료)를 위생적으로 보관할 수 있는 시설 (라) 일반 음식점 중 그 영업소가 지하층에 위치하고 있는 것으로 소방법 시행령 제4조 2의 일반 규정에 의한 영업장으로 사용하는 바닥면적의 합계가 66㎡ 이상 업소의 경우에는 소방법령이 정하는 소방. 방화시설을 갖추어야 한다. (마) 휴게음식점 및 일반음식점의 영업장에는 손님이 이용할 수 잇는 자막용 영상장치 또는 자동반주장치를 설치하여서는 안된다. (바) 일반음식점의 객실 안에는 무대장치, 음향 및 반주시설, 우주볼 등의 특수조명시설을 설치하여서는 안된다.

2. 단란주점영업

시설 및 설비기준
(나) 영업장 안에 객실이나 칸막이 등을 설치하고자 하는 경우에는 다음의 기준에 적합하여야 한다. ① 객실을 설치하는 경우 주된 객장의 중앙에서 객실의 내부가 전체적으로 훤하게 보일 수 있도록 투명한 유리로만 설비하여야 하며, 통로형태 또는 복도형태로 설비하여서는 안된다. ② 객실로 설치할 수 있는 면적은 객석면적의 1/2를 초과할 수 없다. ③ 주된 객장 안에는 높이 1.5m미만의 칸막이(이동식 또는 고정식)를 설치할 수 있다. 이 경우 2면 이상을 완전히 차단하지 않아야 하고 다른 객석에서 내부가 서로 보이도록 하여야 한다. (다) 객실에는 장금장치를 설치할 수 없다. (바) 소방법령이 정하는 소방 · 방화시설 등을 갖추어야 한다.

3. 유흥주점영업

시설 및 설비기준
(나) 객실에는 장금장치를 설치할 수 없다. (라) 소방법령이 정하는 소방 · 방화시설 등을 갖추어야 한다.

2.6 풍속영업의 규제에 관한 법률

- 법 : 일부 개정(99.3.31) 법률 제5942호
- 시행령 : 일부개정(97.12.31) 대통령령 제15598호(행정절차법의 시행에 따른 관세법 시행령 등의 개정령)
- 시행규칙 : 일부개정(97.12.2) 내무부령 제723호(소방법시행규칙)

풍속영업

영 제 8조 : 풍속영업의 신고

① 법 제5조 제 1항의 규정에 의한 풍속영업을 영위하고자 하는 자는 제 2항의 규정에 의한 시설을 갖추어 경찰서장에게 신고하여야 한다.

② 법 제 5조 제 2항에 의한 풍속영업의 시설기준은 별표 1과 같으며, 시설의 세부 기준 및 기타 시설에 관하여 필요한 사항은 내무부령으로 정한다.

별표 1 : 풍속영업의 시설기준시설

업종 \ 시설	시설구분	시설기준
만 화 대여업	면 적	바닥면적이 9.9㎡이상이어야 한다.
	조명시설	바닥의 조도가 300lx이상이 되도록 하여야 한다.
	환기시설	환기가 잘 되도록 하여야 한다.
	독서시설	독서에 필요한 의자 등을 갖추어야 한다.
무도학원	면 적	바닥면적이 66㎡이상이어야 한다.
	조명시설	바닥의 조도가 100lx이상이 되도록 하여야 하며, 촉광을 조절하는 장치를 하여서는 안된다.
	소음방지시설	소음방지를 위한 적합한 방음시설을 하여 시설소리가 밖으로 나오지 않도록 하여야 한다.
	바닥시설	목재마루로 하고 마루 밑에 받침을 두어 탄력성 있게 하여야 한다.
	환기시설	환기가 잘되도록 하여야 한다.
무도장업	면적	바닥면적이 특별시 및 광역시의 경우에는 330㎡이상, 그 외의 경우에는 231㎡이상이어야 한다.
	조명시설	바닥면의 조도가 30lx이상이 되도록 하여야 하며, 촉광을 조절하는 장치를 하여서는 안된다.
	소음방지	소음방지를 위한 적합한 방음시설을 하여 시설소리가 밖으로 나오지 않도록 하여야 한다.
	바닥시설	목재마루로 하고 마루 밑에 받침을 두어 탄력성 있게 하여야 한다.
	환기시설	환기가 잘되도록 하여야 한다.
노 래 연습장	면적 및 통로	① 바닥면적은 330㎡이상이어야 한다. ② 칸막이로 설치한 노래연습장 1실 바닥면적은 4㎡ 이상이어야 한다. ③ 통로의 너비는 1.2m 이상이어야 한다.
	칸막이 및 출입문	① 칸막이 앞면의 1m 이상 부분에 1㎡이상의 투명유리창을 설치하여 외부에서 출입문을 볼 수 있도록하여야 한다. ② 출입문에는 잠금장치를 하여서는 안된다.
	환전소 및 휴게실	① 바닥면적이 4㎡이상이어야 한다. ② 바닥면적이 4㎡이상인 휴게실을 두어야 하며, 휴게실에는 5개 이상의 안락의자를 비치하여야 한다.
	조명시설	① 촉광조절장치, 유색조명등 등의 특수조명시설을 하여서는 안된다. ② 바닥으로부터 85㎝높이의 조도가 30lx이상이 되도록 하여야 한다.
	소음방지	소음방지를 위한 적합한 방음시설을 하여 소리가 밖으로 새어나오지 않도록 하여야 한다.
	환기시설	환기가 잘 되도록 하여야 한다.

규 제 5조 시설의 세부기준 및 운영기준

▲노래연습장

구 분	시설 및 설비기준
건물용도 및 위치	영업소로 사용하고 있는 건축물의 용도가 건축법시행령 별표 1 건축물의 용도분류에 적합하고, 기타 건축법, 도시계획법 및 학교 보건법의 규정에 적합한 위치이어야 한다.

구 분	시설 및 설비기준
자재 및 가 구	(가) 칸막이, 천장, 바닥은 콘크리트, 타일 등의 내수성 자재로 설치하여야 한다. (나) 영상 또는 무영상 반주장치 등의 시설은 전기용품 안전관리법령에 의한 형식승인을 받은 안전한 완제품 또는 부품을 사용하여야 한다.
냉 · 난방 시 설	냉 · 난방 시설은 보건위생상 적정한 것이어야 한다.
세면장 화장실	세면실 및 화장실(상 · 하수도 시설이 되어있는 지역에 있어서는 수세식 화장실을 말한다.)을 설치하여야 한다. 다만, 다른 시설의 이용자와 공동으로 사용할 수 없도록 되어있는 건물로서 별도로 설치할 필요가 없는 경우에는 예외로 한다.
간판, 광고 선전물	(가) 옥외에 설치하는 간판은 옥외광고물 등 관리법령에 적합하여야 한다. (나) 출입문이나 창문에는 선정적이거나 음란한 광고물을 부착하여서 는 안된다.

▲소극장업

구 분	시설 및 설비기준
건물용도 및 위치	영업소로 사용하고 있는 건축물의 용도가 건축법시행령 별표 1 건축물의 용도분류에 적합하고, 기타 건축법, 도시계획법 및 학교 보건법의 규정에 적합한 위치이어야 한다.
영사막 위치	영화를 상영하는 공연장의 관람석의 제일 앞줄의 의자와 영사막과의 거리는 5m 이상으로 하여야 한다.
공연장의 의자	공연장의 관람용 의자는 다음의 기준에 의하여 설치하여야 한다. (가) 1인의 점용 폭은 0.45m 이상으로 할 것. (나) 의자의 전후 간격은 0.85m 이상으로 할 것.
공연장의 입석	공연장의 정원을 초과한 관람자의 입장을 허가하고자 할 때에는 다음의 기준에 적합하여야 한다. (가) 입석 1인의 점용 면적은 0.25㎡이상으로 한다. (나) 입석부분은 관람석 제일 뒷줄의 의자로부터 후방 3m 이내로 하되, 입석 부분의 양측과 후방에 폭 1m 이상의 통로를 확보할 것.
공연장의 통로	(가) 공연장의 관람석에 관람용 의자를 연결할 때에는 다음의 구분에 따라 열과 열 사이에 각각 세로통로를 설치하여야 한다. ① 가로 열 6석 이하일 때에는 폭 0.6m 이상 ② 가로 열 7석 이하일 때에는 폭 0.7m 이상 ③ 가로 열 8석 이하일 때에는 폭 0.8m 이상 ④ 가로 열 9석 이하일 때에는 폭 0.9m 이상 ⑤ 가로 열 10석 이하일 때에는 폭 1m 이상 (나) 관람석에는 세로 열 20석마다 폭 1m 이상의 가로통로를 설치하여야 한다. (다) 세로통로와 가로통로는 관람석의 출입구 또는 비상구에 직통되어야 한다. 다만, 구조상 부득이하고 보안상 지장이 없다고 인정한 때에는 예외로 한다. (라) 관람석과 내부 벽 사이에는 폭 1m 이상의 통로를 설치하여야 한다.
공연장의 휴게실	공연장에는 각층마다 휴게실을 설치하여야 하며, 그 면적은 그 층의 관람석 바닥면적의 1/20 이상으로 하여야 한다.

▲노래연습장

구 분	시 설 및 설 비 기 준
화장실	남 · 여 화장실을 각 10㎡이상으로 하여 설치하여야 하며, 건축법 제20조 등 관련법령에 적합하여야 하고, 이를 위생적으로 관리하여야 한다. 다만, 객석이 100석 미만일 때에는 동일한 건물 안에 공동으로 사용하는 화장실이 있는 경우, 따로 설치하지 아니할 수 있다.
방음시설	소음의 방지를 위한 적합한 방음시설을 하여 소리가 밖으로 새어나오지 아니하도록 하여야 한다.
광고 · 선전물	공연광고를 위한 간판은 2개소 이내로 하고 네온사인을 사용하여서 는 안된다(다만, 상호를 광고하기 위한 경우는 제외한다).

2.7 국민건강증진법

• 법 : 일부 개정(2002.1.19) 법률 제6619호
• 시행령 : 일부개정(2002.12.30) 대통령령 제17824호
• 시행규칙 : 일부개정(2003.4.1) 보건복지부령 제00243호

법 제 9조 : 금연을 위한 조치

④ 보건복지부령이 정하는 공중이 이용하는 시설의 소유자 · 점유자 또는 관리자는 당해 시설의 전체를 금연구역으로 지정하거나 당해 시설을 금연구역과 흡연구역으로 구분하여 지정하여야 한다. 이 경우 흡연구역을 지정하는 시설의 소유자 · 점유자 또는 관리자는 당해 흡연구역에 환기시설 및 칸막이를 설치하는 등 보건복지부령이 정하는 시설기준을 준수하여야 한다.(개정 1997.12.13, 2002.1.19)
⑤ 제4항의 규정에 의한 시설을 이용하는 자는 금연구역에서 흡연하여서는 아니 된다.
⑥ 제4항의 규정에 의하여 시설의 전체를 금연구역으로 지정하거나 당해 시설을 금연구역과 흡연구역으로 구분하여 지정하는 기준 · 방법 등은 보건복지부령으로 정한다.(신설 2002.1.19)

규 제 6조 : 공중이 이용하는 시설

법 제9조제4항의 규정에 따라 소유자나 점유자 또는 관리자(이하 "소유자등"이라 한다)가 당해시설의 전체를 금연구역으로 지정하거나 당해 시설을 금연구역과 흡연구역으로 구분, 지정하여야 하는 공중이 이용하는 시설(이하 "공중이용시설"이라 한다)은 다음 각호와 같다.(개정 1999.10.28, 2003.4.1)

1. 연면적 3,000㎡이상의 사무용건축물 및 연면적 2,000㎡이상의 복합건축물
2. 공연법에 의한 객석 수 300석이상의 공연장
3. 학원의 설립과 운영에 관한 법률에 의한 연면적 1,000㎡이상의 학원
4. 유통산업발전법에 의하여 개설 등록된 대규모점포와 동 법에 의한 상점가중 지하도에 있는 상점가
5. 관광진흥법에 의한 관광숙박업소
6. 초.중등교육법 및 고등교육법에 의한 학교의 교사(校舍)
7. 체육시설의 설치와 이용에 관한 법률에 의한 체육시설로서 1천명이상의 관객을 수용할 수 있는 체육시설
8. 의료법 제3조의 규정에 의한 의료기관, 지역보건법 제7조, 제8조 및 제10조의 규정에 의한 보건소. 보건의료원. 보건지소
9. 사회복지사업법에 의한 사회복지시설
10. 공항. 여객부두. 철도역. 여객자동차터미널 등 교통관련시설의 대합실. 승강장, 지하보도 및 16인승 이상의 교통수단으로서 여객 또는 화물을 유상으로 운송하는 것
11. 공중위생관리법에 의한 목욕장
12. 음반. 비디오물 및 게임물에 관한 법률 제2조의 규정에 의한 게임제공업소 및 멀티미디어 문화컨텐츠설비제공업소
13. 식품위생법 제21조 및 동 법시행령 제7조의 규정에 의한 식품접객업 중 영업장의 넓이가 150㎡이상인 휴게음식점영업소 및 일반음식점영업소
14. 청소년보호법 제2조의 규정에 의한 만화대여업소
15. 정부청사관리규정 제2조의 규정에 의한 청사 중 연면적 1,000㎡이상인 청사
16. 영유아보육법 제2조의 규정에 의한 보육시설

규 제 7조 : 금연구역의 지정기준 및 방법

① 공중이용시설 중 청소년. 환자 또는 어린이에게 흡연으로 인한 피해가 발생할 수 있는 다음 각 호의 시설 소유자 등은 당해 시설의 전체를 금연구역으로 지정하여야 한다.

1. 제6조제6호의 규정에 의한 학교 중 초.중등교육법 제2조의 규정에 의한 학교의 교사
2. 제6조제8호의 규정에 의한 의료기관, 보건소. 보건의료원. 보건지소
3. 제6조제16호의 규정에 의한 보육시설

② 제1항의 규정에 의한 시설 외의 공중이용시설의 소유자 등은 당해 시설 중 이용자에게 흡연의 피해를 줄 수 있는 다음 각 호에 해당하는 구역을 금연구역으로 지정하여야 한다.

1. 제6조제1호의 규정에 의한 건축물의 사무실. 회의장. 강당 및 로비
2. 제6조제2호의 규정에 의한 공연장의 객석, 관람객 대기실 및 사무실
3. 제6조제3호의 규정에 의한 학원의 강의실, 학생 대기실 및 휴게실

4. 제6조제4호의 규정에 의한 지하도에 있는 상점가중 상품의 판매에 제공되는 매장 및 통로
5. 제6조제5호의 규정에 의한 관광숙박업소의 현관 및 로비
6. 제6조제6호의 규정에 의한 학교중 고등교육법 제2조의 규정에 의한 학교의 강의실, 휴게실, 강당, 구내식당 및 회의장
7. 제6조제7호의 규정에 의한 체육시설의 관람석 및 통로
8. 제6조제9호의 규정에 의한 사회복지시설의 거실, 작업실, 휴게실, 식당 및 사무실
9. 제6조제10호의 규정에 의한 교통관련시설 및 교통수단 중 공항, 여객선터미널 역사 등의 승객 대기실 및 승강장, 국내선항공기, 선실, 철도 차량내부 및 통 로, 전철의 지하역사. 승강장 및 차량, 지하보도 및 16인승 이상의 승합자동차
10. 제6조제11호의 규정에 의한 목욕장의 탈의실 및 목욕탕 내부
11. 제6조제12호의 규정에 의한 게임 및 멀티미디어 문화컨텐츠 설비제공업소의 영업장 내부 중 2분의 1 이상의 구역
12. 제6조제13호의 규정에 의한 휴게음심점 및 일반음식점영업소의 영업장 내부 중 1/2이상의 구역
13. 제6조제14호의 규정에 의한 만화대여업소의 영업장 내부 중 1/2이상의 구역
14. 제6조제15호의 규정에 의한 청사의 사무실 및 민원인 대기실
15. 제1호 내지 제14호의 시설에 설치된 승강기의 내부, 복도, 화장실 그 밖에 다수인이 이용하는 구역

③ 제1항의 규정에 따라 소유자 등이 당해 시설의 전체를 금연구역으로 지정한 경우에는 당해 시설의 전체가 금연구역이라는 사실을 알리는 표지를 설치 또는 부착하여야 한다.

④ 제2항의 규정에 따라 소유자 등이 당해 시설을 금연구역과 흡연구역으로 구분하여 지정한 경우에는 금연구역 또는 흡연구역으로 지정된 장소에 이를 알리는 표지를 설치 또는 부착하여야 한다.

⑤ 제3항 및 제4항의 규정에 의한 금연구역과 흡연구역의 표시 및 흡연구역의 시설기준은 별표 3과 같다.

2.8 학원설립운영에 관한 법률시행령

- 법 : 일부 개정(2001.4.7) 법률 제6463호
- 시행령 : 일부개정(2001.7.7) 대통령령 제17296호
- 시행규칙 : 일부개정(2001.7.7) 교육인적자원부령 제787호

영 제 4조 : 교육환경의 정화 등

① 법 제5조제2항 및 제3항의 규정에 의한 미성년자를 주된 학습자로 하는 학원은 다음 각 호의 1에 해당하는 학원을 말한다. (개정 2001.7.7)

1. 교습과정이 초등학교 · 중학교 및 고등학교의 교육과정에 속하는 교과(예 · 체능계 및 실업계 고등학교의 전문교과를 제외한다)로 편성된 학원
2. 교습과정이 컴퓨터인 학원
3. 교습과정이 부기 · 속독 · 속셈 · 주산 및 타자인 학원
4. 교습과정이 음악 · 미술 · 무용 및 웅변인 학원
5. 독서실

② 법 제5조제2항 및 제3항의 규정에 의한 교육환경을 해할 우려가 있는 영업소(이하 "유해업소"라 한다)의 종류는 학교보건법 제6조제1항 각 호의 1에 해당하는 행위를 하거나 시설(당구장 및 만화가게를 제외한다)을 갖춘 영업소를 말한다.

③ 법 제5조제2항 및 제3항의 규정에 의하여 학원은 유해업소와 동일한 건축물 안에 있어서는 아니 된다. 다만, 연면적 1천650㎡이상의 건축물의 경우에는 다음 각 호의 경우를 제외하고는 당해 건축물 안에 학원과 유해업소가 같이 있을 수 있다. (개정 1999.5.10)

1. 학원이 유해업소로부터 수평거리 20m 이내의 같은 층에 있는 경우
2. 학원이 유해업소로부터 수평거리 6m 이내의 바로 위층 또는 바로 아래층에 있는 경우

④ 법 제5조제3항의 규정에 의하여 행정관청의 협의 요청이 있는 경우에는 교육감은 협의에 앞서 미리 학교보건법 제6조의 규정에 의한 학교환경위생정화위원회의 심의를 거쳐야 한다.

영 제 8조 : 학원의 시설

① 학원은 교육환경 및 보건위생상 적합한 장소에 설립하되, 그 목적을 실현함에 필요한 다음 각 호의 시설을 갖추어야 한다. (개정 1999.5.10)

1. 강의실 또는 열람실. 다만, 강의와 실험 · 실습 · 실기 등을 같은 장소에서 동시에 행하는 학원으로서 시 · 도의 조례로 정하는 교습과정을 교습하는 학원의 경우에는 강의실을 따로 두지 아니할 수 있다.
2. 실험 · 실습 · 실기 등을 요하는 학원에 있어서는 이에 필요한 시설 및 설비
3. 화장실 · 급수시설
4. 채광시설, 조명시설, 환기시설, 냉 · 난방시설, 방음시설 및 소방시설
5. 기타 교습 및 학습에 필요한 교구 및 설비

② 학원에는 학습자의 편의제공 등에 필요한 다음 각 호의 시설을 둘 수 있다. (개정 1999.5.10)

1. 강당 · 회의실 · 사무실
2. 학습자료실 · 도서실

3. 상담실
4. 컴퓨터실
5. 방송 · 통신시설
6. 체육시설 · 오락시설 기타 편의시설
7. 보건위생상 필요한 시설 및 설비

영 제 9조 : 단위시설의 기준

① 제8조 제1항 제1호 내지 제4호의 단위시설별 기준은 각각 다음 각 호와 같다. (개정 2001.6.29, 2001.7.7)

1. 강의실 : 강의실 면적은 30㎡이상 135㎡(보통교과계열의 교습과정 중 종합반의 경우에는 85㎡)이하로 하되, 1㎡당 수용인원이 1.2인 이하가 되도록 할 것. 다만, 교습의 편의를 위하여 필요한 경우에는 칸막이를 하여 사용할 수 있다.
2. 열람실 : 열람실은 60㎡이상으로 하되, 1㎡당 수용인원이 0.8인 이하가 되도록 하고, 남녀별로 좌석이 구분되도록 배열할 것. 다만, 남녀별 좌석 구분 또는 이용자의 편의를 위하여 필요한 경우에는 칸막이를 하여 사용할 수 있다.
3. 실험 · 실습실 : 실험 · 실습실의 단위면적은 45㎡이상일 것. 다만, 실습의 편의를 위하여 필요한 경우에는 칸막이를 하여 사용할 수 있다.
5. 화장실 및 급수시설 : 학원의 규모에 따라 적절한 것이어야 하되, 화장실은 남녀별로 구분되어야 하고, 급수시설은 상수도를 사용하는 경우를 제외하고는 그 수질이 먹는 물 관리법 제5조 제3항의 규정에 의한 수질기준에 적합할 것
6. 채광시설, 조명시설, 환기시설 및 냉 · 난방시설 : 채광시설, 환기시설 및 냉 · 난방시설은 보건 위생적으로 적절한 것이어야 하고, 야간교습을 하는 학원의 조명시설은 책상면과 흑판면의 조도가 150lx이상일 것
7. 방음시설 및 소방시설 : 소음 · 진동규제법의 규정에 의한 생활소음규제기준에 적합한 방음시설과 소방법의 규정에 의한 소화기구 · 경보설비 · 피난설비 등 방화 및 소방에 필요한 시설을 갖출 것

② 제8조 제1항 제5호의 규정에 의한 필요한 교구 · 설비의 종류 및 기준은 시 · 도의 조례로 정한다.

실내건축 디자인 총론

2024년 1월 25일 인쇄

2024년 1월 30일 발행

공 저 : 권선국, 문종훈

신동규, 주우일

발행인 : 이 석 환

발행처 : 도서출판 서우

주 소 : 서울시 은평구 대조동 191-4

전 화 : (02) 383-1696, 1697

팩 스 : 387-9578

출판 등록 제 8-159호

ISBN 978-89-91985-94-0

정가 28,000원